高等院校"十三五"应用型规划教材

计算机网络原理与应用

主编 章全

微信扫码 申请资源

南京大学出版社

图书在版编目(CIP)数据

计算机网络原理与应用/章全主编.—南京：南京大学出版社,2019.12
ISBN 978-7-305-22746-2

Ⅰ.①计…　Ⅱ.①章　Ⅲ.①计算机网络　Ⅳ.①TP393

中国版本图书馆 CIP 数据核字(2019)第 284213 号

出版发行　南京大学出版社
社　　址　南京市汉口路 22 号　　　　邮编　210093
出 版 人　金鑫荣
书　　名　计算机网络原理与应用
主　　编　章　全
责任编辑　张亚男　武　坦　　　　　编辑热线 025-83592315
照　　排　南京理工大学资产经营有限公司
印　　刷　南京人民印刷厂有限责任公司
开　　本　787×1092　1/16　印张 15.75　字数 383 千
版　　次　2019 年 12 月第 1 版　2019 年 12 月第 1 次印刷
ISBN 978-7-305-22746-2
定　　价　47.00 元

网　　址:http://www.njupco.com
官方微博:http://weibo.com/njupco
微信服务号:njuyuexue
销售咨询热线:(025)83594756

* 版权所有,侵权必究
* 凡购买南大版图书,如有印装质量问题,请与所购图书销售部门联系调换

内容简介

本书内容主要包括计算机网络体系结构、数据交换、数据通信基础、局域网等网络基础知识。主要以五层计算机网络教学体系结构为线索,系统介绍了计算机网络的物理层、数据链路层、网络层、运输层和应用层的基础知识和热点技术。重点介绍数据链路层交换表、网络层 IP 路由协议、运输层 TCP 协议和网络安全等相关知识。

本书在知识结构上注重系统性,在内容组织上追求新颖性,在教学安排上力求时效性。本书适合作为计算机、信息与通信等学科的本科生、研究生"计算机网络"相关课程教材或参考书,也可供相关领域工程技术人员参考。

　　计算机网络是计算机技术与现代通信技术相结合的产物。在人类社会向信息化发展的过程中，计算机网络正以空前的速度发展着。计算机网络的广泛应用与发展，将会无所不在地影响人类社会的政治、经济、文化、军事和社会生活等各方面。社会的发展需要大量掌握计算机网络技术的专业人才。因此，计算机网络不仅是计算机专业的必修课程，而且也是非计算机专业学生需要学习的一门重要课程，还是广大从事计算机应用的工程技术人员应该了解的基础知识。编者根据多年从事计算机网络教学和网络工程实践的经验，在参阅了大量的文献资料以及同类的国内外教材的基础上编写了此书。在编写过程中，力求体现以下特点：

　　（1）在内容安排上，适合学生的学习特点，循序渐进、深入浅出，注重计算机网络的应用方法和应用技能的传授。

　　（2）注重教材的先进性，力求反映当前网络技术发展的最新成果，如移动网络原理、多协议标记交换、IPv6 地址等。

　　（3）兼顾教材的系统性与科学性，既要考虑知识和技能的科学体系，又要遵循教育规律，注意内容的取舍和与相关课程的衔接，尽量避免内容重复。

　　（4）文字力求精练，语言流畅，并注重向学生传授灵活的学习方法；教材插图丰富，尽量以直观的方式展示计算机网络的抽象概念，有助于学生学习。

　　（5）习题与思考题具有思考性和启发性，可培养学生的创新能力。

　　本书主要内容包括计算机网络体系结构、数据交换、数据通信基础、局域网、网络互连、路由协议、Internet 及其应用和网络安全等。在内容安排上，本书以网络应用为出发点，不强调过多的理论，以掌握计算机网络的应用方法和技能为原则。通过对本书的学习，读者可以系统地掌握计算机网络的基础知识和应用技能。

本书参考学时为48～64学时。选用本书作为教材,可根据培养目标、专业特点和教学要求进行取舍讲授,灵活掌握。

本书可作为高等院校计算机、通信工程、信息技术、自动化和其他相近专业本科生教材。

由于编者水平所限,编写时间仓促,本书难免有错误或不当之处,殷切希望广大读者批评指正。

编　者

2019 年 10 月

CONTENTS | 目 录

第五章　数据链路层

第六章　网络层

第七章　运输层

第一章　计算机网络概述

本章重点

(1) 计算机网络的形成与发展。

(2) 计算机网络的组成。

(3) 计算机网络的定义、功能和分类。

(4) 计算机网络的主要性能指标。

当今世界,随着微电子技术、计算机技术和通信技术的迅速发展和相互渗透,计算机网络已成为现在社会生活中最重要的技术之一。在 21 世纪,计算机网络尤其是互联网技术正在改变人们的生活、学习、工作乃至思维方式,并对科学、技术、政治、经济乃至整个社会产生巨大的影响。每个国家的经济建设、社会发展、国家安全乃至政府的高效运转都越来越依赖于计算机互联网络。几十年前,互联网(Internet,也称因特网)仅是一个只有几十个站点的研究项目。今天的互联网已经发展成为一个连接所有国家,拥有亿万用户的通信系统。互联网使个人化的远程通信成为可能,并改变了商业通信的模式。一个完整的用于发展网络技术、网络产品和网络服务的新兴产业已经形成。

本章将主要介绍计算机网络相关的基本概念和互联网的发展过程,强调计算机互联网络技术对社会发展的重要意义。需要特别指明的是:以小写字母 i 开始的 internet(互连网)是一个通用名词,它泛指由多个计算机网络互连而成的计算机网络;以大写字母 I 开始的 Internet(互联网,或因特网)则是一个专用名词,它指当前全球最大的、开放的、由众多网络相互连接而成的特定互连网,它采用 TCP/IP 协议族作为通信的规则,且其前身是美国的 ARPANET。

第一节　计算机网络的形成与发展

一、信息交换技术发展的三个阶段

从 19 世纪电报和电话发明以来,经历长达一个多世纪的发展,通信服务已走进了千家万户,成为社会生活、工作和人们交流信息所不可缺少的重要工具。信息交换技术由传统的电报、电话扩大到传真、数据通信、图像通信、电视广播、多媒体通信等新业务领域;传输媒介包括有线电线、无线短波、微波、卫星和光缆;交换设备由机电制布线逻辑方式向计算机程序控制方式发展;传输设备由模拟载波向数字脉码调制方式发展;终端设备由机电方式向微处理器控制的多功能终端发展;通信方式由人工、半自动向全自动方向发展;通信网络由单一的业务网向综合方向发展形成综合业务数字网;通信的地点由固定方式转向移动方式,并逐步实现便携式、个人化。

整个信息交换技术发展的全历程可以分为三次革命:

第一次信息交换技术的革命是一百多年前电话的问世。电话网络是开放电话业务为广大用户服务的通信网络。最早的电话通信形式是两部电话机中间用导线连接起来便可通话,但当某一地区电话用户增多时,要想使众多用户相互间都能两两通话,便需设一部电话交换机,由交换机完成任意两个用户的连接,这时便形成了一个以交换机为中心的单局制电话网,连接结构见图 1-1。

(a) 两部电话直接相连　　(b) 五部电话两两直接相连　　(c) 用交换机连接许多部电话

图 1-1　电话连接示意图

在某一地区(或城市)随着用户数继续增多,便需建立多个电话局,然后由局间中继线路将各局连接起来形成多局制电话网,其结构见图 1-2。

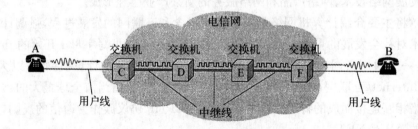

图 1-2　多局制电话网结构图

在电话网中,主要传输的业务是语音,但是可以通过增加设备传送传真、中速数据等非语音业务。电话网络采用的交换技术是基于线路交换的通信技术。

第二次信息交换技术的革命是半个多世纪前电视和有线网络的出现。电视的出现改变了电话网络只能传输话音的缺点,它使用户不仅能闻其声,也能见其人。特别是有线电视网络的出现,使视频信号的传输质量和带宽都得到了很大的改善,也使得基于广播电视的通信技术进入了快速发展的阶段,达到了鼎盛时期,形成了电话、广播和电视三大信息交换技术三足鼎立的局面。有线电视结构见图 1-3。

但是由于目前的 CATV(有线电视)是单向传输,采用的是广播技术并且该网络缺乏交换机制以及网络安全管理的功能,这就使得通过 CATV 提供双向对称/不对称业务非常困难,所以改造现有的单向网络变成双向网络,即在原有的树形广播网络中传输双向上行的信息是利用 CATV 实现除电视业务以外其他多媒体业务的关键。目前很多地方推出的数字机顶盒业务,就是对传统有线电视系统的改造和升级。通过数字机顶盒可以实现对电视节目的点播,实现交互式业务的应用。

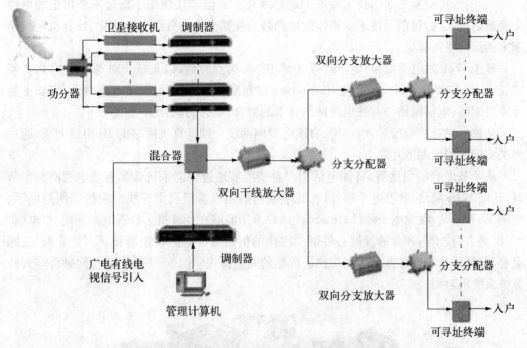

图 1-3 有线电视结构图

第三次信息交换技术的革命是计算机网络的产生和发展,特别是互联网的迅速崛起所引发的分组交换技术的发展。基于分组交换技术的数据通信已开始成为通信舞台上的主角,并与语音通信、视频通信形成新的产业会聚,世界通信网络基础设施就此出现新层次的突破,一个崭新的通信世界日渐凸现出来。

这种以分组交换为核心的计算机网络技术具有如下特点:

(1) 从技术上说,新的变革实际上就是从基于线路交换的技术转变为分组交换技术。分组交换(Packet Switching)也称为包交换,它将用户发来的整份报文分割成若干定长的数据块(分组),让它们以"存储转发"方式在网内传输。分组交换在线路上采用动态复用的技术传送各个分组,所以线路利用率较高。分组交换是适合计算机网络数据通信的一种比较理想的方式。

(2) 从模式上看,基于分组交换技术的数据传输是一种全新的通信模型。在该模型中,数据正迅速取代语音成为主要的网络流量类型。传统的语音电话业务正在迅速被基于计算机网络的 QQ、微信等新型即时通信服务所替代,计算机网络通信已无可争辩地成为新世界信息交换技术的基础。

(3) 从业务上看,传统电信业务主要就是电话业务,所以电信公司实际上只是电话公司。互联网应用的普及使这格局很快发生了改变。互联网具备更丰富的业务内涵。这其中包括很多多媒体数据业务的实现,如 IP 语音、IP 图像、IP 电视会议等。更加丰富的是互联网提供的各种应用和增值服务,其中最具代表性的有 WWW 服务、E-mail 服务、FTP 服务等。越来越多的人开始意识到,未来通信市场的基础不再是传统的语音、电话,而是数据通信。

另外,分组交换是通信技术发展的趋势所在。通信业在使用了将近一个世纪的电路交换通信模式后,目前其技术的整体发展趋势由线路交换向分组交换演化,计算机网络是未来通信网络的基础。

基于 Web 的电子商务、电子政务、远程医疗、远程教育,以及基于对等结构的 P2P 网络、3G/4G 与移动 Internet 的应用,Internet 以超常规的速度发展。"三网融合"实质上是计算机网络、电信网络与有线电视网络技术的融合、业务的融合。

从技术融合的角度看,电信网、有线电视网都统一到计算机网络的 IP 协议上来,通过网关实现三网之间的互联。

从业务融合的角度看,移动电话用户希望能够通过智能手机看到有线电视网新闻节目、访问 Web 网站、收发电子邮件;有线电视网的用户希望利用有线电视传输网打电话、访问 Web 网站、收发电子邮件;Internet 用户希望能够在计算机上收看电视新闻、打电话。"三网融合"技术与产业的发展必将带动现代的信息服务业的快速增长。云计算为"三网融合"与现代信息服务业的运行提供了成熟的商业模式。图 1-4 给出了三网融合与云计算关系的示意图。

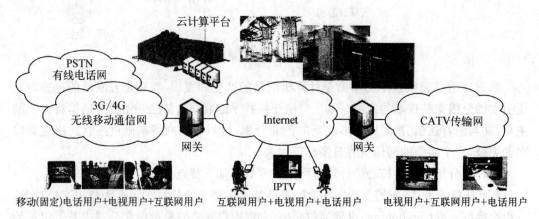

图 1-4 三网融合与云计算关系图

二、计算机网络的形成与发展

任何一种新技术的出现都必须具备两个条件:一是强烈的社会需求;二是前期技术的成熟。计算机网络技术的形成与发展也遵循这样的技术发展轨迹。

(一)ARPANET 研究

计算机网络是计算机技术与通信技术发展融合的产物。20 世纪 40 年代电子数字计算机问世,而通信技术的发展要比计算机技术早很长时间。当计算机技术研究与应用发展到一定程度,并且社会上出现新的应用需求时,人们自然就会产生将计算机与通信技术交叉融合的想法。

20世纪60年代中期在与苏联的军事力量竞争中,美国军方认为需要一个专门用于传输军事命令与控制信息的网络。因为当时美国军方的通信主要依靠电话交换网,但是电话交换网是相当脆弱的。在电话交换系统中,如果有台交换机或连接交换机的一条中继线路损坏,尤其是几个关键长途电话局交换机遭到破坏,就有可能导致整个电话交换系统通信的中断。美国国防部高级研究计划署(DARPA)要求新的网络在遭遇核战争或自然灾害时,当部分网络设备或通信线路遭到破坏时,网络系统仍能利用剩余的网络设备与通信线路继续工作。他们把这样的网络系统称为"可生存系统"。利用传统的通信线路与电话交换网无法实现"可生存系统"的设计要求。针对这种情况,美国国防部高级研究计划署开始着手组织新型通信网络技术的研究工作。新型通信网络应由一个个分散的指挥点组成,当部分指挥点被摧毁后,其他点仍能正常工作,并且这些点能够绕过那些已被摧毁的指挥点而继续保持联系。

1969年,为了对这一构思进行验证,美国国防部高级研究计划署资助建立了一个名为阿帕网(ARPANET)的网络。这个网络总共拥有四个节点,它把位于洛杉矶的加利福尼亚大学,位于圣芭芭拉的加利福尼亚大学、斯坦福大学,以及位于盐湖城的犹他州州立大学的计算机主机连接起来,位于各个节点的大型计算机采用分组交换技术,通过专门的通信交换机(IMP)和专门的通信线路相互连接。这个ARPANET就是最早的计算机网络,也是Internet最早的雏形。ARPANET结构见图1-5。

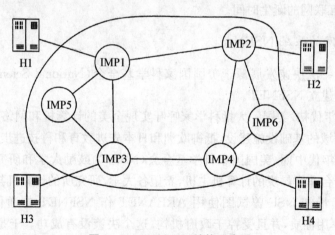

图1-5 ARPANET结构示意图

1972年,ARPANET网上的网点数已经达到40个,这40个网点彼此之间可以发送小文本文件(当时称这种文件为电子邮件,也就是现在的E-mail)和利用文件传输协议发送大文本文件,包括数据文件(即现在Internet中的FTP),同时也发现了通过把一台计算机模拟成另一台远程计算机的一个终端而使用远程计算机上的资源的方法,这种方法被称为Telnet(即远程登录服务)。E-mail、FTP和Telnet是Internet上较早出现的应用和服务,而E-mail仍然是目前Internet上最主要的应用。

（二）TCP/IP 协议的产生

计算机网络自诞生起，就得到了迅猛的发展，各种网络不断出现。但是到了 20 世纪 70 年代，人们认识到不可能仅使用一个单独的网络来解决所有的通信问题，于是开始研究多种网络互连的技术。

1972 年，全世界计算机业和通信业的专家学者在美国华盛顿举行了第一届国际计算机通信会议，就在不同的计算机网络之间进行通信达成协议，会议决定成立 Internet 工作组，负责建立一种能保证计算机之间进行通信的标准规范（即"通信协议"）。

1973 年，美国国防部开始研究如何实现各种不同网络之间的互联问题。1974 年，IP（Internet 协议）和 TCP（传输控制协议）问世，合称 TCP/IP 协议。这两个协议定义了一种在计算机网络间传送报文（文件或命令）的方法。随后，美国国防部决定向全世界无条件免费提供 TCP/IP，即向全世界公布解决计算机网络之间通信的核心技术，TCP/IP 协议核心技术的公开最终导致了互联网（Internet）的大发展。

1980 年，世界上既有使用 TCP/IP 协议的美国军方的 ARPANET，也有很多使用其他通信协议的各种网络，如 IPX/SPX、DECnet 等。为了将这些网络连接起来，美国人温顿·瑟夫（Vinton Cerf）提出一个想法：在每个网络内部各自使用自己的通信协议，在和其他网络通信时使用 TCP/IP 协议。1983 年 TCP/IP 协议成为 ARPANET 上的标准协议，使得所有使用 TCP/IP 协议的计算机都能利用互连网相互通信。这最终导致了互联网（Internet）的诞生，并确立了 TCP/IP 协议在网络互联方面不可动摇的地位。因此，人们把 1983 年作为互联网的诞生时间。

（三）互联网的基础 NSFNet

互联网的第一次快速发展源于美国国家科学基金会（National Science Foundation，NSF）的介入，即建立 NSFNET。

20 世纪 80 年代初，美国一大批科学家呼吁实现全美的计算机和网络资源共享，以改进教育和科研领域的基础设施建设，抵御欧洲和日本先进教育和科技进步的挑战和竞争。

20 世纪 80 年代中期，美国国家科学基金会（NSF）为鼓励大学和研究机构共享使用科学基金会的 4 台非常昂贵的计算机主机，希望各大学、研究所的计算机与这 4 台巨型计算机连接起来。最初 NSF 曾试图使用 ARPANET 作 NSFNET 的通信干线，但由于 ARPANET 的军用性质，并且受控于政府机构，这个决策没有成功。于是他们决定自己出资，利用 ARPANET 发展出来的 TCP/IP 通信协议建立名为 NSFNET 的广域网。

1986 年，NSF 投资在美国普林斯顿大学、匹兹堡大学、加州大学圣选戈分校、依利诺伊大学和康泰尔大学建立 5 个超级计算中心，并通过 56 kbps 的通信线路连接形成 NSFNet 的雏形。

1989 年 7 月，NSFNet 的通信线路速度升级到 TI(1.5 Mbps)，网络结构见图 1-6。由于 NSF 的鼓励和资助，很多大学、研究机构纷纷把自己的局域网并入 NSFNET 中，从 1986 年至 1991 年，NSFNET 的子网从 100 个迅速增加到 3 000 多个。随着 NSFNET 的正式营运并实现与其他已有和新建网络的连接，NSFNET 代替了原来的慢速的 ARPANET，成为互联网的骨干网络，ARPANET 在 1989 年被关闭，1990 年正式退役。

互联网在 20 世纪 80 年代的扩张不但带来量的改变,也带来某些质的变化。由于多种学术团体、企业研究机构,甚至个人用户的进入,互联网的使用者不再限于纯计算机人员。新的使用者发觉计算机相互间的通信给他们的交流带来一种新的方式。于是,他们逐步把互联网当作一种交流与通信的工具,而不仅仅是共享 NSF 巨型计算机的运算能力。

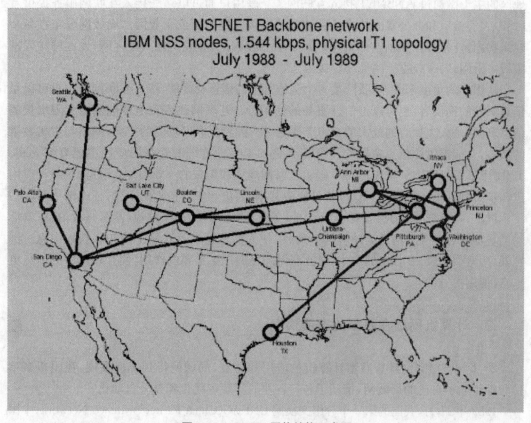

图 1-6　NSFNet 网络结构示意图

20 世纪 90 年代初期,互联网事实上已成为一个"网际网"。各个子网分别负责自己的架设和运行费用,而这些子网又通过 NSFNet 互联起来。NSFNet 连接全美上千万台计算机,拥有几千万用户,是互联网最主要的成员网。随着计算机网络在全球的拓展和扩散,美国以外的网络也逐渐接入 NSFNet 主干或其子网,逐步形成了早期的互联网。

(四)互联网的形成

1983 年,TCP/IP 正式成为 ARPANET 的网络协议后,互联网(Internet)就此诞生。到了 20 世纪 80 年代中期,人们开始认识到互联网的重要作用。此后,大量的网络、主机接入互联网,使得互联网得以迅速发展。20 世纪 90 年代是互联网历史上发展的黄金时期,其用户数量以平均每年翻一番的速度增长。

互联网的最初用户只限于科学研究和学术领域。20 世纪 90 年代初期,互联网上的商业活动开始发展。1991 年美国成立商业网络信息交换协会,允许在互联网上开展商务活动,各个公司逐渐意识到互联网在宣传产品、开展商业贸易活动上的价值,互联网上的商业应用开始迅速发展,其用户数量已超出学术研究用户一倍以上。商业应用的推动使互联网的发展更加迅猛,规模不断扩大,用户不断增加,应用不断拓展,技术不断更新,互联网几乎深入社会生活的每个角落,成为一种全新的工作、学习与生活方式。

在互联网接入方面,美国 ANS 公司建设的 ANSNET 是互联网主干网,其他国家或地区的主干网通过 ANSNET 接入互联网。家庭用户通过电话线接入互联网服务提供者(ISP)。实验室和办公室的计算机通过局域网接入校园网或企业网。局域网分布在各个建筑物内,连接各个系所与研究室的计算机。校园网、企业网接入地区网;地区网接入国家级主干网;国家级主干网最终要接入互联网。

从用户的角度来看,互联网是一个全球范围的信息资源网,接入互联网的主机可以是信息服务的提供者,也可以是信息服务的使用者。互联网代表着全球范围内无限增长的信息资源,是人类拥有的最大的知识宝库之一。随着互联网规模的扩大,网络与主机数量的增多,它能提供的信息资源与服务将会更加丰富。传统的互联网应用主要有 E-mail、TELNET、FTP、BBS 与 Web 等。随着互联网规模和用户的不断增加,互联网的各种应用进一步得到开拓。互联网不仅是各种资源共享、通信和信息检索的手段,还逐渐成为人们了解世界、从事学术研究、教育,乃至人际交流、休闲购物、娱乐游戏,甚至是政治、军事活动的重要领域。互联网的全球性与开放性,使人们愿意在互联网上发布和获取信息。浏览器、搜索引擎、P2P 技术的产生,对互联网的发展产生重要的作用,使互联网中的信息更丰富、使用更方便。

三、计算机网络在我国的发展情况

20 世纪 80 年代,随着微型计算机的应用和普及,局域网得到迅速发展,我国很多单位相继组建了自己的局域网,推动了各行各业的管理现代化和办公自动化。

1989 年 11 月,我国的第一个分组交换网 CNPAC(China Packet Switched Network,中国分组交换数据网)建成运行。1993 年建成新的中国公用分组交换网,并改称 CHINAPAC。CHINAPAC 由国家主干网和各省市的网络组成,在北京和上海设有国际出口。

1994 年 4 月 20 日,我国用 64 kb/s 的专线连入互联网,从此被国际上正式承认为真正拥有全功能 Internet 的第 72 个国家。同年 5 月,中国科学院高能物理所建立了我国的第一个 Web 网站。9 月,中国公用计算机互联网 ChinaNET 正式启动。目前,我国主要有以下 5 大公用计算机网络:

(1) 中国电信互联网 ChinaNET;

(2) 中国移动互联网 CMNET;

(3) 中国联通互联网 UNINET;

(4) 中国教育和科研计算机网 CERNET;

(5) 中国科学技术网 CSNET。

其中中国教育和科研计算机网 CERNET 拓扑结构如图 1-7 所示。

2004 年 2 月,我国的第一个下一代互联网 CNGI 的主干网 CERNET2 实验网正式开通并提供服务,这标志着我国在互联网的发展过程中,已经逐渐达到与世界国际先进水平同步。

中国互联网网络信息中心（China Internet Network Information Center, CNNIC）自 1997 年以来，每年两次公布我国互联网的发展统计报告。根据 2019 年 1 月发布的研究报告可以看到我国的互联网用户已超过 8 亿，其中手机用户已接近 8 亿，早已跃居世界第一。

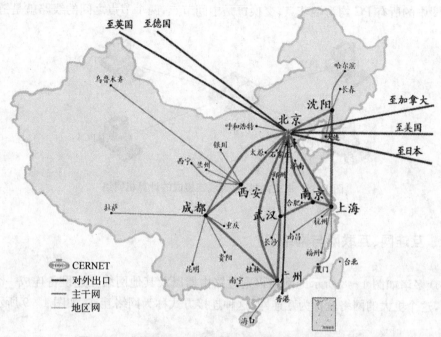

图 1-7　中国教育和科研计算机网 CERNET 拓扑结构图

目前，我国互联网产业正处于蓬勃高速发展与应用时期，诸如搜狐、网易、新浪和凤凰网等中国最大的门户网站为用户提供新闻浏览、邮件服务和搜索等网络服务。腾讯网作为中国最大的互联网综合服务提供商，为用户提供游戏、邮件、即时通信、资讯和软件下载等服务。百度作为全球最大的中文搜索引擎，为用户提供各种信息资源的搜索服务。

最值得一提的是全球最大的电子商务网——阿里巴巴（包括淘宝和天猫在内）以及第三方支付平台——支付宝、微信，为全国范围内的用户提供了简单、安全和快速的网络购物环境，移动支付也成为我国新的"四大发明"之一。同时也为大量年轻人提供了难得的创新和创业舞台，并将中国电子商务的发展快速推向一个全新的高度。

第二节　计算机网络的组成

一、计算机网络的基本构件

尽管计算机网络结构十分复杂，网络设备多种多样，但从逻辑上讲，构成计算机网络的所有实体均可以抽象为以下两种基本构件：

（1）节点（Node）。节点可以分为端节点和中间节点两类，端节点也称为端系统或者主机,如 PC。中间节点包括路由器、交换机、自治系统和代理等网络设备或组织。

（2）链路(Link)。链路就是两个相邻节点之间的路径,中间没有任何其他节点。

最简单的计算机网络可以是若干台计算机通过双绞线与交换机连接组成,如图 1－8 所示。图中的所有 PC 均为端节点,交换机是中间节点,两个节点之间的线路就是链路。

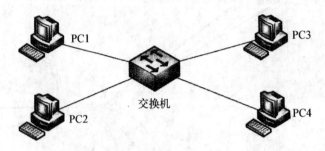

图 1－8　由交换机、双绞线连接成的计算机网络

二、互连网、互联网与网络云

将众多诸如图 1－8 所示的网络再通过路由器以及其他网络互连设备连成一个更大的网络,这个更大的网络就称为互连网,这种连接方式称为网络互连,如图 1－9 所示。

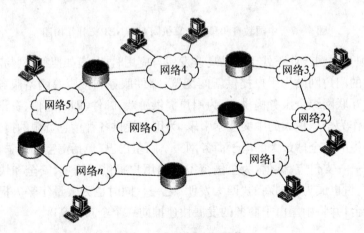

图 1－9　网络互连与网络云

于是我们可以有如下基本概念:

单个计算机网络通过交换机将计算机连接在一起;互连网是网络的网络,它把多个计算机网络通过路由器连接在一起;而互联网(Internet)是特指全球最大的互连网。

为了便于研究,通常将诸如图 1－8 所示的网络抽象地用一朵云来表示,这就是网络云。一个网络云中通常采用同一种技术,并属于某一个组织和企事业单位。如图 1－9 所示,各个网络云通过路由器或者其他网络互连设备连接起来,计算机可以形象地认为接入某个网络云上,并通过各网络云之间的连通性来实现资源共享和数据通信。这样用户就不需要关心网络的内部细节,只需要了解如何将计算机接入网络并利用网络解决我们的各种需求即可。

　　互联网就是一朵最大的网络云,它包含众多大小不同、技术各异的网络云。

三、互联网的组成

　　互联网的拓扑结构虽然非常复杂,并且在地理上覆盖了全球,但从其工作方式上看,可以划分为以下两大块。

　　(1) 边缘部分:由所有连接在互联网上的主机组成。这部分是用户直接使用的,用来进行通信(传送数据、音频或视频)和资源共享。

　　(2) 核心部分:由大量网络和连接这些网络的路由器组成。这部分是为边缘部分提供服务的(提供连通性和数据交换)。

　　图 1-10 给出了这两部分的示意图。下面分别讨论这两部分的作用和工作方式。

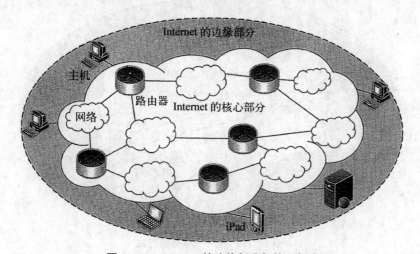

图 1-10 Internet 的边缘部分与核心部分

(一) 互联网的边缘部分

　　处在互联网边缘的部分就是连接在互联网上的所有的主机。这些主机又称为端系统,"端"就是"终端"的意思。端系统在功能上可能有很大的差别,小的端系统可以是一台普通个人电脑(包括笔记本电脑或平板电脑)和具有上网功能智能手机,甚至是一个很小的网络摄像头(可监视当地的天气或交通情况,并在互联网上实时发布),而大的端系统则可以是一台非常昂贵的大型计算机。端系统的拥有者可以是人,也可以是单位(如学校、企业、政府机关等)。边缘部分利用核心部分所提供的服务使众多主机之间能够互相通信并交换或共享信息。

　　这里必须要明确计算机通信的概念。当我们说"主机 A 和主机 B 进行通信"时,其实是指:"运在主机 A 上的某个程序和运行在主机 B 上的另一个程序进行通信"。由于"进程"就是"运行着的程序",因此这也就是指:"主机 A 的某个进程和主机 B 上的另一个进程进行通信",我们通常简称为"计算机之间的通信"。

　　边缘部分的端系统之间的通信方式通常可划分为两大类:客户—服务器方式(C/S 方

式)和对等方式(P2P 方式)。下面分别对这两种方式进行介绍。

1. 客户—服务器方式

这种方式在互联网上是最常用的,也是传统的方式。我们在上网发送电子邮件或在网站上查找资料时,都是使用客户—服务器方式(有时写为客户/服务器方式)。

前面说过"主机 A 和主机 B 进行通信"时,其实是指:"运在主机 A 上的某个程序和运行在主机 B 上的另一个程序进行通信",因此这里的客户(Client)和服务器(Server)都是指通信中两台主机上的应用进程。客户—服务器方式所描述的是进程之间服务和被服务的关系。在图 1-11 中,主机 A 运行客户程序而主机 B 运行服务器程序。在这种情况下,A 是客户而 B 是服务器,客户 A 向服务器 B 发出服务请求,而服务器 B 向客户 A 提供服务。这里最主要的特征就是:客户是请求服务方,服务器是提供服务方。

请求服务方和提供服务方都要使用网络核心部分所提供的服务。

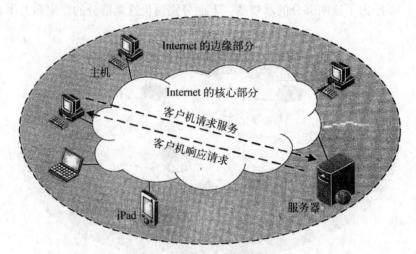

图 1-11 客户—服务器方式

在实际应用中,客户程序和服务器程序通常还具有以下一些特点。

客户程序:① 客户程序运行后,即向远端服务器发起请求服务。因此,客户程序必须知道服务器程序的地址。② 客户程序不需要特殊的硬件和很复杂的操作系统。

最典型的客户程序就是 IE 浏览器。运行 IE 浏览器后,必须要在地址栏输入服务器的地址,才能浏览指定服务器的网页。

服务器程序:① 服务器程序是专门用来提供某种服务的程序,可同时处理多个远端或本地客户的请求。② 服务器程序启动后一般会在后台一直不断地运行着,被动地等待并接受来自各地的客户程序的连接请求,因此服务器程序不需要知道客户程序的地址。③ 服务器程序需要有强大的硬件和高级操作系统平台的支持。

最典型的服务器程序就是 Web 服务器,它提供网页浏览服务,可以接受多个客户程序的同时访问,需要安装在网络操作系统上才可正常运行,如 Linux、Windows Server 等操作系统。

2. 对等连接方式

对等连接方式也叫 P2P,是 peer-to-peer 的缩写,peer 在英语里有"(地位、能力等)同等者""同事"和"伙伴"等意义。这样一来,P2P也就可以理解为"伙伴对伙伴"的意思,或称为对等联网。目前这种连接方式在加强网络上人的交流、文件交换、分布计算等方面应用得非常广泛。

P2P还有point to point(点对点)下载的意思,这是下载术语。传统下载方式,是多台客户机连接到一台服务器上下载资源,其特点是下载的客户机越多,速度越慢。而在P2P工作方式下,客户机在下载资源的同时,还可将下载的资源上传供别的客户机下载,使得可供下载的资源越来越多。在这种工作方式下,下载的客户机越多下载的速度越快,但缺点是对用户的硬盘读写较多(在写的同时还要读),还有就是对主机内存利用率占比很高,影响整机速度。互联网上非常流行的迅雷等下载工具就是采用P2P工作方式,见图1-12。

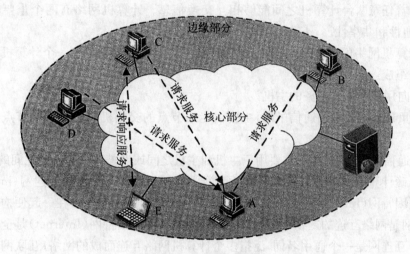

图1-12　P2P工作方式

简单地说,P2P直接将人们联系起来,让人们通过互联网直接交互。P2P使得网络上的沟通变得容易,更直接共享和交互,真正地消除"中间商"。P2P就是人们可以直接连接到其他用户的计算机、交换文件,而不是像过去那样连接到服务器去浏览与下载。P2P另一个重要特点是改变互联网现在的以大网站为中心的状态,重返"非中心化",并把权力交还给用户。P2P看起来似乎很新,但是正如B2C、B2B是将现实世界中很平常的东西移植到互联网上一样,P2P并不是什么新东西。在现实生活中,我们每天都按照P2P模式面对面地或者通过电话交流和沟通。

(二)互联网的核心部分

网络核心部分是互联网中最复杂的部分,因为网络中的核心部分要向网络边缘中的大量主机提供连通性,使边缘部分中的任何一台主机都能够向其他主机通信。

在网络核心部分起特殊作用的是路由器(Router),它是一种专用计算机(但不叫作主机)。路由器是实现分组交换(Packet Switching)的关键构件,其任务是转发收到的分组,这是网络核心部分最主要的功能。这部分内容将在第二章着重介绍。

第三节 计算机网络的基本概念

一、计算机网络的定义

随着计算机网络技术的不断发展,目前很难给计算机网络下一个精确的定义。但目前比较公认的定义是:计算机网络是指通过通信链路相互连接的独立自治的计算机集合。独立自治意味着每台连网的计算机是完整的计算机系统,可以独立运行用户的程序;相互连接意味着任意两台计算机之间能够相互交换信息。计算机网络有两个重要的基本特点,即连通性和共享性。

从计算机网络的定义,以及前面的计算机网络结构图可以看出一个计算机网络应当由3部分组成:

(1) 向用户能提供服务的主机;

(2) 负责数据传输的通信子网,主要由专用节点的交换机和连接这些节点的通信链路组成;

(3) 通信协议,这些协议主要用于主机和主机之间或者是主机与子网之间的通信。

在明确计算机网络的定义的同时,还需要强调两个概念,分别是互连网(internet)和互联网即因特网(Internet)。若干个局域网、广域网通过路由器连接在一起便构成了互连网,互连网是网络互连的产物,是网络的网络,而互联网即因特网(Internet)是全球最大的互连网。互连网是一个通用名词,泛指多个计算机网络互连而成的网络;互联网即因特网(Internet)是一个专用名词,专指目前全球最大、开放的、以 TCP/IP 协议族作为通信规则的、由众多网络互连而成的特定的计算机网络。目前互连网已经不再仅仅只是指单纯的网络与网络的互连了,而是正在向一个万物互联(Internet of Thing,IoT)的时代发展。随着物联网技术、云计算、移动互联网等技术的发展,信息已经不只是单纯地在计算机、移动终端中流动,而开始渗透到物品中成为物品的一部分,这就使得物与物、人与物之间的连接更加有效率,而这就是万物互联。

二、计算机网络的功能

计算机网络自 20 世纪 60 年代末诞生以来,在这 40 多年时间内,以异常迅猛的速度发展起来,越来越广泛地应用于政治、经济、军事、生产及科学技术的各个领域。计算机网络的主要功能包括如下几个方面。

(一)数据通信

现代社会信息量激增,信息交换也日益增多。因此,计算机网络的一个最主要的功能是数据传输,如网络中经常使用 FTP 协议进行的文件上传和下载,就是一种典型的数据传输。另外,利用计算机网络传递信件是一种全新的电子传递方式。电子邮件比现有的通信工具有更多的优点,它不像电话需要通话者同时在场,也不像广播系统只是单方向传递信息,在速度上比传统邮件快得多。另外,还可以通过 QQ、微信等即时通信工具实现声音、视频的多媒体通信,不仅方便而且费用比传统的电话低得多。

除电子邮件以外,计算机网络给科学家和工程师们提供了一个网络环境,在此基础上可以建立一种新型的合作方式,即计算机支持协同工作(Computer Supported Cooperative Work,CSCW),它消除了地理上的距离限制。

（二）资源共享

在计算机网络中,有许多昂贵的资源,如大型数据库中的数据、巨型计算机的计算能力等,可以通过资源共享提供给其他用户使用。资源共享包括硬件资源的共享,如打印机、大容量存储硬盘、超级计算机等;也包括软件资源的共享,如程序、数据等。资源共享的结果是避免重复投资和劳动,从而提高了资源的利用率,使系统的整体性能价格比得到改善。

目前,许多人坐在家里就能向世界上任何地方预订飞机票、火车票、汽车票、轮船票,向饭店、餐馆和剧院订座,并且立即得到答复。这就是利用计算机网络所实现的访问远程数据库功能。

（三）提高了系统的容错能力

在一个系统内,单个部件或计算机的暂时失效必须通过替换资源的办法来维持系统的继续运行。但在计算机网络中,每种资源(尤其程序和数据)可以存放在多个地点,而用户可以通过多种途径来访问网内的某个资源,从而避免了单点失效对用户产生的影响。例如,网络中经常采用的数据库双机热备份系统。

（四）实现分布式处理

单机的处理能力是有限的,且由于种种原因(如时差),计算机之间的忙闲程度是不均匀的。从理论上讲,在同一网内的多台计算机可通过协同操作和并行处理来提高整个系统的处理能力,并使网内各计算机负载均衡。

随着计算机网络技术的飞速发展,正在涌现许多新的应用,而且这些新的应用将逐渐深入社会的各个领域及人们的日常生活当中,改变着人们的工作、学习和生活乃至思维方式。例如,电话视频会议、IP 电话网上寻呼、网络实时交谈、视频点播(VOD)、网络游戏、网上教学、网上书店、网上购物、网上订票、网上电视直播远程医疗、网上证券交易、虚拟现实、移动支付以及电子商务正逐渐走进普通百姓的生活、学习和工作当中。

在未来,谁拥有"信息资源",谁能有效使用"信息资源",谁就能在各种竞争中占据主导地位。随着下一代互联网的实施,计算机网络作为信息收集、存储、传输、处理和利用的整体系统将在信息社会中得到更加广泛的应用。

三、计算机网络的分类

计算机网络的种类很多。目前尚无统一的分类标准,从不同的角度看,便有不同的分类方法。其中最常用的分类有以下两种。

(一)按照网络的作用范围分类

1. 广域网

广域网(Wide Area Network,WAN)的作用范围可达 10 km 以上,甚至数千千米,可以覆盖一个地区、一个国家、一个洲甚至更大范围。因此 WAN 又称远程网(Long Haul Network)。WAN 是 Internet 的核心部分,其任务是实现数据的长距离传输。

2. 城域网

城域网(Metropolitan Area Network,MAN)的作用范围一般在 10～100 km 的区域,局限在一座城市范围内。例如,有线电视网就是由城市管理部门组建的城域网。

3. 局域网

局域网(Local Area Network,LAN)就是局部范围内的小规模的计算机网络,作用范围一般在 10 km 以内。例如,一间办公室、一座办公楼、一个仓库或一个校区所组建的网络就是一个局域网。局域网的连接设备是交换机,而现实中的校园网往往是多个小的局域网通过路由器互连在一起组成的互连网,而不是纯粹意义上的一个单独的局域网。

局域网通常采用总线、星状和环状拓扑结构,如图 1-13 所示。其中,星状结构是当前局域网的主流技术,其他两种结构越来越少见了。

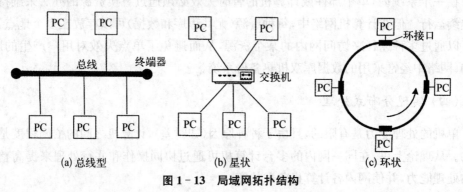

(a)总线型　　　　　(b)星状　　　　　(c)环状

图 1-13　局域网拓扑结构

4. 个人区域网

个人区域网(Personal Area Network,PAN)也称个域网或者无线个人区域网(Wireless Personal Area Network,WPAN)。就是将个人工作区域内的电子设备(如智能手机、笔记本等)通过无线技术连接起来的个人网络,其工作范围大约在 10 m 以内。

(二)按照网络的使用者进行分类

1. 公用网

公用网(Public Network)也称公众网,通常是由电信公司出资建造,并为公众提供有偿信息服务的大型网络,如中国电信网络、中国移动网络、中国网通和中国联通网络等均属此列。

2. 专用网

专用网(Private Network)也称私有网,是由某个部门为满足本单位的特殊业务工作需要而建造的网络。专用网的网络设备与公用网是隔离的。这种网络不向本单位以外的人提供服务,而且为了安全起见一般是通过防火墙或专门的路由器接入互联网,有的甚至与其他网络隔离。例如,军队、铁路、银行、电力等系统的专网,校园内的一卡通网络也属于专用网。

第四节　计算机网络的主要性能指标

在使用计算机网络的时候,往往采用网络的性能指标从不同方面来衡量计算机网络性能的好坏。

一、速率

计算机是以二进制形式发送数据的。计算机中数据量的单位是比特(bit),也是信息论中使用的信息量的单位,意思是一个"二进制数字",因此一个比特就是二进制数字中的一个 1 或 0,通常用小写的 b 表示。网络中的速率指的是连接在计算机网络上的主机在数字信道上发送数据的速率,它也称为数据率(Data Rate)或比特率(Bit Rate)。通过查看计算机本地连接的状态,可以了解本机的发送速率是多少,见图 1-14。

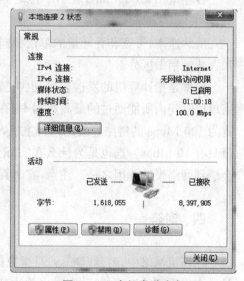

图 1-14　主机发送速率

速率是计算机网络中最重要的性能指标。速率的单位是 b/s(比特每秒)(或 bit/s,有时也写为 bps,即 bit per second)。当数据率较高时,就可以用 kbps(k $= 10^3 =$ 千),Mbps(M $= 10^6 =$ 兆),Gbps(G $= 10^9 =$ 吉)或 Tbps(T $=$

$10^{12} =$ 太)。现在人们常用更简单的但很不严格的记法来描述网络的速率,如 100 M 局域网,而忽略了单位中的 bps,它的意思是速率为 100 Mbps 的局域网。需要指出的是,上面所说的速率往往是指额定速率或标称速率,实际发送速率往往要低于这个速率。

二、带宽

"带宽"(Bandwidth)有信号的带宽和信道的带宽两种理解。

信号的带宽指的是某个信号具有的频带宽度,指该信号所包含的各种不同频率成分所占据的频率范围。例如,在传统的通信线路上传送的电话信号的标准带宽是 3.1 kHz,即话音的主要成分的频率为 300 Hz~3.4 kHz。这种意义的带宽的单位是赫兹(千赫兹、兆赫兹、吉赫兹等)。在过去很长的一段时间,通信的主干线路传送的是模拟信号(即连续变化的信号)。因此,表示通信线路允许通过的信号频带范围就称为线路的带宽(或通频带)。

信道的带宽指的是信道通频带的宽度,也就是信道能通过的信号的频率范围。由于信道的最大数据速率是由信道的带宽决定的,即一条通信链路的"带宽"越宽,其所能传输"最高数据率"也越高。因此在计算机网络中,带宽用来表示网络的通信线路所能传送数据的能力,因此网络带宽表示在单位时间内信道所能通过的"最高数据率"。本文中的"带宽",主要是指这个意思。这种意义的带宽的单位是"比特每秒",记为 b/s,也可写为 bps。

生活中有一个名为宽带的名词,这里不要混淆了。宽带是相对窄带而言的,是指宽的频带。生活中的宽带可以解释为高的数据传输率,光纤宽带就是指通过光纤来获得高的数据传输率。

三、吞吐量

吞吐量(Throughput)表示单位时间内通过某个信道或接口的实际数据量,单位是 b/s或 bps。

虽然速率、带宽和吞吐量的单位相同,但表示的含义还是有差别的,这里对速率、带宽和吞吐量稍做区分。

速率是指计算机的发送速率,也叫额定数据速率或者标称数据速率,而带宽指的是信道单位时间内所能通过的最高数据率,吞吐量则表示网络的实际数据速率。例如,一段带宽为 100 Mbps 的链路连接的两台主机,但可能因为各种因素(如丢包、协议等)使得吞吐量只有 10 Mbps。这也是为什么在实际生活中,标称网速为 100 Mbps,但在使用时仍然会感到网络慢的原因之一。注意,有时吞吐量还可用每秒传送的字节数或帧数来表示。

四、时延

计算机网络中,时延(Delay)是指数据从网络的一端传送到另端所需要的时间。时延是一个很重要的性能指标,有时也称为延迟或迟延,主要由以下四个部分组成。

(一)发送时延

发送时延是指节点将整个数据从节点内存发送到信道所需要的时间。发送时延也可称作传输时延。发送时延的大小等于发送帧长度除以发送速率。可见,对于一定的网络,发送时延并非固定不变,而是与发送的帧长(单位是比特)呈正比,与信道带宽呈反比。计算公式如下:

$$发送时延 = \frac{数据块长度(b)}{数据传输速率(bps)} \tag{1-1}$$

（二）传播时延

传播时延是电磁波在信道中传播一定距离需要花费的时间。传播时延的大小等于信道长度除以信号在信道上的传播速率，计算公式如下：

$$传播时延 = \frac{信道长度(m)}{电磁波在信道中的传播速率(m/s)} \qquad (1-2)$$

电磁波在自由空间的传播速率是光速（3×10^5 km/s）。电磁波在网络传输媒体上的传播速率比在自由空间要略低一些：在铜线电缆中的传播速率约为 2.3×10^5 km/s，在光纤中的传播速率约为 2.0×10^5 km/s。

为了避免混淆上述两种时延，可以从时延发生地方的不同来理解。发送时延发生在机器内部的发送器中，而传播时延则发生在机器外部的传输信道媒体上。

（三）处理时延

主机或路由器在收到分组时要花费一定的时间进行处理，如分析分组的首部、从分组中提取数据部分、进行差错检验或者查找适当的路由等，这就产生了处理时延。

（四）排队时延

分组在经过网络传输时，要经过许多路由器。但分组在进入路由器后要先在输入队列中排队等待处理。在路由器确定了转发接口后，还要在输出队列中排队等待转发，这就产生了排队时延。排队时延的长短往往取决于网络当时的通信量。当网络的通信量很大时会发生队列溢出，使分组丢失，这相当于排队时延无穷大。

这样，数据在网络中经历的总时延就是以上 4 种时延之和，其计算公式是：

$$总时延 = 发送时延 + 传播时延 + 处理时延 + 排队时延 \qquad (1-3)$$

一般来说，小时延的网络要优于大时延的网络。在某些情况下，一个低速率、小时延的网络很可能要优于一个高速率但大时延的网络。必须要指出的是，在总时延中，究竟哪种时延占据主导地位必须具体分析，不能笼统地认为数据发送快，传送就快，时延是由多个部分共同影响的。

还需要注意的是，初学网络的人容易误认为"在高速链路（或高带宽链路）上，比特应当跑得更快些"。而事实上，高速链路只是提高了数据的发送速率，传播时延没有影响。"光纤信道的传输速率高"也是指向光纤信道发送数据的速率高。事实上，光纤中的传播速率比铜线中还要略低点。

五、时延带宽积

时延带宽积就是由传播时延和带宽相乘得到，即：

$$时延带宽积 = 传播时延 \times 带宽 \qquad (1-4)$$

带宽就是数据的传输速率,也就是发送速率,而传播时延是数据在信道中传播的时间;两者相乘,可以知道在这个时延时间内发送端发送的数据量,也就比特总数。而这些比特都在链路中向前移动,因此,链路的时延带宽积又称为以比特为单位的链路长度。

对于一条正在传送数据的链路,只有在代表链路的管道都充满比特时,链路才得到充分的利用。因此时延带宽积可以用来判断数据链路的利用率。

六、往返时间

在计算机网络中,往返时延(Round Trip Time,RTT)也是一个重要的性能指标,表示从发送方发送数据开始,到发送方收到接收方的确认(接收方收到数据后便立即发送确认)总共经历的时间。在互联网中,往返时间包括各中间节点的处理时延、排队时延以及转发数据时的发送时延。往返时间是衡量网络链路性能的重要指标。

主机到网络中某个网站的往返时间,可以通过在命令行方式下输入命令"ping 网站域名"来测试。如图 1-15 所示,里面的时间就是主机到该网站的往返时间,该时间越短说明网络链路性能越好。

图 1-15　主机到网络中某个网站的往返时间

七、误码率

误码率表示计算机网络和数据通信系统的可靠性,它是统计指标,指传输比特出错的概率,即一段时间内,传输出错的比特数与传输的总比特数的比值,其公式可表示为:

$$误码率 = \frac{出错的比特数}{传输的总比特数} \tag{1-5}$$

在计算机网络中,误码率一般要求低于 10^{-6},即平均每传 1 兆位才允许错 1 位。在 LAN 和光纤传输中,误码率还可以更低,可以达到 10^{-9},甚至更低。

八、利用率

利用率有信道利用率和网络利用率两种。信道利用率指的是某信道有百分之几的时间是被利用的(有数据通过)。完全空闲的信道的利用率是零。网络利用率则是全网络的信道利用率的加权平均值。根据排队论的理论可以知道信道的利用率并非越高越好,因为当信道的利用率高,也就是信道流通量大的时候,该信道引起的时延也会随之迅速增加,这就跟车流通量大的公路容易出现堵车现象一样。

如果 D_0 表示网络空闲时的时延,D 表示网络当前的时延,那么在适当的假定条件下,可以用下面的简单公式表示 D 和 D_0 及网络利用率 U 之间的关系:

$$D = \frac{D_0}{1 - U} \qquad (1-6)$$

公式中,U 是网络的利用率,取值为 $0 \sim 1$。当网络利用率达到其容量的 $1/2$ 时,时延就会加倍,当利用率接近最大值 1 时,网络的时延就会趋近于无穷大。也就是说,信道或网络利用率过高会产生非常大的时延。时延和利用率的关系如图 $1-16$ 所示。

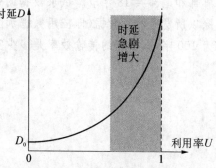

图 1-16 时延与利用率的关系

练习题

1. 试述 internet 和 Internet 这两个术语的区别。

2. 简述信息交换技术发展的三次革命。

3. 从计算机网络技术发展的角度解释"三网合一"的意义。

4. 简述计算机网络形成和发展的几个重要阶段,并指出各个阶段的重要特点。

5. 我国计算机网络发展的情况如何? 形成的重要公用骨干网络有哪些?

6. 组成计算机网络的基本构件有哪些? 请分别介绍。

7. 什么是互连网? 什么是互联网? 什么是网络云?

8. 从互联网的组成来看,由哪两部分组成? 这两部分的功能是什么?

9. 什么是端系统? 如何理解"计算机之间的通信"这句话?

10. 互联网边缘部分端系统之间的通信方式有哪些? 请详细介绍。

11. 互联网核心部分最重要的设备是什么? 实现的功能是什么?

12. 计算机网络的概念是什么? 其最主要的特点是什么? 计算机网络应当由哪几部分组成?

13. 计算机网络实现的主要功能有哪些?

14. 按照网络的作用范围划分，计算机网络可以分为哪几类？请分别介绍其应用。

15. 按照网络的用途来划分，计算机网络可以分为哪几类？请分别介绍其应用。

16. 衡量计算机网络的重要性能指标有哪些？请分别介绍其性能。

17. 计算发送时延与传播时延。

条件：主机之间传输介质长度 $D=3\ 000$ km，电磁波传播速度为 2×10^8 m/s。

(1) 数据长度为 1×10^4 bit，数据发送速率为 100 kbps。

(2) 数据长度为 1×10^9 bit，数据发送速率为 1 Gbps。

18. 长度为 1 000 字节的应用层数据交给运输层传送，需加上 20 字节的 TCP 首部。再交给网络层传送，需加上 20 字节的 IP 首部。最后交给数据链路层的以太网传送，加上首部和尾部共 18 字节。试求数据的传输效率。数据的传输效率是指发送的应用层数据除以所发送的总数据（即应用数据加上各种首部和尾部的额外开销）。若应用层数据长度为 100 字节，数据的传输效率是多少？

第二章　计算机网络数据交换

本章重点

（1）线路交换和分组交换的概念。

（2）分组交换的非可靠传输方式和可靠传输方式。

（3）可靠传输的虚电路。

（4）非可靠传输的数据报。

在讨论了计算机网络定义、分类和性能指标等基本概念之后，需要进一步讨论计算机网络的核心技术——计算机网络中的数据交换。

第一节　数据交换的方式

计算机网络的数据交换也就是通常所说的数据传输，其应用方式对于网络数据传输，以及对网络的性能影响很大。掌握网络数据交换方式的分类，以及不同数据交换方式的特点，对于理解计算机网络工作原理十分重要。

数据交换方式基本可以分为两大类：线路交换与分组交换。分组交换又可以进一步分为数据报交换与虚电路交换。为了弄清分组交换，先介绍线路交换的基本概念。

第二节　线路交换

日常生活中的电话连接采用的就是线路交换方式。在电话通信系统中，要使得每一部电话能够很方便地和另一部电话进行通信，最简便的方法是使用程控交换机将这些电话通过电话线连接起来，如图2-1所示。每部电话都连接到交换机上，而交换机之间也通过电话线连接起来，就构成了整个电话通信系统。当两部电话需要通话的时候，程控交换机使用线路交换的方法，在两部电话之间建立起一条连接，让电话用户彼此之间可以很方便地通信。

从通信资源的分配角度来看，交换（Switching）就是按照某种方式动态地分配传输线路的资源。在使用线路交换通话之前，必须先拨号请求建立连接。当被叫用户听到交换机送来的振铃信号并接通后，从主叫端到被叫端就建立了一条连接线路，这条线路也是属于主叫方和被叫方的一条专用物理线路。这条线路在双方通信时不会被其他用户所占用。此后主叫和被叫双方就能互相通电话。通话完毕挂机后,交换机释放刚才使用的这条专用的物理线路(即把刚才占用的所有通信资源归还给电信网)。

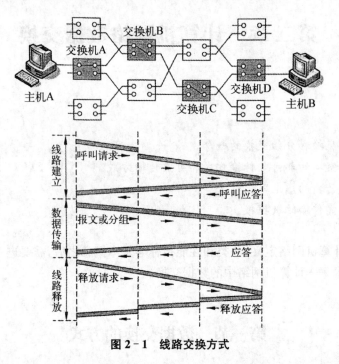

图 2-1 线路交换方式

这种经过"建立连接(申请通信资源)→通话(占用通信资源)→释放连接(释放通信资源)"三个步骤的交换方式称为线路交换。如果用户在拨号呼叫时电信网的资源已不足以支持这次的呼叫,则主叫用户会听到忙音,表示电信网不接受用户的呼叫,用户必须挂机,等待段时间后再重新拨号。

线路交换的一个重要特点就是在通话的全部时间内,通话的双方始终占用端到端的通信资源。因此,采用这种方式通信的电话系统,其计费方式是按时按距离收费,费用较高。线路交换在通信之前,需要先建立连接,因此线路交换属于面向连接的交换方式,其实现信息的交换是可靠传输,这是线路交换的另一个重要特点。

在计算机网络中使用线路交换来传送计算机数据时,其线路的传输效率往往变得很低。这是因为计算机数据的发送和接收往往是突发式的,线路上真正用来传送数据的时间往往不到1%,甚至更少。已被用户占用的通信线路资源在绝大部分时间里都是空闲的。例如,当用户阅读计算机屏幕上的信息或用键盘输入和编辑文件的时候,宝贵的通信线路资源并未被利用而是被浪费了。因此,线路交换并不适合计算机网络。

第三节 分组交换

计算机网络数据交换采用的是分组交换方式。分组交换使用了存储转发技术。存储转发技术是将发送的数据与目的地址、源地址、控制信息一起,按照一定的格式组成一个数据单元(报文或报文分组)发送出去。该数据单元先由网络中的路由器暂时存储,读取出其中的目的地址,然后再根据读出的目的地址进行转发,多个路由器不断重复这个过程,最终将发送的数据单元传送到目的主机。

利用存储转发交换原理传送数据时,被传送的数据单元相应地可以分为两类:报文(Message)与报文分组(Packet)。根据数据单元的不同,存储转发交换方式可以分为报文交换与分组交换。

在计算机网络中,如果人们不对传输的数据块长度做任何限制,直接封装传输,那么封装后的包称为报文。报文可能包含着一个很小的文本文件或语音文件的数据,也可能包含一个很大的数据、图形、图像或视频文件的数据。将报文作为一个数据传输单元的方法称为报文存储转发交换或报文交换。报文交换方法主要存在以下缺点:

(1) 当一个路由器将一个长报文传送到下一个路由器时,发送报文的副本必须保留,以备出错时重传。长报文传输所需时间比较长。路由器必须等待报文正确传输确认之后,才能删除报文的副本。这个过程需要花费较长的等待时间。

(2) 在相同误码率的情况下,报文越长传输出错的可能性就越大,出错重传所花费的时间也就越多。

(3) 由于每次传输的报文长度都可能不同,在每次传输报文时都必须对报文结束字节进行判断与处理,因此报文处理的时间会比较长。

(4) 由于报文长度总是在变化,路由器必须根据最长的报文来预定存储空间,如果出现一些短报文,这样就会造成路由器存储空间的利用率降低。

因此,在计算机网络中报文交换不是一个最佳的方案。在这种背景下,人们提出分组交换的概念。在发送报文之前,先把较长的报文划分成为一个个更小的固定长度的数据段。例如,每个数据段为 1 024 bit。在每一个数据段前面,加上一些由必要的控制信息组成的首部(Header)后,就构成了一个分组,见图 2-2。

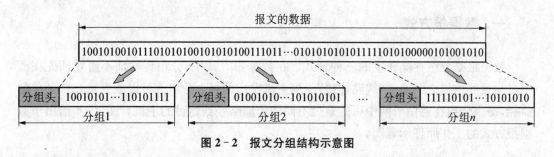

图 2-2 报文分组结构示意图

分组是在互联网中传送的数据单元。分组中的"首部"是非常重要的,正是由于分组的首部包含了诸如目的地址和源地址等重要控制信息,网络中的路由器才能根据每一个分组的目的地址独立选择传输路径,最终将分组正确地交付到传输的终点。

分组交换与报文交换比较,主要具有以下优点:

(1) 将报文划分成有固定格式和最大长度限制的分组进行传输,有利于提高路由器检测接收分组是否出错、出错重传处理过程的效率,有利于提高路由器存储空间的利用率。

(2) 路由选择算法可以根据链路通信状态、网络拓扑变化,动态地为不同的分组选择不同的传输路径,有利于减小分组传输延迟,提高数据传输的可靠性。

报文交换与分组交换过程比较见图 2 - 3。

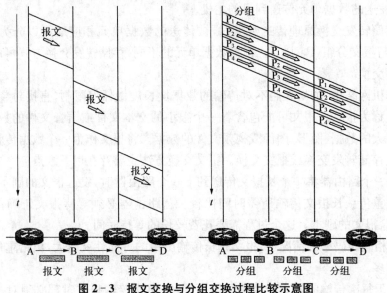

图 2 - 3 报文交换与分组交换过程比较示意图

第四节 数据交换的可靠传输与非可靠传输

前面讨论的线路交换采用面向连接方式,其数据传输为可靠传输。分组交换技术分为两类:非可靠传输的数据报和可靠传输的虚电路。

一、数据报方式

数据报是分组存储转发的一种形式。在数据报方式中,分组传输前不需要预先在源主机与目的主机之间建立"线路连接"。源主机发送的每个分组都可以独立选择一条传输路径,每个分组在通信子网中可能通过不同的传输路径到达目的主机。图 2 - 4 给出了数据报方式的工作原理示意图。

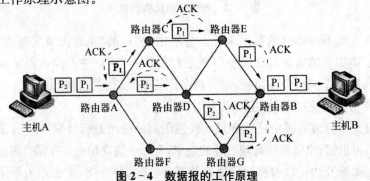

图 2 - 4 数据报的工作原理

（一）数据报的工作原理

数据报方式的工作过程分为以下步骤：

（1）源主机（主机 H1）将报文分成多个分组，依次发送到直接相连的路由器 A。

（2）路由器 A 每接到一个分组后，都需要为每个分组进行路由选择，由于网络通信状态是不断变化的，每个分组的下一跳路由都可能不同，因此一个报文中的不同分组通过网络的传输路径可能是不同的。

（3）不同的分组通过通信子网中多个路由器存储转发，最终正确到达目的主机 H2。

（二）数据报交换方式的特点

通过以上分析可以看出，数据报传输方式主要有以下特点：

（1）同一报文的不同分组可以经过不同的传输路径通过通信子网。

（2）同一报文的不同分组到达目的主机时可能出现乱序、重复与丢失现象。

（3）每个分组在传输过程中都必须带有目的地址与源地址。

（4）数据报方式的传输延迟较大，适用于突发性通信，不适用于长报文、会话式通信。

在研究数据报方式特点的基础上，进一步提出了虚电路交换方式。

二、虚电路方式

虚电路方式试图将数据报与线路交换结合起来，发挥这两种方法各自的优点，以达最佳的数据交换效果，图 2－5 给出了虚电路方式的工作原理示意图。

（一）虚电路的基本工作原理

数据报方式在分组发送前，发送方与接收方之间不需要预先建立连接。虚电路方式在分组发送前，需要在发送方和接收方之间建立一条逻辑连接的虚电路。在这点上，虚电路方式与线路交换方式相同。虚电路方式的工作过程分为三个阶段：虚电路建立阶段、数据传输阶段与虚电路释放阶段。

（1）虚电路建立阶段，发送端主机 H1，向直接连接的路由器 A 发送"呼叫请求分组"，分组中包含源主机地址和目的主机地址。

（2）路由器 A 使用路由选择算法确定下一跳为路由器 B，然后向路由器 B 发

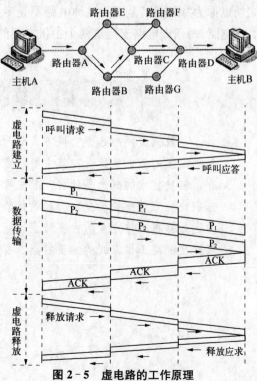

图 2－5　虚电路的工作原理

送"呼叫请求分组",分组中包含源主机地址和目的主机地址。

（3）同样，路由器 B 也要使用路由选择算法确定下一跳为路由器 C。以此类推，"呼叫请求分组"经过 A、B、C、D 的路径到达路由器 D，路由器 D 与目的主机 H2 直接连接。路由器 D 向路由器 A 发送"呼叫接收分组"，至此虚电路建立，并分配一个唯一的虚电路号。

（4）在数据传输阶段，发送端主机 H1 发送的分组只需要携带虚电路号，通信子网上的路由器就根据虚电路号以存储转发方式顺序传送分组。

（5）在所有的数据传输结束后，进入虚电路释放阶段，将按照 D、C、B、A 的顺序依次释放虚电路。

（二）虚电路方式的特点

（1）每次分组传输之前，需要在源主机与目的主机之间建立一条虚电路。

（2）所有分组都通过虚电路顺序传送，分组只有携带虚电路号，不必携带目的地址、源地址等信息。分组到达目的主机时不会出现丢失、重复与乱序的现象。

（3）分组通过虚电路上的每个路由器时，路由器只需要根据虚电路号转发分组，而不进行路由选择。

（4）路由器可以与多个主机之间的通信建立多条虚电路，多条虚电路根据不同的虚电路号区分。

（5）虚电路适合长报文、长时间会话方式的通信方式。

虚电路方式与线路交换方式的主要区别是：虚电路是在传输分组时建立的逻辑连接，之所以称为"虚电路"是因为这种电路不是专用的，每个主机可以同时与多个主机之间具有虚电路，每条虚电路支持这两个主机之间的数据传输。

练习题

1. 什么是数据交换？数据交换方式分为哪几种？
2. 线路交换的概念是什么？其主要特点有哪些？
3. 存储转发技术的概念是什么？其主要特点有哪些？
4. 分别比较分组交换和报文交换的优缺点，分析它们的不同之处。
5. 简述数据报工作方式的主要特点。
6. 简述虚电路工作方式的主要特点。

第三章　计算机网络体系结构与协议

本章重点

(1) 计算机网络体系结构的概念。

(2) OSI 参考模型。

(3) TCP/IP 参考模型。

(4) 计算机网络体系结构的教学模型。

在计算机网络的基本概念中，分层次的体系结构是最基本的。"分层"可以将庞大而复杂的问题转化为若干较小的局部问题，而这些较小的局部问题就比较易于研究和处理。计算机网络体系结构的抽象概念较多，在学习时要多思考。这些概念对后面的学习很有帮助。

第一节　网络体系结构的概念

一、网络协议的基本概念

一个计算机网络内的两台计算机需要通信，就必须使它们采用相同的信息交换规则，如同两个人要对话，就需要使用双方都能理解的语言一样。把在计算机网络中用于规定信息的格式以及如何发送和接收信息的一套规则称为网络协议（Network Protocol）或通信协议（Communication Protocol）。

由于计算机网络的复杂性，很难使用一个单一协议来为网络中的所有通信规定一套完整规则。因此，普遍的做法是将通信问题划分为许多小问题，然后为每个小问题设计一个单独的协议，从而使得每个协议的设计、分析、编码、修改和测试都变得容易。这就是网络体系结构设计中通常采用分层的思想。

二、分层的协议

所谓分层（Layering）设计方法，就是按照信息的流动过程将网络的整体功能分解为一个个的功能层，不同主机或者网络节点上的同等功能层之间采用相同的协议，同一主机上的相邻功能层之间通过所谓"接口"进行信息传递。

为了对分层的概念有一个更深入的了解,下面以生活中一个实例(邮政通信系统)加以说明:首先,一个邮政系统是由用户(写信人和收信人)、邮政局、邮政运输部门和邮政运输工具组成。因此,可以将邮政通信系统按功能分为 4 层:用户、邮政局、邮政运输部门和运输工具,如图 3-1 所示。每层分工明确、功能独立。

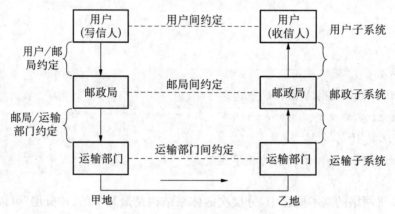

图 3-1 邮政系统的分层模型

分层之后,还需要在对等层之间约定一些通信的规则,即"对等层协议"。例如,在用户层,通信的双方写信时都有个约定,这就是信件的格式和采用的语言等。只有这样,对方收到信后,才可以看懂信中的内容,知道是谁写的,什么时候写的等。在邮局层,一个邮局将用户的信件收集后,要进行分类和打包等操作,而这些分类、打包等规则必须在邮局之间事先协商好,这就是邮局层的协议。同样,在运输部门层,部门之间也有一致的协议。

当信写好之后,必须将信封装并交由邮局寄发,这样寄信人和邮局之间也要有约定,这些约定就是所谓的相邻层之间的"接口"。例如,用户和邮局之间的接口规定信封写法以及如何贴邮票等。邮局打包后交付有关运输部门进行运输,如航空信交民航,平信交铁路或公路运输部门等。这时,邮局和运输部门也存在"接口"问题,如到站地点、时间、包裹形式,信件运送到目的地后进行相反的过程,最终将信件送到收信人手中,收信人依照约定的格式才能读懂信件。

从一个邮件的传输过程可以看出,虽然两个用户、两个邮政局、两个运输部门分处甲、乙两地,但它们都分别对应同等机构,即所谓的"对等层实体"。而同处一地的不同机构则是上下层的关系,存在着服务与被服务的关系。很显然,这两种约定是不同的,因此,前者是部门内部的约定,我们称为协议;而后者是不同部门之间的约定,我们称之为接口。

在计算机网络环境中,两台计算机中两个进程之间进行通信的过程与邮政通信的过程十分相似。用户进程对应于用户,计算机中负责通信的进程对应于邮局,通信设施(路由器、交换机等)对应于运输部门和运输工具。

为了减少计算机网络设计的复杂性,人们往往按功能将计算机网络划分为多个不同的功能层。网络中同等层之间的通信规则就是该层使用的协议,如有关第 N 层的通信规则的集合,就是第 N 层的协议。而同一计算机的不同功能层之间的通信规则称为接口(Interface),在第 N 层和第 $N+1$ 层之间的接口称为 $N/(N+1)$ 层接口。总的来说,协议是不同计算机同等层之间的通信约定,而接口是同一计算机相邻层之间的通信约定。可以这么理解:协议是水平的,接口是垂直的。

　　不同的网络,分层数量、各层的名称和功能以及协议都各不相同。然而,在所有的网络中,每一层的目的都是向它的上一层提供一定的服务。分层设计方法将整个网络通信功能划分为垂直的层次集合后,在通信过程中下层将向上层隐蔽下层的实现细节。但层次的划分应首先确定层次的集合及每层应完成的任务。划分时应按逻辑组合功能,并具有足够的层次,以使每层小到易于处理。同时层次也不能太多,以免产生难以负担的处理开销。

三、计算机网络体系结构的概念

　　所谓计算机网络体系结构就是指计算机网络的分层模型以及各层功能的精确定义。但网络协议实现的细节不属于网络体系结构的内容,因为它们隐含在计算机内部,对外部说来是不可见的。为了对计算机体系结构进行精确的描述,引入了如下概念:

　　(1) 服务(Service)。在网络体系结构中,服务就是网络中各层向其相邻上层提供的一组操作,是相邻两层之间的接口。网络分层结构中的单向依赖关系,使得网络中相邻层之间的接口也具有单向性,即下层是服务提供者,上层是服务使用者。而服务的表现形式是原语,如库函数或系统调用。

　　(2) 实体(Entity)。在网络的每一层中至少有一个实体。实体既可以是软件实体(如一个进程),也可以是硬件实体(如一块网卡)。在不同计算机上同一层内的实体叫对等实体。因此,N 层实体实现的服务为 $N+1$ 层所利用,而 N 层则要利用 $N-1$ 层所提供的服务。N 层实体可能向 $N+1$ 层提供不同类型的服务,如可靠传输或不可靠传输的服务。

　　(3) 服务访问点(Service Access Point,SAP)。$N+1$ 层实体是通过 N 层的服务访问点来使用 N 层所提供的服务。N 层 SAP 就是 $N+1$ 层可以访问 N 层服务的地方。每一个 SAP 都有一个唯一地址。目前,在很多操作系统中,提供的套接字(Socket)机制中 Socket 就是 SAP,而 Socket 号就是 SAP 地址。

　　(4) 接口数据单元(Interface Data Unit,IDU)。$N+1$ 层实体通过 SAP 把一个接口数据单元传递给 N 层实体,IDU 由服务数据单元(Service Data Unit,SDU)和一些接口控制信息(ICD)组成。

　　(5) 协议数据单元(Protocol Data Unit,PDU)。为了传送 SDU,N 层实体可以将 SDU 分成若干小段,每一段加上一个报头后就形成了独立的协议数据单元,如"IP 分组"就是 IP 协议的 PDU。PDU 报头被同层实体用来执行它们的同层协议,用于辨别哪些 PDU 包含数据,哪些包含控制信息,并提供序号和计数值等。相邻两层的接口方式如图 3-2 所示。

　　(6) 面向连接服务(Connection-oriented Service)。面向连接服务是电话系统服务模式的抽象。每一次完整的数据传输都必须经过建立连接、数据传输和终止连接 3 个过程。在数据传输过程中,各数据报地址不需要携带目的地址,而是使用连接号。连接本质上类似于一个管道,发送者在管道的一端放入数据,接收者在另一端取出数据。其特点是接收到的数据与发送方发出的数据在内容和顺序上是一致的。

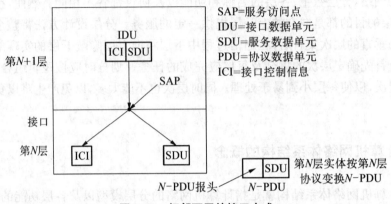

图 3 - 2　相邻两层的接口方式

(7) 无连接服务(Connectionless Service)。无连接服务是邮政系统服务模式的抽象,其中每个报文带有完整的目的地址,每个报文在系统中独立传送。无连接服务不能保证报文到达的先后顺序,原因是不同的报文可能经不同的路径去往目的地,所以先发送的报文不一定先到。无连接服务一般也不对出错报文进行恢复和重传。换句话说,无连接服务不保证报文传输的可靠性

(8) 服务原语(Primitive)。"服务"在形式上是用一组原语来描述的,这些原语供上层实体访问下层所提供的服务或向上层实体报告某事件的发生。

需要注意的是:人们经常将"服务"和"协议"混淆,而事实上二者是迥然不同的两个概念。两者区别体现在:

(1) 服务是网络体系结构中各层向它的上层提供的一组原语(操作),尽管服务定义了该层能够代表它的用户完成的操作,但丝毫未涉及这些操作是如何实现的。

(2) 服务描述两层之间的接口,下层是服务提供者,上层是服务使用者。而协议是定义同层对等实体间交换帧、数据报的格式和意义的一组规则。网络各层实体利用协议来实现它们的服务。只要不改变提供给用户的服务和接口,实体可以随意地改变它们所使用的协议。这样,服务和协议就完全被分离开来。

上面介绍了网络分层模型的基本概念,可以将分层模型的要点归纳为如下三点:

(1) 不同的网络模型,将网络系统分成若干层;不同的层执行不同的功能。各个层之间相互配合完成通信功能。每一层通过接口向上一层提供特定的服务,接口就是下层向上层提供的原语操作和服务,接口屏蔽了本层的功能细节。

(2) 在不同主机上的相同层的实体称为对等体。通信就是在对等体之间进行的,这是计算机网络中涉及的一个基本原则。

(3) 为了进行对等体之间的通信,需要对速率、传输代码代码结构、传输控制步骤、差错控制等制定标准,这就是协议。

因此,接口是分层模型中一个很重要的概念。在确定了网络分为多少层和各层的功能之后,接口的定义很重要。接口包括两部分:一是硬件,功能是实现节点之间的信息传送;二是软件,功能是规定双方进行通信的约定协议。

理解计算机网络体系结构的概念,需要注意以下问题:

(1)网络体系结构是网络层次结构模型与各层协议的集合。

(2)网络体系结构对计算机网络应该实现的功能进行精确定义。

(3)网络体系结构是抽象的,而实现网络协议的技术是具体的。

层次型计算机网络体系结构的优点:

(1)各层之间相互独立。高层不需要知道低层的功能是采取硬件或者是软件技术来实现的,只需要知道通过与低层的接口就可以获得所需要的服务。

(2)灵活性好。各层都可以采用最适当的技术来实现,如某一层的实现技术发生了变化,用硬件代替了软件,只要这一层的功能与接口保持不变,实现技术的变化就不会对其他各层以及整个系统的工作产生影响。

(3)易于实现和标准化。由于采取了规范的层次结构去组织网络功能与协议,因此可以将计算机网络复杂的通信过程划分为有序的连续动作与有序的交互过程。这有利于将网络复杂的通信工作过程化解为一系列可以控制和实现的功能模块,使得复杂的计算机网络变得易于设计、实现和标准化。

第二节　OSI 参考模型

一、OSI 参考模型的起源

1974 年,IBM 公司提出世界上第一个网络体系结构——系统网络体系结构(System Network Architecture,SNA)。此后,很多计算机公司纷纷提出各自的网络体系结构,如 DEC 公司提出的数字网络体系结构(Digital Network Architecture,DNA)、UNIVAC 公司提出的分布式计算机体系结构(Distributed Computer Architecture,DCA)等。不同公司提出的网络体系结构的共同点是都采用了分层的体系结构,但在层次的划分、每个层次的功能分配以及实现技术方面差异很大。采用不同网络体系结构与协议的网络称为异构网络。异构网络的互联是困难的。大量异构网络的存在必将给网络大规模的推广与应用带来很大的困难,因此如何解决计算机网络体系结构与协议的标准化的研究就提上了议事日程,国际标准化组织(International Standards Organization,ISO)的 OSI 参考模型的研究课题就是在这样一个背景下提出的。

1974 年,ISO 发布了著名的 ISO/EC7498 标准,它定义了网络互联的 7 层框架,即开放系统互连(Open System Interconnection,OSI)参考模型。在 OSI 框架下,进一步详细规定了每层的功能,以实现开放系统环境中的互连性(Interconnection)、互操作性(Interoperation)与应用的可移植性(Portability)。

二、OSI 参考模型的基本概念

理解 OSI 参考模型的基本概念,需要注意以下问题。

(一)对"开放"含义的理解

在术语"开放系统互连参考模型"中,"开放"是指一台联网的计算机系统只要遵循 OSI 标准,就可以与位于世界上任何地方、遵循同样协议的其他任何一台联网计算机系统进行通信。

(二)参考模型的概念

OSI 参考模型定义了开放系统的层次结构、层次之间的相互关系,以及各层所包括的可能的服务。OSI 的服务定义详细地说明了各层所提供的服务,但是并不涉及接口的具体实现方法。OSI 参考模型并不是一个标准,而是一种在制定标准时所使用的概念性的框架。研究 OSI 参考模型的制定原则与设计思想,对于理解计算机网络的工作原理非常有益。

三、OSI 参考模型的层次划分原则

根据计算机网络的组成结构,划分出 OSI 参考模型的层次结构,如图 3-3 所示。

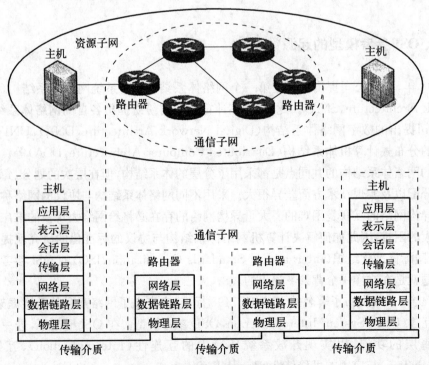

图 3-3 OSI 参考模型的层次结构

OSI 参考模型将整个通信功能划分为 7 个层次，其层次划分的主要原则如下：

（1）网中各主机都有相同的层次。

（2）不同主机的同等层具有相同的功能。

（3）同一主机内相邻层之间通过接口通信。

（4）每层可以使用下层提供的服务，并向其上层提供服务。

（5）不同主机的同等层通过协议来实现同等层之间的通信。

四、OSI 参考模型各层的主要功能

OSI 参考模型结构包括 7 层：物理层、数据链路层、网络层、传输层、会话层、表示层和应用层。

（一）物理层

理解物理层（Physical Layer）的基本概念，需要注意以下问题：

（1）物理层是 OSI 参考模型的最低层。

（2）物理层利用传输介质为通信的主机之间建立、管理和释放物理连接，实现比特流的透明传输，为数据链路层提供数据传输服务。

（3）物理层的数据传输单元是比特（b）。

（二）数据链路层

理解数据链路层（Data Link Layer）的基本概念，需要注意以下问题：

（1）数据链路层的低层是物理层，相邻高层是网络层。

（2）数据链路层在物理层提供比特流传输的基础上，通过建立数据链路连接，采用差错控制与流量控制方法，使有差错的物理线路变成无差错的数据链路。

（3）数据链路层的数据传输单元是帧。

（三）网络层

理解网络层（Network Layer）的基本概念，需要注意以下问题：

（1）网络层相邻的低层是数据链路层，高层是传输层。

（2）网络层通过路由选择算法为分组通过通信子网选择适当的传输路径，实现流量控制、拥塞控制与网络互联的功能。

（3）网络层的数据传输单元是分组。

（四）传输层

理解传输层（Transport Layer）的基本概念，需要注意以下问题：

（1）传输层相邻的低层是网络层，高层是会话层。

（2）传输层为分布在不同地理位置计算机的进程通信提供可靠的端到端的连接与数据传输服务。

（3）传输层向高层屏蔽了低层数据通信的细节。

（4）传输层的数据传输单元是报文。

（五）会话层

理解会话层（Session Layer）的基本概念，需要注意以下问题：

（1）会话层相邻的低层是传输层，高层是表示层。

（2）会话层负责维护两个会话主机之间连接的建立、管理和终止，以及数据的交换。

（六）表示层

理解表示层（Presentation Layer）的基本概念，需要注意以下问题：

（1）表示层相邻的低层是会话层，高层是应用层。

（2）表示层负责通信系统之间的数据格式变换、数据加密与解密、数据压缩与恢复。

（七）应用层

理解应用层（Application Layer）的基本概念，需要注意以下问题：

（1）应用层是参考模型的最高层。

（2）应用层实现协同工作的应用程序之间的通信过程控制。

五、OSI 参考模型的数据传输

（一）OSI 环境的含义

在研究 OSI 参考模型时，需要搞清它所描述的范围，这个范围称为 OSI 环境。图 3-4 给出了 OSI 环境的示意图。

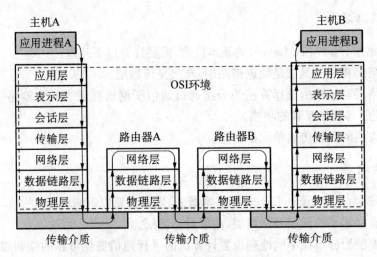

图 3-4　OSI 环境的示意图

理解 OSI 环境的基本概念,需要注意以下问题:

(1) OSI 环境虚线所示的是主机中从应用层到物理层的 7 层以及通信子网。

(2) 连接主机的物理传输介质不包括在 OSI 环境中。

(3) 主机 A 和主机 B 如果不联入计算机网络中,可以不需要有实现从物理层到应用层功能的硬件与软件。如果它们希望联入计算机网络,就必须增加相应的硬件和软件,在本地主机的操作系统控制下完成联网功能。

(4) 假设应用进程 A 要与应用进程 B 交换数据。进程 A 与进程 B 分别处于主机 A 与主机 B 的本地操作系统控制,不属于 OSI 环境。

主机 A 与主机 B 通信时,进程 A 首先要通过主机 A 的操作系统来调用实现应用层功能的软件模块;应用层模块将主机 A 的通信请求传送到表示层;表示层再向会话层传送,直至物理层。物理层通过连接主机 A 与路由器 A 的传输介质,将数据传送到路由器 A。路由器 A 的物理层接收到主机 A 传送的数据后,通过数据链路层检查是否存在传输错误;如果没有错误,路由器 A 通过它的网络层来确定应该把分组传送到哪一个路由器。如果通过路径选择算法,确定下一跳节点是路由器 B 时,则路由器 A 就将分组传送到路由器 B。路由器 B 采用同样的方法,将分组传送到主机 B。主机 B 将接收到的分组,从物理层逐层向高层传送,直至主机 B 的应用层。应用层再将数据传送给主机 B 的进程 B。

(二) OSI 环境中数据传输过程

图 3-5 给出了 OSI 环境中数据传输过程示意图。

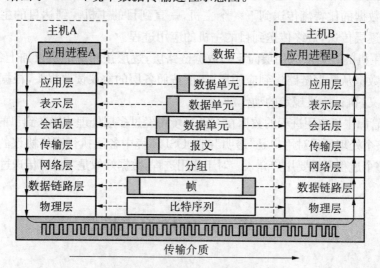

图 3-5 OSI 环境中数据传输过程

OSI 环境中数据发送过程包括以下步骤:

(1) 应用层。当进程 A 的数据传送到应用层时,应用层为数据加上应用层报头,组成应用层的协议数据单元(Protocol Data Unit,PDU),再传送到表示层。图 3-5 中将 PDU 简称为数据单元。

（2）表示层。表示层接收到应用层数据单元后，加上表示层报头组成表示层协议数据单元，再传送到会话层，表示层按照协议要求对数据进行格式变换和加密处理。

（3）会话层。会话层接收到表示层数据单元后，加上会话层报头组成会话层协议数据单元，再传送到传输层。会话层报头用来协调通信主机进程之间的通信。

（4）传输层。传输层接收到会话层数据单元后，加上传输层报头组成传输层协议数据单元，再传送到网络层。传输层协议数据单元称为报文（Message）。

（5）网络层。网络层接收到传输层报文后，由于网络层协议数据单元的长度有限制，需要将长报文分成多个较短的报文段，加上网络层报头组成网络层协议数据单元，再传送到数据链路层。网络层协议数据单元称为分组（Packet）。

（6）数据链路层。数据链路层接收到网络层分组后，按照数据链路层协议规定的帧格式封装成帧，再传送到物理层。数据链路层协议数据单元称为帧（Frame）。

（7）物理层。物理层接收到数据链路层帧之后，将组成帧的比特序列（也称为比特流），通过传输介质传送给下一个主机的物理层。物理层的协议数据单元是比特（bit）。

当比特序列到达主机 B 时，再从物理层依层上传，每层处理自己的协议数据单元报头，用户按协议规定的语义、语法和时序解释，执行报头信息，然后将用户数据上交高层，最终将进程 A 的数据准确传送给主机 B 的进程 B。

（三）OSI 环境中数据传输的特点

从以上关于 OSI 环境中数据传输过程的讨论中，可以得出以下特点：

（1）源主机应用进程产生的数据从应用层向下纵向逐层传送，物理层通过传输介质横向将表示数据的比特流传送到下一个主机，一直到目的主机。到达目的主机的数据从物理层向上逐层传送，最终传送到目的主机的应用进程。

（2）源主机的数据从应用层向下到数据链路层，逐层按相应的协议加上各层的报头，目的主机的数据从数据链路层到应用层，逐层按照各层的协议读取报头，根据协议规定解释报头的意义，执行协议规定的动作。

（3）尽管源主机应用进程的数据在 OSI 环境中经过多层处理才能送到目的主机的应用进程，但是整个处理过程对用户是"透明"的。OSI 环境中各层执行网络协议的硬件或软件自动完成，整个过程不需要用户介入。对于应用进程，数据好像是"直接"传送过来的。

第三节　TCP/IP 参考模型

一、TCP/IP 参考模型的起源

OSI 的七层协议体系结构的概念清楚，理论也比较完整，对促进计算机网络理论体系的形成起到了重要作用，但它的缺点是太复杂而不实用。TCP/IP 体系结构则不同，其最大的特点就是简单实用，因此得到了非常广泛的应用。TCP/IP 的广泛应用对 Internet 的形成起到了重要的推动作用,而 Internet 的发展进一步扩大了 TCP/IP 的影响。目前 TCP/TP 已经成为公认的 Internet 工业标准与事实上的 Internet 协议标准。

二、TCP/IP 参考模型的层次划分

在 TCP/IP 体系结构中,将网络模型分为 4 层:应用层、传输层、网络层及网络接口层。图 3-6 给出了 TCP/TP 的网络体系结构,作为比较,图中也给出了与 OSI 7 层参考模型对应关系。

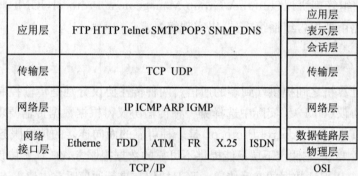

应用层	FTP HTTP Telnet SMTP POP3 SNMP DNS						应用层
							表示层
							会话层
传输层	TCP　UDP						传输层
网络层	IP ICMP ARP IGMP						网络层
网络接口层	Etherne	FDD	ATM	FR	X.25	ISDN	数据链路层
							物理层

TCP/IP　　　　　　　　　　　OSI

图 3-6　TCP/IP 体系结构

三、TCP/IP 各层的主要功能

(一)网络接口层

网络接口层是 TCP/IP 网络模型的最底层,负责数据帧的发送和接收。这一层从网络层接收 IP 数据报并通过网络发送,或者从网络上接收物理帧,抽出 IP 数据报,交给网络层。TCP/IP 模型没有对位于该层的设备做过多的说明,任何可以传送 IP 数据报的设备都可以成为该层的设备,即所谓的 IP Over Everything。

(二)网络层

网络层将数据报封装成 IP 报文,发送到网络中,运行必要的路由算法使数据报独立到达目的地。这一层的功能与邮局在信件传递中所起的作用相似。对用户来说,信件的传递是透明的。本层的中心工作就是 IP 报文的路由,这是通过路由协议和系统进行的。另外,本层也进行流量控制。

网络层主要由如下协议组成:

(1) IP 协议(Internet Protocol,IP)是一个面向无连接的协议,主要负责在主机和网络间寻址并为 IP 报文设定路由。IP 协议不保证数据分组是否正确传递,在交换数据前它并不建立会话连接,数据在收到时,IP 不需要收到确认。因此 IP 协议是不可靠的传输。

（2）地址解析协议（Address Resolution Protocol，ARP）用于获得同一网络中主机的硬件地址。主机在网络层用 IP 地址来标识。要在网络上通信，主机就必须知道对方主机的硬件地址（如网卡的 MAC 地址）。ARP 协议实现将主机 IP 地址映射为硬件地址的过程。

（3）互联网控制报文协议（Internet Control and Message Protocol，ICMP）用于报告错误，传递控制信息。报告差错是指当中间网关发现传输错误时，立即向信源主机发送 ICMA 报文，报告出错情况，以使信源主机采取相应的纠正措施；传递控制信息是指用 ICMP 来传输控制报文。常用的 ping、traceroute 等工具就是利用 ICMP 报文工作的。

（4）互联网组管理协议（Internet Group Management Protocol，IGMP）使 IP 主机能够向本地组播路由器报告组播组成员，以实现组播。

（三）传输层

传输层在计算机之间提供端到端的通信。两种传输协议分别是传输控制协议（TCP）和用户数据报协议（UDP）。实际中选择哪一种传输协议得根据数据传输要求而定。

（1）TCP（Transfer Control Protocol）是一种可靠的面向连接的传输服务。TCP 对下层服务没有多少要求，它假定下层只能提供不可靠的数据报服务，在 TCP 协议中进行差错控制和流量控制，以保证数据的准确传递。TCP 协议在进行通信时首先建立连接，将数据分成数据报，为其指定顺序号。在接收端接收到数据报之后进行错误检查，对正确发送的数据发送确认数据报，对于发生错误的数据报发送重传请求。TCP 可以根据 IP 协议提供的服务传送大小不定的数据，IP 协议负责对数据进行分段、重组，在多种网络中传送。

（2）UDP（User Datagram Protocol）提供面向非连接的、不可靠的数据流传输。UDP 在数据传输之前不建立连接，而是由每个中间节点路由器对数据报文独立进行路由。

（四）应用层

TCP/IP 最高层是应用层，应用程序通过该层访问网络。与 OSI 参考模型相比，TCP/IP 模型没有会话层和表示层，它们或者不需要或者由应用层来完成相应功能。这一层有许多标准的 TCP/IP 工具与服务，如 FTP（文件传输）、Telnet（远程登录）、SNMP（简单网络管理）、SMTP（简单报文传送）、DNS（域名服务）等协议。

应用层的协议多种多样，根据各种不同的任务所需而制定。下面列出几种经常遇到的协议：

（1）文件传送协议（File Transfer Protocol，FTP）是计算机网络中最常见的应用之一，用于完成不同计算机之间文件传输的任务，同时 FTP 还有交互式访问、格式规定和鉴别管理等功能，允许用户查看远程服务器上的文件清单，采用"用户名/密码"的形式对用户进行鉴别和管理。

（2）远程登录协议（TELNET）允许一个地点的用户与另一个地点的计算机上运行的应用程序进行交互对话，提供一个相对通用的、双向的面向字节流的通信方法。TELNET 协议建立的基础是：网络虚拟终端的概念、对话选项的方法和终端与处理的协调。

（3）简单邮件传输协议（Simple Mail Transfer Protocol，SMTP）用于实现可靠高效地传送邮件，它独立于传送子系统而且仅要求一条可以保证传送数据单元的通道。SMTP能够提供通过一个或多个中继 SMTP 服务器传送邮件的机制。

（4）简单网络管理协议（Simple Network Management Protocol，SNMP）利用简单网络管理协议，一个管理工作站可以远程管理所有支持这种协议的网络设备，包括监视网络状态、修改网络设备配置、接收网络事件告警等。

（5）超文本传输协议（Hyper-text Transfer Protocol，HTTP）是互联网中使用最为广泛的应用层协议。用户浏览网页就是通过 HTTP 协议进行的。HTTP 协议不限于支持 WWW 服务，同时允许用户在统一的界面下，采用不同的协议访问不同的服务，如FTP、Archie、SMTP、NNTP 等。另外，HTTP 协议还可用于域名服务器和分布式对象管理。

第四节　网络体系结构的教学模型

无论是 OSI 或 TCP/IP 参考模型与协议，都会有它成功和不足的方面。国际标准化组织 ISO 本来计划通过推动 OSI 参考模型与协议的研究来促进网络标准化，但是事实上它的目标没有达到。TCP/IP 利用正确的策略，抓住了有利的时机，伴随着 Internet 的发展而成为目前公认的工业标准。在网络标准化的进程中，面对的就是这样一个事实。参考模型由于要照顾各方面的因素，使得 OSI 参考模型变得大而全，效率很低。尽管这样，它的概念、研究方法与成果对于网络技术的发展有着很高的指导意义。TCP/IP 的应用广泛，但是对参考模型理论的研究相对比较薄弱。

为了保证计算机网络教学的科学性与系统性，本书将采纳 Andrew S. Tanenbaum 建议的一种层次参考模型。这种参考模型只包括 5 层参考模型。它比 OSI 参考模型少了表示层与会话层，并用数据链路层与物理层代替 TCP/IP 参考模型的网络接口层。其与OSI 模型、TCP/IP 模型对比如图 3-7 所示。

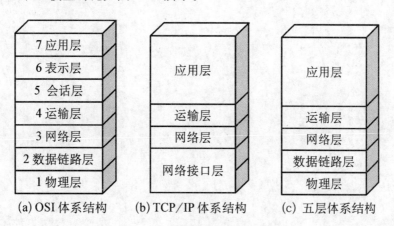

（a）OSI 体系结构　　（b）TCP/IP 体系结构　　（c）五层体系结构

图 3-7　三种网络体系结构对比

五层协议的参考模型各层功能将分别参考 OSI 模型和 TCP/IP 参考模型的各层功能进行教学。

练习题

1. 计算机网络体系结构为什么要采用分层的思想来设计？请举出现实生活中采用分层思想的例子。

2. 简述计算机网络体系结构的概念，并解释服务、实体、服务访问点、接口数据单元、协议数据单元、面向连接服务、无连接服务、服务原语等名词。

3. 解释服务与协议的区别。

4. 计算机网络分层模型的主要要点是什么？各层之间通过什么来连接？

5. 理解计算机网络体系结构的概念，需要注意哪些问题？

6. 层次型计算机网络体系结构的优点有哪些？

7. 什么是 OSI 参考模型？理解 OSI 参考模型的基本概念，需要注意哪些问题？

8. OSI 参考模型分为哪几层？其层次划分的主要原则的是什么？

9. OSI 参考模型各层的主要功能是什么？各层的协议数据单元是什么？各有哪些主要协议？

10. 简述 OSI 参考模型的数据传输过程。

11. 简述 OSI 参考模型环境中数据传输的特点。

12. 什么是 TCP/IP 参考模型？其层次划分如何？

13. TCP/IP 参考模型各层的主要功能是什么？各有哪些主要协议？

14. 简述 TCP/IP 参考模型应用层主要协议的功能。

15. 简述计算机网络体系结构的教学模型。

第四章 物理层

本章重点

(1)数据通信的基础知识,包括数据通信的基本模型、常用编码和调制方式、信道的极限速率和数据通信方式等基本概念。

(2)基本的复用技术。

(3)常用的宽带接入技术。

物理层处于五层参考模型的最低层,向下与网络传输媒体相连。物理层要考虑的是怎样才能在各种物理传输媒体上传输无结构的二进制数据流;要解决的问题是如何将二进制数据流转换成适合在物理传输媒体上传输的信号,以及如何更有效地传输这些信号。

本章将讨论物理层的基本概念、数据通信的基本知识、信道复用技术、数字传输系统和宽带接入技术。其中,数字传输系统与宽带接入技术也就是信道复用技术的具体应用。

第一节 物理层概述

一、物理层的功能

理解物理层的主要功能,需要注意以下问题。

(一)物理层与数据链路层的关系

物理层处于 OSI 参考模型的最低层,向数据链路层提供比特流传输服务。发送端的数据链路层通过与物理层的接口,将待发送的帧传送到物理层;物理层不关心帧的结构,将构成帧的数据只看成是待发送的比特流。物理层的主要任务是:保证比特流通过传输介质的正确传输,为数据链路层提供数据传输服务。

(二)传输介质与信号编码的关系

连接物理层的传输介质可以有不同类型,如电话线、同轴电缆、光纤与无线通信线路不同类型的传输介质对于被传输的信号要求也不同。例如,电话线路只能用于传输模拟语音信号,不能直接传输计算机产生的二进制数字信号。如果要求通过电话线路传输数字信号,那么在发送端要将数字信号变换成模拟信号,再通过电话线路传输;在接收端将接收到的模拟信号还原成数字信号。如果希望通过光纤来传输数字信号,那么发送端也需要将电信号变换为光信号;接收端再将光信号还原成电信号。物理层的一个重要功能是:根据所使用传输介质的不同,制定相应的物理层协议,规定数据信号编码方式、传输速率,以及相关的通信参数。

(三)设置物理层的目的

由于计算机网络使用的传输介质与通信设备种类繁多,各种通信线路、通信技术存在很大的差异。同时,由于通信技术在快速发展,各种新的通信设备与技术不断涌现。为了适应通信技术的变化,研究人员需要针对不同类型的传输介质与通信技术的特点,制定与之相适应的物理层协议。因此,设置物理层的目的是:屏蔽物理层所采用的传输介质、通信设备与通信技术的差异性,使数据链路层只需要考虑如何使用物理层的服务,而不需要考虑物理层的功能具体是使用了哪种传输介质、通信设备与技术实现的。

二、物理层的协议

为了理解物理层的基本概念与物理层协议的基本内容,首先需要研究物理层协议。

计算机网络使用的通信线路分为两类:点对点通信线路和广播通信线路。点对点通信线路用于连接两个通信的主机;而广播通信线路的一条公共通信线路可以连接多个主机。需要注意的是:广播通信线路可以分为有线与无线两种。因此,物理层协议可以分为两类:基于点对点通信线路的物理层协议与基于广播通信线路的物理层协议。

(一)基于点对点通信线路的物理层协议

早期流行的物理层协议标准是 EIA - 232 - C 标准。EIA - 232 - C 标准是美国电子工业协会 EIA 在 1969 年制定的,它是基于点对点电话线路的串行、低速、模拟传输设备的物理接口标准,目前很多低速的数据通信设备仍然采用这种标准。

随着 Internet 接入技术的发展,家庭接入主要通过 ADSL 调制解调器与电话线路接入,或通过线缆调制解调器(Cable Modem)与有线电视同轴电缆接入。ADSL 物理层协议定义了上行与下行传输速率标准、传输信号的编码格式与电平、同步方式、连接接口装置的物理尺寸等内容。Cable Modem 有线电视电缆接入的物理层标准主要有"线缆数据业务接口规范"与 IEE 802.14 的物理层标准,规定了线缆调制解调器的频带、上行与下行速率、信号调制方式与电平、同步方式等内容。通信技术的变化必将引起物理层协议的变化。目前,基于光纤的物理层协议发展迅速。

(二)基于广播通信线路的物理层协议

广播通信线路又分为有线通信线路与无线通信线路两类。

(1)最早的以太网(Ethernet,计算机网络的一种)是在共用总线的同轴电缆上用广播的方式发送和接收数据。因此以太网的 802.3 标准要针对不同的传输介质、传输速率制定多个物理层协议,如针对非屏双绞线的 10Base-2、10Base-5、10Base-T,快速以太网

802.3u 标准的物理层协议包括 100Base-T、100Base-TX 等标准，以及针对光纤传输介质的各种物理层标准。

（2）无线网络采用广播方式发送和接收数据。无线局域网 802.11 标准、无线城域网 802.16 标准，以及无线个人区域网 802.15.4 标准，分别根据所采用的通信频段、调制方式、传输速率、覆盖范围的不同，制定了多种物理层协议标准。

三、物理层提供的服务

理解基于点对点通信线路的物理层功能时，需要注意以下两个问题。

（一）点对点通信线路的物理层比特流传输过程

图 4-1 给出了用点对点通信线路连接起来的网络主机之间数据传输过程示意图。通信线路是由传输介质与通信设备组成的。在如图 4-1 所示的层次结构中，忽略了通信设备的细节，将点对点通信线路简化为点对点传输介质。

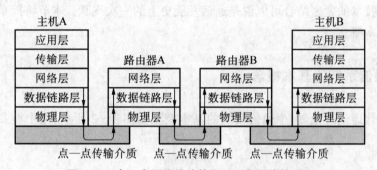

图 4-1 点—点通信线路的物理层数据传输过程

点对点传输介质连接着两个相邻通信主机的物理层，如主机 A 与路由器 A、路由器 A 与路由器 B、路由器 B 与主机 B 的物理层分别用点对点传输介质连接。那么，主机 A 的物理层只能够与路由器 A 的物理层直接传输比特流，而不可能与路由器 B 直接传输比特流。主机 A 要向主机 B 传输比特流，只能够先由主机 A 的物理层将比特流发送到路由器 A 的物理层，经路由器 A 的数据链路层与网络层处理之后，再由路由器 A 的物理层发送到路由器 B 的物理层；以此类推，通过多段点对点传输介质连接的物理层之间的协作，共同完成网络中主机 A 与主机 B 之间比特流的正确传输。

（二）点对点通信线路的物理层的通信过程与高层协议层的关系

在图 4-1 中，如果主机 A 希望将数据传输到主机 B，那么由主机 A 网络层启动路由选择算法来决定下一个主机是谁。在网络层的表述中，习惯上将路由选择算法选择的"下一个主机"称为"下一跳节点"或"下一跳路由器"。

在这个例子中，假设主机 A 的网络层选择的下一跳主机是路由器 A，那么主机 A 的网络层通知数据链路层，数据链路层通知物理层，要在主机 A 的物理层与路由器 A 的物理层之间建立起物理连接；主机 A 的物理层执行命令，与路由器 A 的物理层建立物理连接，并通过该连接传送比特流；当比特流传输完成后，释放物理连接。同样，路由器 A 的网络层根据数据传输的目的地址，启动路由选择算法确定下一跳节点是谁。如果下一跳选择了路由器 B，那么路由器 A 的物理层就必须与路由器 B 的物理层建立连接，然后再继续传送比特流。

这个过程一直持续到目的主机为止。因此，点对点通信线路的物理层的通信需要经过建立物理连接、传输比特流与释放物理连接的过程。

第二节　数字通信的基本概念

自古以来人们都在用自己的智慧解决远距离、快速通信的问题，而衡量人类历史进步的尺度之一是人与人之间传递信息的能力，尤其是远距离传递消息的能力。例如，古代的烽火台、金鼓、旌旗；近代的灯光、旗语；现代的电话、电报、传真和电视等都是传递消息的手段。近几十年来出现的数字通信、卫星通信、光纤通信是现代通信中具有代表性的新领域。而在这些新领域中，数字通信尤为重要，是现代通信系统的基础。特别是数字通信技术和计算机技术的紧密结合可以说是通信发展史上的一次飞跃。本节将简单介绍数字通信的一些基本概念。

一、通信系统的基本概念

按照现代通信理论，一个通信系统的基本模型如图 4-2 所示，图中涉及以下几个重要的概念。

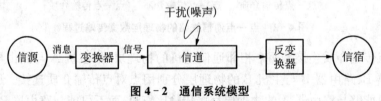

图 4-2　通信系统模型

（1）通信：表示消息的信号从发送方（信源）传递到接收方（信宿）。因为信号分为模拟信号和数字信号，因此，通信也分为模拟通信和数字通信。

（2）信号：以时间为自变量，以表示消息（或数据）的某个参数（振幅、相位、频率）为因变量。信号按其因变量的取值是否连续可以分为模拟信号和数字信号。

模拟信号的因变量是完全随连续消息的变化而变化的信号，模拟信号的自变量可以是连续的，也可以是离散的。但其因变量一定是连续的。

数字信号表示消息的因变量是离散的，自变量时间的取值也是离散的信号。在使用（时间域）波形表示数字信号时，代表不同离散数值的基本波形称为码元。使用二进制编码时，正电压表示 1，负电压表示 0，因此只有两种不同的码元。

（3）信道：信道是传输信号的路径，包括传输介质和有关中间通信设备；信道的主要参数有信噪比 S/N、有限带宽（波特率）和最大传输速率（信道容量，用比特率表示）等。

（4）模拟通信：利用模拟信号来传递消息，如普通电话、电视和广播等，如图4-3(a)所示。其中,噪声源包括了系统中的所有噪声,包括脉冲噪声和随机噪声。

(5) 数字通信:利用数字信号来传递消息,如计算机通信、数字电话和数字电视等,如图 4-3(b)所示。

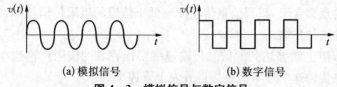

(a) 模拟信号   (b) 数字信号

图 4-3 模拟信号与数字信号

数字通信的优点是:抗干扰能力强;具备纠错功能;可实现高质量的远距离通信,适合各种通信业务和各种消息(如电报、电话、图像和数据等)。所以有人说,数字是一切信号的统一。另外,数字通信便于数据加密,可实现高保密通信,还适合通信设备的集成化和微型化。

当然,数字通信也有缺点:最主要缺点是占用频带宽,如对于电话来说,一路模拟电话的占用带宽为 4 kHz;而一路数字电话的带宽为 64 kbps。

(6) 信道的极限传输速率:在一条信道上总是希望尽可能快和尽可能多地传输数据,然而任何实际的信道都有其自己的特性,在传输信号时会产生各种失真以及带来多种干扰。例如,每条公路都有最高时速,超过这个限速就容易导致交通事故。

早在 1924 年,奈奎斯特(Nyquist)提出了著名的奈氏准则,奈氏准则指出了在理想条件下(无噪声干扰)信道的极限传输速率,用公式表示如下:

$$C = 2W\log_2 V\,(\text{bps}) \tag{4-1}$$

式中,C 为极限传输速率;W 表示信道带宽;V 表示信号状态数量,即码元的种类数。

例如,在无噪声的 3 kHz 信道上不能以高于 6 000 b/s 的速率传输二进制信号。这是由于二进制信号只有两个码元类型,也就是 $V=2$,而带宽 $W=3\,000$ Hz,根据奈氏准则可以计算出最大传输速率为 6 000 b/s。

应该自然想到,提高码元种类数就可以提高极限数据传输率,如让码元种类提高到 4 种,则每个码元可以代表两个比特(两位二进制可以表示 4 个状态,每个状态为一个码元),最大传输率就为 12 000 b/s。以此类推,当 $V=8$ 时,每个码元就可以表示 3 个比特,最大数据传输速率为 18 000 b/s。

提高码元种类数可以利用编码方式来实现,但码元种类数是否可以无限制提高呢?

1948 年,信息论的创始人香农(Shannon)提出了著名的香农公式,香农公式指出在有高斯白噪声环境下,信道的极限信息传输速率 C 用公式可以表示为:

$$C = W\log_2(1 + S/N)\,(\text{bps}) \tag{4-2}$$

式中,W 为带宽;S 为信道内所传信号的平均功率;N 为信道内部的高斯噪声功率。S/N 称为信噪比,单位为分贝(dB),关系如下:

$$信噪比(\text{dB}) = 10\log_{10} S/N \tag{4-3}$$

例如,$S/N=1\,000$,则 $10\log_{10} S/N = 10\log_{10}{}^{1\,000} = 30\text{dB}$。

因此,根据香农公式,一条带宽为 3 000 Hz,信噪比为 30 dB 的信道,不管使用多少种码元类型,其数据传输速率绝不大于 30 000 b/s[$\approx$3 000log$_2$(1+1 000)]。

香农公式指出了信息传输速率的上限,同时也表示信道的带宽或信道中的信噪比越大,信息的极限传输速率就越高。

香农公式的意义在于:只要信息传输速率低于信道的极限传输速率,就一定存在某种办法来实现无差错的传输。

在实际的信道上能够达到的信息传输速率要比香农的极限传输速率要低得多,因此需要设法使信息传输速率尽可能地接近香农上限速率。

对于一条具体的传输媒体,频带带宽和码元传输速率已经确定,若信噪比不能再提高了,那么还可以通过让一个码元表示更多比特来提高信息传输速率,这就是编码技术的问题了。

二、编码与解码

信道上传送的信号可分为基带(Baseband)信号和频带(Broadband)信号。其中,基带信号将数字信号 1 或 0 直接用两种不同的电压表示(如正电平和负电平),然后送到线路上传输。而频带信号则是将基带信号用载波进行调制,把基带信号的频率范围搬移到较高的频段,并转换为模拟信号,这样就可以更好地在模拟信道中进行传输。例如,声音信号进行调幅或调频调制后,转换成无线电信号即频带信号,从而可以通过广播传递。

由于基带信号存在直流分量,因此基带传输一般需要对基带信号进行编码,将数字信号转换成另一种形式的数字信号的过程就称为编码,将编码所得的数字信号还原成原来的数字信号的过程就称为解码。编码与解码通过编码解码器实现。

编码的基本目的除了可以消除基带信号中的直流分量外,还可以提高数据传输速率和实现同步等。

(一)常用的编码方式

基本的编码方案有归零码、不归零码、曼彻斯特编码和差分曼彻斯特编码等。其编码规则描述如下,图 4-4 中以二进制数据 01101001 示例了每种编码方案。

(1)不归零码:用正电平代表二进制 1,负电平代表二进制 0。从图中可以看出,当出现连续的 0 或 1 时,电压都没有变化,接收方将很难识别每个比特的边界(即图中垂直虚线),这种现象称为失去同步,即收发双方无法同步。

(2)归零码:用由负电平向零电平跳跃的正脉冲代表二进制 1,用正电平向 0 电平的负脉冲代表二进制 0。对比不归零码,归零码解决了当出现连续的 0 或 1 时接收方无同步的问题,每个比特中间的电平跳跃就用来作为定时时钟,因此也称为自定时编码。

(3)曼彻斯特编码:用一个负电平到正电平的跳跃表示比特 1;正电平到负电平的跳跃表示比特 0(也可以反过来定义),每个比特中间都不归零。接收端可依此跳跃作为定时时钟。因此,这种编码也是一种自定时编码。以太网采用这种编码方案。

(4)差分曼彻斯特编码:用每位的起始处有、无跳跃来表示二进制 0 和 1,若有跳跃表示 0,若无跳跃则表示 1。与曼彻斯特编码不同的是这种方案中每位中间的电平跳跃作同步时钟信号,不表示数据。令牌环网采用这种编码方案。

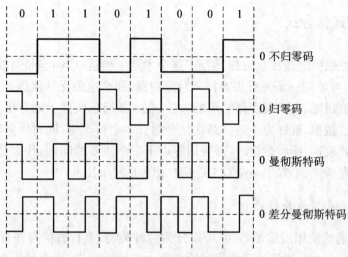

图 4-4　常用的编码方案示例

（二）基本的频带调制方法

基本的调制方法可以分为以下三种，图 4-5 给出了对于二进制数据 0101100100100 的三种调制方法的示例。

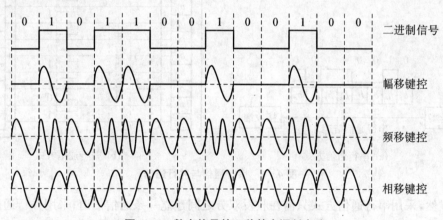

图 4-5　数字信号的三种基本调制方法

（1）幅移键控（Amplitude Shift Keying，ASK）：又称幅度调制，简称调幅，即载波的振幅随基带数字数据的变化而变化。例如，二进制 0 和 1 分别对应载波的振幅为 0 和 1。

（2）频移键控（Frequency Shift Keying，FSK）：又称频率调制，简称调频，即载波的频率随基带数字数据的变化而变化。例如，二进制 0 和 1 分别对应载波的频率 f1 和 f2。

（3）相移键控（Phase Shift Keying，PSK）：又称相位调制，简称调相，即载波的初始相位随基带数字数据的变化而变化。例如，二进制 0 或 1 分别对应载波的相位 0° 和 180°。

三、数据通信方式

在讨论数据通信时经常会用到"信道"这个术语。信道(Channel)与线路(Circuit)是不同的。例如,可以用一条光纤去连接两台路由器,那么这条光纤就称为一条通信线路。由于光纤的带宽很宽,会采用多路复用的方法,在一条通信线路上划分出多条通信信道,用于发送与接收数据,就好像一条公路往往会划分多个行车道,同时供多辆车同时行驶。在讨论利用信道发送、接收数据时,需要回答以下三个主要的问题:什么是串行通信与并行通信? 什么是单工、半双工与全双工通信? 什么是同步技术?

(一)串行通信与并行通信

按照数据通信使用的信道数,它可以分为两种类型:串行通信与并行通信。图4-6给出了串行通信与并行通信的工作原理示意图。在计算机中,通常是用8位的二进制代码来表示一个字符。在数据通信中,将表示一个字符的二进制代码按由低位到高位的顺序依次发送的方式称为串行通信;将表示一个字符的8位二进制代码同时通过8条并行的通信信道发送,每次发送一个字符代码的方式称为并行通信。

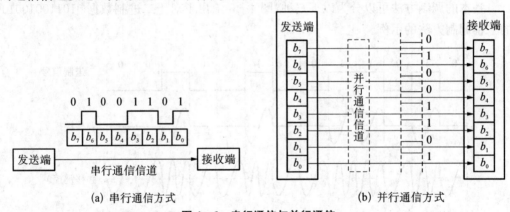

(a) 串行通信方式　　　　　　　　(b) 并行通信方式

图4-6　串行通信与并行通信

显然,采用串行通信方式只需在收发双方之间建立一条通信信道;采用并行通信方式在收发双方之间必须建立并行的多条通信信道。对于远程通信来说,在同样的传输速率的情况下,并行通信在单位时间内所传送的码元数是串行通信的 n 倍(在这个例子中 $n=8$)。由于需要建立多个通信信道,并行通信方式造价较高。因此,在远程通信中一般采用串行通信方式。

(二)单工、半双工与全双工通信

按照信号传送方向与时间的关系,数据通信可以分为三种类型:单工通信、半双工通信与全双工通信。

单工通信方式中,信号只能向一个方向传输,任何时候都不能改变信号的传送方向,如收音机通信方式;半双工通信方式中,信号可以双向传送,但是必须是交替进行,一个时

间只能向一个方向传送,如对讲机通信方式;全双工通信方式中,信号可以同时双向传送,如电话通信方式。

(三) 同步技术

同步是数字通信中必须解决的一个重要问题。同步是要求通信双方在时间基准上保持一致的过程。计算机通信过程与人们使用电话通话的过程有很多相似之处。在正常的通话过程中,人们在拨通电话并确定对方是要找的人时,双方就可以进入通话状态。在通话过程中,说话人要讲清楚每个字,讲完每句话需要停顿。听话人也要适应说话人的说话速度,听清对方讲的每个字,并根据说话人的语气和停顿判断一句话的开始与结束,这样才可能听懂对方所说的每句话,这就是人们在电话通信中解决的"同步"问题。如果在数据通信中收发双方同步不良,轻者会造成通信质量下降,严重时甚至造成系统不能工作。

在数据通信过程中,收发双方同样要解决同步问题,但是问题更复杂一些。数据通信的同步包括以下两种类型:位同步、字符同步。

第三节　网络传输媒介

网络传输媒体也称为传输介质或传输媒介,它就是数据传输系统中在发送器和接收器之间的物理通路。传输媒体可分为两大类,即导引型传输媒体和非导引型传输媒体。在导引型传输媒体中,电磁波被导引沿着固体媒体(铜线或光纤)传播,也叫有线传输;而非导引型传输媒体就是指自由空间,在非导引型传输媒体中电磁波的传输常称为无线传输。

一、双绞线的主要特性

双绞线(TP)是最古老但又是最常用的传输媒体。把两根互相绝缘的铜导线并排放在一起,然后用规则的方法绞合起来就构成了双绞线。绞合可减少对相邻导线的电磁干扰。使用双绞线最多的地方就是到处都有的电话系统。

模拟传输和数字传输都可以使用双绞线,其通信距离一般为几到十几千米。距离太长时就要加放大器以便将衰减了的信号放大到合适的数值(对于模拟传输),或者加上中继器以便对失真了的数字信号进行整形(对于数字传输)。导线越粗,其通信距离就越远,但导线的价格也越高。在数字传输时,若传输速率为每秒几个兆比特,则传输距离可达几千米。由于双绞线的价格便宜且性能也不错,因此使用十分广泛。

双绞线可以分为两类:屏蔽双绞线(STP)和非屏蔽双绞线(UTP)。

(一) 屏蔽双绞线

为了提高双绞线抗电磁干扰的能力,在双绞线的外面再加上一层用金属丝或金属箔编织成的屏蔽层,屏蔽层可以屏蔽掉外面噪声对双绞线内传输的信号的干扰,类似物理中法拉第瓶效应。这就是屏蔽双绞线,其价格当然比非屏蔽双绞线贵一点。

(二)非屏蔽双绞线

非屏蔽双绞线包括一对或多对由塑料封套包裹的绝缘电线对。正如名字所示,UTP没有用来屏蔽双绞线的额外的屏蔽层。因此,UTP比STP便宜,抗噪性也相对较低。

UTP和STP的结构如图4-7所示。

(三)双绞线标准

1991年,TIA(电信工业协会)和EIA(电子工业协会)两个标准组织制定了双绞线的规范,即TIA/EIA 568标准。该标准将双绞线电线分成若干类,也就是常说的3、5和6类,不久又出现了7类。级别越高的双绞线线缆越粗、绞合度越高,抗干

图4-7 双绞线结构

扰性越强,从而提高了线路的传输速率。所有这些电缆都必须符合TIA/EIA 568标准,局域网经常使用5类或6类电缆,使用的标准是TIA/EIA 568 B。双绞线的类别见表4-1。

表4-1 双绞线的类别

绞合线类别	带 宽	线缆特点	典型应用
3	16 MHz	2对4芯双绞线	模拟电话:曾用于传统以太网(10 Mbit/s)
4	20 MHz	4对8芯双绞线	曾用于令牌局域网
5	100 MHz	与4类相比增加了绞合度	传输速率不超过100 Mbit/s的应用
5E(超5类)	125 MHz	与5类相比衰减更小	传输速率不超过1 Gbit/s的应用
6	250 MHz	与5类相比改善了串扰等性能	传输速率高于1 Gbit/s的应用
7	600 MHz	使用屏蔽双绞线	传输速率高于10 Gbit/s的应用

TIA/EIA 568 B标准规定了双绞线采用8根线,为了区别,其颜色有橙、绿、蓝、棕四种颜色线,分别与白橙、白绿、白蓝、白棕四种白线绞合;规定线序为:白橙、橙、白绿、蓝、白蓝、绿、白棕、棕;采用接头RJ 45,俗称水晶头。制作网线的常用工具还有网线钳和测线仪,见图4-8。

双绞线测试仪

双绞线压线铂

双绞线

RJ45 水晶头

图4-8 制作网线的常用工具

无论是哪种类别的双绞线,衰减都随频率的升高而增大。使用更粗的导线可以降低衰减,但却增加了导线的重量和价格。双绞线的最高速率还与数字信号的编码方法有很大的关系。

二、同轴电缆的主要特性

同轴电缆由内导体铜质芯线(单股实心线或多股绞合线)、绝缘层、网状编织的外导体屏蔽层(也可以是单股的)以及保护塑料外层所组成,如图4-9所示。由于外导体屏蔽层的作用,同轴电缆具有很好的抗干扰特性,被广泛用于传输较高速率的数据,如有线电视线缆。

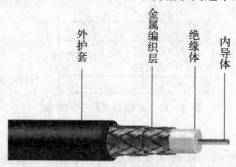

图4-9 同轴电缆的结构

在局域网发展的初期曾广泛地使用同轴电缆作为传输媒体。但随着技术的进步,以及同轴电缆存在自身的缺点,因此在局域网领域基本上都采用双绞线作为传输媒体。目前同轴电缆主要用在有线电视网中。同轴电缆的带宽取决于电缆的质量。目前高质量的同轴电缆的带宽已接近1 GHz。

三、光纤的主要特性

光导纤维简称光缆。在它的中心部分包括了一根或多根玻璃纤维,通过从激光器或发光二极管发出的光波穿过中心纤维来传输数据。在光纤的外面,有一层称之为包层的玻璃。在包层外面,是一层塑料的网状的聚合纤维,以保护内部的中心线。最后一层塑料封套覆盖在网状屏蔽物上,其结构如图4-10所示。

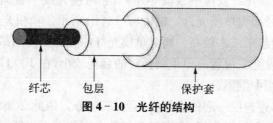

图4-10 光纤的结构

光纤通信就是利用光导纤维(以下简称为光纤)传递光脉冲来进行通信。有光脉冲相当于1,而没有光脉冲相当于0。由于可见光的频率非常高,约为10^8 MHz的量级,因此一个光纤通信系统的传输带宽远远大于目前其他各种传输媒体的带宽。

光纤是光纤通信的传输媒体。在发送端有光源,可以采用发光二极管或半导体激光器,它们在电脉冲的作用下能产生出光脉冲。在接收端利用光电二极管做成光检测器,在检测到光脉冲时可还原出电脉冲。

光纤通常由非常透明的石英玻璃拉成细丝,主要由纤芯和包层构成双层通信圆柱体。纤芯很细,其直径只有 $8\sim100\ \mu m(1\ \mu m=10^{-6}\ m)$。光波正是通过纤芯进行传导的。包层较纤芯有较低的折射率。当光线从高折射率的媒体射向低折射率的媒体时,其折射角将大于入射角,如图 4-11 所示。因此,如果入射角足够大,就会出现全反射,即光线碰到包层时就会折射回纤芯。这个过程不断重复,光也就沿着光纤传输下去。

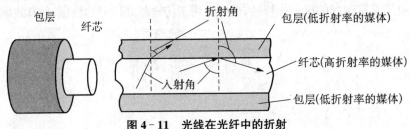

图 4-11　光线在光纤中的折射

图 4-12 画出了光波在纤芯中传播的示意图。现代的生产工艺可以制造出超低损耗的光纤,即做到光线在纤芯中传输数千米而基本上没有什么衰耗。这一点是光纤通信得到飞速发展的最关键因素。

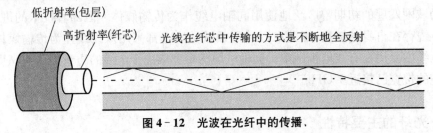

图 4-12　光波在光纤中的传播

图 4-12 中只画了一条光线。实际上,只要从纤芯中射到纤芯表面的光线的入射角大于某个临界角度,就可产生全反射。因此,可以存在多条不同角度入射的光线在一条光纤中传输。这种光纤就称为多模光纤,如图 4-13(a)所示。光脉冲在多模光纤中传输时会存在多路径效应,造成失真。因此多模光纤只适合于近距离传输。若光纤的直径减小到只有一个光的波长,则光纤就像一根波导那样,它可使光线一直向前传播,而不会产生多次反射。这样的光纤称为单模光纤,如图 4-13(b)所示。单模光纤的纤芯很细,其直径只有几个微米,制造起来成本较高。同时单模光纤的光源要使用昂贵的半导体激光器,而不能使用较便宜的发光二极管。但单模光纤的衰耗较小,在 100 Gbps 的高速率下可传输 100 千米而不必采用中继器。

由于光纤非常细,连包层一起的直径也不到 0.2 mm。因此必须将光纤做成很结实的光缆。一根光缆少则只有一根光纤,多则可包括数十至数百根光纤,再加上加强芯和填充物就可以大大提高其机械强度,必要时还可放入远供电源线。最后加上包带层和外护套,就可以使抗拉强度达到几公斤,完全可以满足工程施工的强度要求。图 4-14 为光缆剖面的示意图。

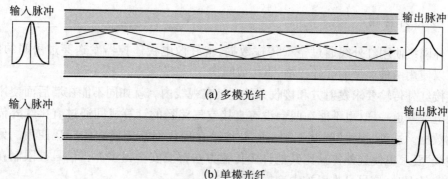

图 4-13 多模光纤与单模光纤的比较

图 4-14 光缆剖面示意图

光纤不仅具有通信容量非常大的优点,而且还具有其他的一些特点:

(1) 传输损耗小,中继距离长,对远距离传输特别经济。

(2) 抗雷电和电磁干扰性能好。这在有大电流脉冲干扰的环境下尤为重要。

(3) 无串音干扰,保密性好,也不易被窃听或截取数据。

(4) 体积小,重量轻。这在现有电缆管道已拥塞不堪的情况下特别有利。例如,1 km 长的 1 000 根双绞线电缆约重 8 000 kg,而同样长度但容量大得多的一对两芯光缆仅重 100 kg,但要把两根光纤精确地连接起来,需要使用专用设备。

由于生产工艺的进步,光纤的价格不断降低,因此现在已经非常广泛地应用在计算机网络、电信网络和有线电视网络的主干网络中,因为它提供了很高的带宽,而且性价比很高。光纤在高速局域网中也使用得很多。

四、无线传输

几十年来,广播电台和电视塔都使用空气以模拟信号的形式传输信息。空气也能传数字信号,通过空气传输信号的网络称为无线网络。无线局域网通常使用红外线或射频 (RF)信号传输信息。除红外线和 RF 传输外,微波和卫星通信,也可通过空气传输数据。这些能跨越更远距离的方法主要应用于广域网通信。

（一）红外传输

红外网络使用红外线通过空气传输数据，就好像电视遥控器发送穿过房间的信号。网络可以使用两种类型的红外传输：直接或间接。

直接红外传输要求发射方和接收方彼此处在视线内。就如同不能在墙后面使用遥控器切换电视频道一样，也不能在两台没有直接空气路径的计算机间通过直接红外传输方式传输数据。这种"视线"限制不利于红外传输在现代网络环境中的广泛使用。另一方面，"视线"要求也使红外传输比其他许多传输方法都要安全得多。当信号被限制在一条特定的路径上时，信号是难以被中途拦截的。

目前，直接红外传输主要用于在同一空间中设备间的通信。例如，无线打印机连接使用直接红外传输，与掌上型 PC 保持某些同步特性。在所有商用台式 PC 上的红外端口几乎都是标准的。在间接红外传输中，信号通过路径中的墙壁、天花板或任何其他物体的反射来传输数据。由于间接红外传输信号不被限定在一条特定的路径上，这种传输方式的安全性不高。

（二）射频传输

射频传输是指信号通过特定的频率点传输，传输方式与收音机或电视广播相同。在某些频率点，RF 能穿透墙壁，从而对于必须穿过或绕过墙、天花板和其他障碍物传输数据的网络来说，RF 是一种最好的无线解决方案。这一特性也使得大部分类型的 RF 传输易于被窃听。因此，RF 不应用于数据保密性重要的环境中。

（三）微波

由于计算机无线局域网的无线射频采用的是 ISM（工业，科学，医学）无线频段，其中 802.11b、802.11g 标准使用的是 2.4～2.483 5 GHz 频率，802.11a 标准使用的是 5.8 GHz 频率，这些频率都属于微波。而微波的特点是频率高、波长短、直线传播，在传播方向上它几乎绕不开障碍物，这可不像无线电台中的中波、短波等。微波由于波长短，所以绕射能力很差，可作为视距或超视距中继通信。

家庭和办公环境中，距离都较短，一般的无线局域网设备都号称传输距离在 100 m 以上，所以信号的传输距离都不是问题。但是家庭环境却带来一个新的问题，那就是家庭的空间都比较拥挤，空间不够开阔，其中房间中的墙壁、天花板是最主要的障碍物。由于无线局域网采用的是无线微波频段。微波的最大特点就是近乎直线传播，绕射能力非常弱，因此身处在障碍物后面的无线接收设备会被障碍物给阻挡。所以对于直线传播的无线微波信号来说，只能是"穿透"障碍物以到达障碍物后面的无线设备了。

（四）卫星通信传输

赤道上空约 3 700 km 的卫星若成为静止卫星，并沿经度方向以 120°间隙放置 3 颗卫星，则可进行覆盖地球的通信。卫星相当于一个大型的微波中继站。卫星发射的最佳频段为 1～10 GHz。3.7～4.2 GHz 与 5.925～6.925 GHz 两个频带已分配给通信卫星的下行频率和上行频率。主要缺点：从一个地面站传输到另一个地面站需 $0.24 \sim 0.27\ \mathrm{s}$ 的传输延时。另外，卫星信道的误码率与气候条件、太阳活动、月亮阻碍、卫星相对于地面站的方位及使用的频带宽度均有关。

第四节　信道复用技术

在计算机网络中，广泛采用各种信道复用技术来提高传输线路的利用率。信道复用就是将一条物理传输线路在逻辑上划分成多个信道，每个信道传输一路信号，如同一条高速公路被划分成多条车道一样。

信道复用包括复用、传输和解复用三个过程。发送端将 n 个信号复合在一起，送到一条线路上传输，接收端则将收到的复合信号解复用成 n 个信号，并分别送到 n 条输出线路上。图 4-15 示意了复用的基本原理。

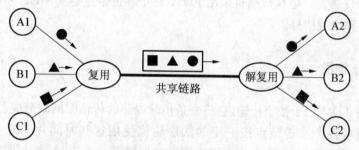

图 4-15　信道复用示意图

基本的复用技术包括频分复用和时分复用。

早期的电话系统采用频分复用（Frequency Division Multiplexing，FDM），现在电话网主干线已经实现数字化了，时分复用（Time Division Multiplexing，TDM）成了主流。计算机网络主要使用 TDM 技术。

对信道复用技术的研究又由电信号的TDM转向光的波分复用（Wavelength Division Multiplexing，WDM），充分挖掘光纤的巨大带宽潜力。还有一种复用技术是码分复用或者称为码分多址（Code Division Multiplexing Address，CDMA），它根据码型结构的不同来实现信道复用，主要应用于卫星通信和移动通信中。

一、频分复用

频分复用FDM用于模拟传输，它将一条传输线路按频率划分成若干个频带，每个频带传输一路信号。电话系统中，每路电话信号的带宽是 $300 \sim 3\,400\ \mathrm{Hz}$。在电话 FDM 系统中，每个信道分配 $4\,000\ \mathrm{Hz}$ 作为标准带宽，同时，在各路信号之间还要留有一定的带宽作为防护。

图 4-16 示例了频分复用的原理，图中的黑粗线表示隔离频带，在此图中，一条物理

链路被分割成三个信道,每个信道传输某一路信号。要注意,三个信道是按频率而不是按空间划分的。

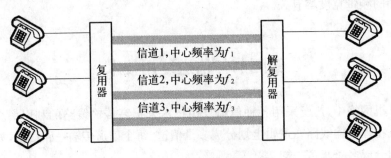

图 4 - 16　频分复用的原理

FDM 还应用到调幅(AM)广播或者调频(FM)广播。AM 无线电广播的波段是530~1 700 kHz,每个 AM 电台有 10 kHz 带宽。FM 的波段为 88~108 MHz,每个 FM 电台有 200 kHz 带宽。电视广播也采用 FDM,每个频道带宽是 6 MHz,一根有线电视线缆可以传递多路电视信号。

二、时分复用

时分复用 TDM 用于数字传输,它将一条传输线路的传输时间划分成若干时间片(也称时隙或时槽),各个发送节点按一定的次序轮流使用这些时间片。图 4 - 17 示意了 TDM 的原理,图中 A、B、C 和 D 4 个用户周期性地每隔一个 TDM 帧长时间就使用一个时间片,在每个时间片内,该用户占用线路的全部宽带(从频率 0 到最高频率,这也是基带传输的特征),4 个用户发送的数据组成一个 TDM 帧。TDM 帧是线路上传输的基本单位,TDM 的帧时长是固定的,所有 TDM 帧时长均为 125 s,所以用户越多,每个用户分得的时间片就越小。

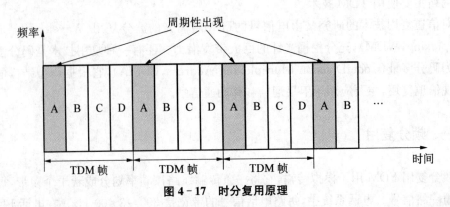

图 4 - 17　时分复用原理

而 FDM 中,每个用户分得的频带宽度是一样的,各自占用一个独立的信道传输数据,不受其他用户的影响。频分复用的所有用户在同样的时间占用不同的频带资源。而在 TDM 中,从宏观的角度看,这 4 个用户合用了这一条线路。实际上,在微观层面,它们是周期地分段独占使用这条线路,时分复用的所有用户在不同的时间占用同样的频带资源。这和 FDM 是不一样的。

三、波分复用

波分复用是在一根光纤上复用多路光载波信号。波分复用是光波段的频分多路复用,只要每个信道的光载波频率互不重叠,就可用多路复用方式通过共享光纤进行远距离传输。

图 4-18 给出了波分多路复用的原理示意图。如果两束光载波的波长分别为 λ_1 和 λ_2。它们通过光栅之后,通过一条共享的光纤传输到达目的主机后经过光栅重新分成两束光载波。波分多路复用利用衍射光栅来实现多路不同频率光载波信号的合成与分解。从光纤 1 进入的光载波将传送到光纤 3;从光纤 2 进入的光载波将传送到光纤 4。

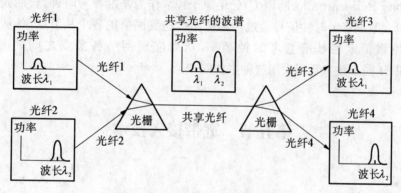

图 4-18 波分多路复用的工作原理

随着光学工程技术的发展,目前可以复用 80 路或更多路的光载波信号。这种复用技术又称为密集波分复用(Dense Wavelength Division Multiplexing,DWDM)。例如,如果将 8 路传输速率为 2.5 Gbps 的光信号经过密集波分复用后,一根光纤上的总传输带宽可以达到 20 Gbps。目前,这种系统在高速主干网中已经广泛应用。

四、码分复用

码分复用(Code Division Multiplexing,CDM)是另一种共享信道的方法。实际上,人们更常用的名词是码分多址(Code Division Multiple Access,CDMA)。每一个用户可以在同样的时间使用同样的频带进行通信。由于各用户使用经过特殊挑选的不同码型,因此各用户之间不会造成干扰。码分复用最初用于军事通信,因为这种系统发送的信号有很强的抗干扰能力,其频谱类似于白噪声,不易被敌人发现。随着技术的进步,CDMA 设备的价格和体积都大幅度下降,因而现在已广泛使用在民用的移动通信中,特别是在无线局域网中。采用 CDMA 可提高通信的话音质量和数据传输的可靠性,减少干扰对通信的影响,增大通信系统的容量(是使用 GSM 的 45 倍),降低手机的平均发射功率,等等。

五、数字传输系统

当多个节点的信号通过复用技术复用到一起以更高的速率传输时,如果复用设备输入的码流速率有差异,处理起来就相当棘手,这就希望网络的所有节点有统一的基准时钟,这称为网同步。网同步一般使用如下两种方式:

(1) 准同步。网络内各节点的定时时钟信号互相独立,各节点采用频率相同的高精度时钟工作。但实际上频率不可能完全一致,只能接近同步状态,故称为准同步。准同步适用于各种规模和结构的网络,各网络之间相互平等,易于实现,但各节点必须使用高成本的高精度时钟。准同步数字系列(Plesiochronous Digital Hierarchy,PDH)采用准同步。

(2) 主从同步。使用分级的定时时钟系统,主节点使用最高一级时钟,称为基准参考时钟(Primary Reference Clock,PRC)。铯原子钟常作为基准参考时钟,长期频率偏离小于 1×10^{-11}。基准参考时钟信号通过传输链路传送到网络的各个从节点,各从节点将本地时钟的频率锁定在基准参考时钟频率,从而实现网络各节点之间的时钟同步。SONET/SDH 同步数字系列采用这种主从同步。

第五节　宽带接入技术

一、ADSL 接入

ADSL(Asymmetric Digital Subscriber Line,非对称数字用户线路)是利用电话线和 ADSL Modem 连接到电话网,并通过电话网接入到 Internet 的一种宽带接入技术。它支持同时传输电话语音和计算机业务数据。之所以称为"非对称",是因为 ADSL 提供了下行大于上行的非对称传输速率。ADSL 一般多用于个人或家庭用户,可传输数字电视、视频点播、WWW 浏览等日常网络业务。

ADSL 的 ITU 标准是 G.992.1,或称 G.dmt,表示它使用 DMT(Discrete Multi-Tone,离散多音调)技术,这里的多音调就是多载波或者多子信道的意思。

通常,模拟电话线路的传输带宽可达到 1.1 MHz,而普通电话业务只使用0~4 000 Hz这一段。ADSL 使用 FDM 方式,将 40 kHz 以上一直到 1.1 MHz 的高端频谱划分成许多子信道,其中,25 个子信道用作上行信道,而 249 个子信道用作下行信道,并使用不同的载波进行数字调制。图 4-19 给出了 DMT 技术的频谱分布。

典型的 ADSL 接入 Internet 的网络结构如图 4-20 所示。从图中可以看出,基于 ADSL 的接入网主要由以下三个部分组成:

(1) 用户端设备。主要有 ADSL Modem 和 POTS 分离器。ADSL Modem 又称为远端接入端接单元(Access Termination Unit Remote,ATUR),它将来自用户计算机的数

字数据和来自电话线的模拟信号进行调制与解调。POTS 分离器则将来自 ADSL Modem 的模拟信号和来自电话机的语音信号合成并通过电话线进行传输。或者反过来将这两个信号进行分离并分别送往 ADSL Modem 和电话机。现在的 ADSL Modem 已经集成了 POTS 分离器,只对外提供一个电话线接口和一个以太网口,电话线接口用于连电话机,以太网口用于连 PC。

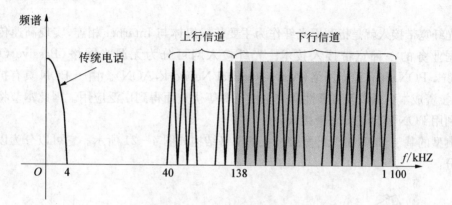

图 4 - 19　DMT 技术的频谱分布

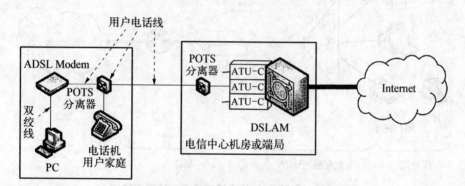

图 4 - 20　ADSL 接入 Internet 的网络结构

　　(2) 中心机房(端局)设备。主要有数字用户线路接入复用器(DSL Access Multiplexer,DSLAM)和 POTS 分离器。DSLAM 主要有两个功能,一是 ADSL 接入,它内嵌了多个 ATUC(这里的 C 表示 Central Office,表示端局),它可以同时接入多个 ADSL 访问;二是多路接入复用,它将同时接入的多个 ADSL 访问复用到 Internet。

　　(3) 用户线。就是图中的用户电话线,用于将用户的 ADSL Modem 和电信端局的 DSLAM 相连。

　　除了 ADSL,还发展了一系列的 xDSL 技术,包括单线对称数字用户线(Single-pair DSL,SDSL)、高比特率数字用户线(High bit-rate DSL,HDSL)和甚高比特数字用户线(Very high bit-rate DSL, VDSL)。

　　ITU - T 也颁布了更高速率的第 2 代 ADSL 标准,如 ADSL2 和 ADSL2＋。ADSL2 至少可以支持上行 800 kb/s 和下行 8 Mb/s 的速率;ADSL2＋将频谱范围从 1.1 MHz 扩展至 2.2 MHz,可提供的上行速率达 800 kb/s,下行速率最大可达 25 Mb/s。

二、光纤宽带接入

光纤的超大容量与较高的传输速率一直被人们所青睐。随着光纤通信技术的快速发展,采用光纤通信的成本越来越低,光纤铺设的终点离用户家越来越近,光纤进户逐渐兴起。

光纤宽带接入就是指利用光纤作为主要传输媒体与 Internet 相连,实现高速传输网络数据业务的一种宽带接入技术。光纤接入网可分为无源光网络(Passive Optical Network,PON)和有源光网络(Active Optical Network,AON)。由于 PON 具有扩展更方便、投资成本更低以及可靠性和安全性更高等优点而得到广泛应用。因此本节将主要介绍利用 PON 实现光纤宽带接入。

典型的基于 PON 的光纤宽带接入的网络结构如图 4-21 所示。它可以分为以下三个部分:

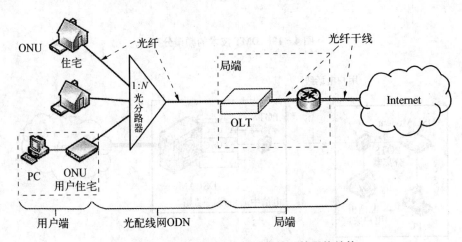

图 4-21 基于 PON 的光纤宽带接入的网络结构

(1) 局端。该部分主要的设备是 OLT(Optical Line Terminal,光线路终端)。OLT 是连接到 Internet 光纤干线的终端设备,它将来自 Internet 的数据发往无源的 1:N 光分路器。然后用广播方式发送给所有用户端的 ONU(Optical Network Unit,光网络单元)。

(2) 光配线网。光配线网(Optical Distribution Network,ODN)是光纤干线和广大用户之间的一段转换装置。它使数十户家庭能够共享一根光纤干线。

(3) 用户端。用户端的主要设备是 ONU(Optical Network Unit,光网络单元),平常说的光猫就属于一种特殊的 ONU,它的主要作用是实现计算机的数字数据与光纤上的光信号之间相互转换。它的一端用光纤与光分路器相连,另一端用双绞线与计算机直接相接或者通过交换机连接一个小型局域网。

ONU 的位置具有很大的灵活性,根据 ONU 的不同位置,光纤接入又可以分为以下几种不同类型,统称为 FTTx(Fiber to the x):

(1) FTTH。这里的 H 代表 Home,意为光纤到户,ONU 设在用户家中。这应该是广大网络用户所向往的一种接入方案。

(2) FTTC。这里的 C 代表 Curb,意为光纤到路边,ONU 设在路边。

(3) FTTB。这里的 B 代表 Building,意为光纤到大楼,ONU 设在大楼内。

(4) FTTO。这里的 O 代表 Office,意为光纤到办公室,ONU 设在办公室内。

(5) FTTF。这里的 F 代表 Floor,意为光纤到楼层,ONU 设在楼层。

(6) FTTZ。这里的 Z 代表 Zone,意为光纤到小区,ONU 设置在小区内。

(7) FTTD。这里的 D 代表 Desk,意为光纤到桌面。

三、局域网接入

大学校园和企事业单位的内部局域网通过与边缘路由器相连,边缘路由器则用光纤与 ISP 相连,用户计算机则通过连接到这样的内部局域网来实现与 Internet 相连。

这种接入是目前学校、公司、企业甚至小区等非常流行的一种接入方法,其本质可以认为是 FTTx。即便是 FTTH,家中的多台计算机通过与路由器相连来实现上网的方式也属于以太网接入。

图 4-22 示例了以太网接入的网络结构。

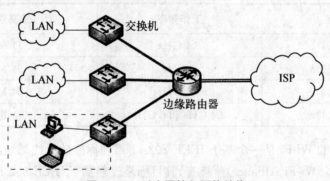

图 4-22 以太网接入网络结构

四、无线接入

无线接入就是利用无线传输媒体与 Internet 相连,实现移动通信的一种技术。目前主要有两种无线接入 Internet 的方式。

(一)通过无线局域网接入

在无线局域网(Wireless LAN,WLAN)方案中,用户设备通过无线传输媒体与接入点(Access Point,AP)相连,而 AP 用有线传输媒体并通过路由器与 Internet 相连。用户设备必须位于 AP 周围数十米范围内。典型应用就是 Wi-Fi(Wireless Fidelity,无线高保真),其结构如图 4-23 所示。

无线 AP 简单来说就是无线网络中的无线交换机,它可以将无线终端设备连接成一个无线局域网,但 AP 没有路由功能,因此,依靠单纯的 AP 是无法连到 Internet 的。

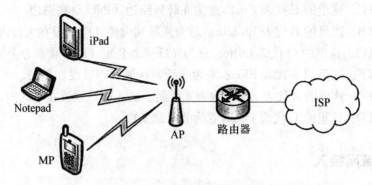

图 4 - 23 WLAN 无线网络结构

现在家庭中广泛应用的无线路由器就是一种扩展 AP,它不仅具有 AP 的功能,还具备路由器的基本功能,这也是为什么家用 WLAN 中没有看到 AP 的原因。

WLAN 采用 IEEE 802.11 标准,常用的包括 IEE 802.1b、IEE 802.11、EE 802.11g 和 IEEE 802.1n,这些标准的主要特征如表 4 - 2 所示。

表 4 - 2 IEEE 802.11 常用标准及特点

标 准	工作频率	最高数据率
IEEE 802.11b	2.4 GHz	11 Mb/s
IEEE 802.11a	5 GHz	54 Mb/s
IEEE 802.11g	2.4 GHz	54 Mb/s
IEEE 802.11n	2.4 GHz 和 5 GHz	300 Mb/s 以上

生活中常说的 Wi-Fi 是一个基于 IEEE 802.11 系列标准的无线局域网通信技术的品牌,由 Wi-Fi 联盟(Wi-Fi Alliance)所持有,其目标是改善基于 IEEE 802.11 标准的无线网络产品之间的互操作性。由于 Wi-Fi 和 WLAN 都是基于 IEEE 802.11 标准系列,因此,人们习惯将 WLAN 称为 Wi-Fi,也正因为如此,Wi-Fi 就成了 WLAN 的代名词。

(二)通过蜂窝移动通信网接入

在这种方案中,用户移动设备通过与基站相连,并通过基站实现无线上网。用户设备只要在基站信号覆盖范围内即可,一般可达数十千米。

练习题

1. 物理层的主要功能有哪些?

2. 计算机网络使用的通信线路分哪几类?根据该种分类,物理层的协议可以划分为哪几种?

3. 名词解释：通信、信号、信道、模拟通信、数字通信、基带信号、频带信号。

4. 为什么数字数据在使用基带传输方式时还要编码？

5. 基带信号的编码方式有哪些？请分别介绍。以太网采用哪种编码方式？

6. 频带调制方式有哪些？生活中有哪些传播方式采用了频带调制？

7. 对于二进制数据 10010011，请画出采用不归零编码、曼彻斯特编码和差分曼彻斯特编码后的信号，假定起始状态为低。

8. 按照数据通信使用的信道数，通信方式可以分为哪两种？各有什么优缺点？计算机网络采用哪种通信方式？

9. 为什么数据通信时要解决同步问题？同步技术有哪些？

10. 网络传输媒体可以分为哪两类？请各举例说明。

11. 网络传输媒体中常用的双绞线有几根线？几种颜色？采用的标准是什么？线序如何排列？采用什么接头？

12. 光纤传递信号的原理是什么？为什么光纤的带宽要远远高于其他传输媒体？

13. 光纤分为哪两种？哪种性能更好？

14. 为什么要使用信道复用技术？常用的信道复用技术有哪些？现实生活中有哪些应用使用了这些技术？请各举例说明。

15. 什么是 ADSL？其采用了哪种信道复用技术？复用的信道是如何划分的？如何实现电话和上网共同使用？

16. 互联网宽带接入技术有哪些？我们在生活中如何实现互联网接入的？请各举例说明。

第五章　数据链路层

本章重点

(1) 数据链路层提供的服务及三个基本问题。

(2) 点对点协议及其帧格式。

(3) CSMA/CD 协议的工作原理及其相关的主要概念。

(4) 共享式以太网与交换式以太网的主要区别。

(5) 虚拟局域网的基本原理。

数据链路层负责通信节点之间在单个链路上的传输活动,实现帧的单跳传输。这里涉及的重要问题包括:一是如何实现封装成帧、透明传输和差错检测;二是帧如何在点对点信道和广播信道上传输。

本章根据这两个重要问题进行展开,主要讨论点对点信道及其 PPP 协议,广播信道及其重要协议 CSMA/CD,最后讨论广播信道的典型实例——局域网。

第一节　数据链路层概述

数据链路层的通信对等实体之间的传输通道称为数据链路,它是一个逻辑概念,包括物理线路和必要的传输控制协议。

数据链路层要求完成以下功能:

(1) 向网络层提供一个定义良好的服务接口。

(2) 处理传输错误。

(3) 调节数据流,确保慢速的接收方不会被快速的发送方的数据淹没。

为了实现这些目标,数据链路层将网络层传下来的分组封装到帧(Frame)中,分组与帧之间的关系如图 5-1 所示,在网络层分组的前后分别加上帧头和帧尾就组成了帧。对帧的管理是数据链路层的工作核心,基本任务可以概括为封装成帧、透明传输和差错检测三个方面。

五层网络体系结构模型中,数据链路层的功能是为网络层提供服务,最主要的服务是将发送方的网络层传下来的分组传输给接收方的网络层。这个过程如图 5-2(a)中的实线所示。由于双方对等层看到的数据是一样的,很容易将这个过程想象成两个链路层实体使用数据链路层协议沿如图 5-2(b)所示虚线方向进行通信,这就是虚通信。

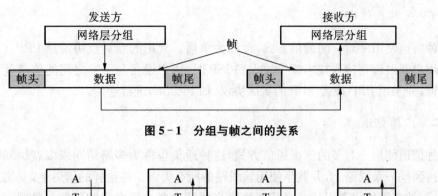

图 5-1　分组与帧之间的关系

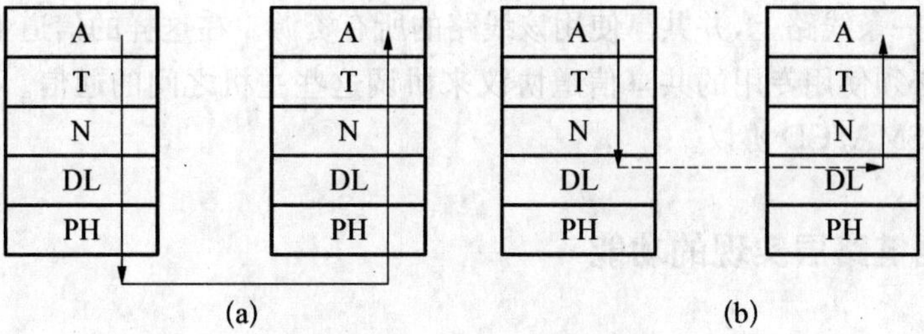

图 5-2　实通信与虚通信

一、数据链路层的定义

在具体介绍数据链路层的功能之前,首先需要明确以下基本概念:

链路,是指一条无源的点到点的物理线路段,中间没有任何其他的交换节点。两个端点之间的通信信道由多条链路串接而成。

数据链路(Data Link),是指从数据发送点到数据接收点(点到点,Point to Point)所经过的传输途径。数据链路的概念外延除了物理链路以外,还包括实现控制数据传输规程(Procedure)的硬件和软件。

数据链路控制规程,是指为使数据能迅速、正确、有效地从发送点到达接收点所采用的控制方式。因此,也可以这样理解:链路是一段物理传输线路,而数据链路是指能传输数据的逻辑链路。通过复用技术,一条链路上可以有多条数据链路。

OSI/RM 将数据链路的目标定义为:通过制定一些数据链路层协议(即链路控制规程),以便建立、维护和释放网络实体间的数据链路,从而在不可靠的物理链路上实现可靠的数据传输。因此,数据链路层实现的主要功能包括链路管理、成帧与帧同步、差错控制、流量控制以及为网络层提供服务等。

二、数据链路层使用的两种信道

数据链路层使用的信道有点对点信道和广播信道两种类型,与此对应的就是点对点传输和广播传输两种传输技术。

（一）点对点信道

这种信道使用一对一的通信方式，常称为单播。常用的点对点协议是 PPP。典型应用就是用户通过带宽接入技术拨号接入到 ISP 时，用户设备与 ISP 之间的信道就是点对点的信道，并采用 PPP 或者 PPP 的扩展协议（如 PPPoE）进行通信。

（二）广播信道

这种信道使用一对多的广播通信方式，这种通信也称为多路访问或多点访问。多台主机连接到同一条线路上，并共享使用该线路的所有资源。在这样的信道上，要实现一对一的通信，就必须使用专用的共享信道协议来协调这些主机之间的通信。典型实例就是局域网及其 CSMA/CD 协议。

三、数据链路层实现的功能

（一）数据链路管理

当收发双方开始进行通信时，发送端需要确认接收端已经做好了接收的准备。为了做到这一点，收发双方必须事先交换必要的信息，建立数据链路连接；在数据传输过程中要维护数据链路；当通信结束时，要释放数据链路。数据链路层链路管理功能包括数据链路的建立、维护与释放。

（二）封装帧与帧同步

数据链路层传输数据单元是帧。由于物理层传输的是无结构的二进制位流，为了让接收方的数据链路层能准确地从这种比特流中找出数据的开始与结束位置，发送方的数据链路层必须在数据块的两端加上特殊标志，这一过程叫作封装帧。

帧同步是指接收端应该能够从收到的比特流中正确地判断出一帧的开始位与结束位。

（三）流量控制

发送端发送数据超过物理线路的传输能力或超出接收端的帧接收能力时，就会造成链路拥塞。为了防止出现链路拥塞，数据链路层必须具有流量控制功能。

（四）差错控制

为了发现和纠正物理线路传输差错，使有差错的物理线路变成无差错的数据链路，数据链路层必须具有差错控制功能。

（五）透明传输

当传输的数据帧数据字段中出现某些特定的控制字符的二进制代码序列时就必须采取适当的措施，使接收端不至于将数据中的系统代码误认为是控制字符。数据链路层必须保证帧数据字段可以传输任意的二进制比特序列,即需要保证帧传输的"透明性"问题。

(六)寻址

在广播链路连接的情况下,数据链路层要保证每一帧都能传送到正确的接收端,因此数据链路层必须具备寻址的功能。

四、数据链路层要解决的三个主要问题

数据链路层协议有许多,但有三个基本问题是共同的。这三个基本问题就是:封装帧、透明传输和差错检测。

(一)封装帧

封装成帧就是在一段数据的前后分别添加首部和尾部,这样就构成了一个帧。接收端在收到物理层上交的比特流后,就能根据首部和尾部的标记,从收到的比特流中识别帧的开始和结束。图 5-3 表示用帧首部和帧尾部封装成帧的一般概念。

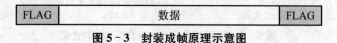

图 5-3 封装成帧原理示意图

分组交换的一个重要概念就是:所有在互联网上传送的数据都以分组(即 IP 数据报)为传送单位。网络层的 IP 数据报传送到数据链路层就成为帧的数据部分。在帧的数据部分的前面和后面分别添加上首部和尾部,构成了一个完整的帧。这样的帧就是数据链路层的数据传送单元。整个帧的帧长等于帧的数据部分长度加上帧首部和帧尾部的长度。首部和尾部的一个重要作用就是进行帧定界(即确定帧的界限)。此外,首部和尾部还包括许多必要的控制信息。

封装成帧主要有字节填充法和位填充法。

1. 字节填充法

字节填充法也称为字符填充法,就是在数据块的两端分别放置一个特殊的字节,该字节称为标志字节,作为帧的起始和结束分界符。例如,起始定界符为 SOH,意为 Start of Header,结束定界符为 EOT,意为 End of Transmission。注意:SOH 和 EOT 是两个字符的名称,是不可打印的控制字符,并不是三个字母的组合,如图 5-4 所示。

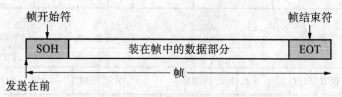

图 5-4 用控制字符进行帧定界的方法举例

当数据在传输过程中出现差错时,比如某个帧的定界符丢失,则接收端会将这个不完整的帧直接丢弃。

2. 位填充法

使用字节填充的主要问题是它依赖的 8 位字符的模式,实际上,并不是所有的字符码都使用 8 位模式,如 Unicode 码和汉字都使用 16 位模式。因此又出现了一种称为位填充的方法,该方法允许帧包含任意长度的位,也允许每个字符有任意长度的位。

位填充也称为 0 比特填充,每个帧都用相同的位模式 01111110 作为开始定界符和结束定界符。

(二)透明传输

起始定界符和结束定界符解决了帧的定界问题,但也带来另一个问题:当数据中也存在这样的符号时该如何处理? 这就是透明传输。如图 5-5 所示。

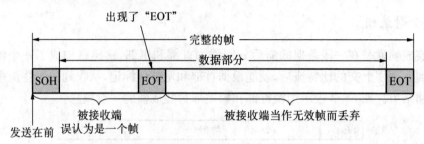

图 5-5 数据部分出现与 EOT 一样的代码

1. 字节填充法的透明传输

当数据部分存在用作定界的标志字节时,为了不让接收端产生歧义,发送方的数据链路层在数据中出现标志字节的前面插入一个转义字符"ESC"(这里的 ESC 也是一个控制字符,并不是三个字母的组合)。接收方的数据链路层在把数据提交给网络层之前删除这个插入的转义字符。这个过程对接收方的网络层实体来说是透明的,也就是说发送方的网络层实体发送的是什么样的数据,接收方就能收到完全一样的数据,它并不清楚数据链路层做了什么。

当数据中包含转义字符 ESC 时,按同样的处理办法,在数据 ESC 的前面插入一个转义字符 ESC。接收方则删除前面的一个 ESC 即可,如图 5-6 所示。

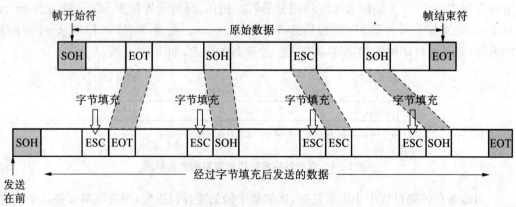

图 5-6 用字节填充法解决透明传输的问题

2. 位填充法的透明传输

对于位填充法的透明传输,其基本思想是发送方的数据链路层在对数据进行封装时,每遇到 5 个连续的 1,就自动填充一个 0,接收方的数据链路层在把数据提交给网络层之前,每看到 5 个连续的 1 就删除后面的一个 0,如图 5-7 所示。

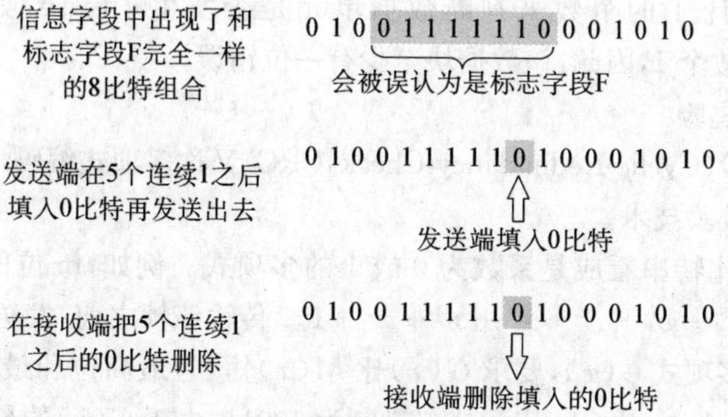

信息字段中出现了和
标志字段F完全一样
的8比特组合

0 1 0 0 1 1 1 1 1 0 0 0 1 0 1 0

会被误认为是标志字段F

发送端在5个连续1之后
填入0比特再发送出去

0 1 0 0 1 1 1 1 1 0 1 0 0 0 1 0 1 0

⇧

发送端填入0比特

在接收端把5个连续1
之后的0比特删除

0 1 0 0 1 1 1 1 1 0 1 0 0 0 1 0 1 0

⇩

接收端删除填入的0比特

图 5-7 零比特的填充与删除

从图中可以看出,在位填充机制中,位定界标志 01111110 只可能出现在帧的边界,而永远不会出现在数据中心。

(三) 差错检测

物理传输媒体因为其物理特性以及外界的干扰等因素导致传输错误是不可避免的。因此,接收方必须要有检测收到的每一个帧是否有差错的能力。这种差错可以分为以下 4 种情形:

(1) 数据比特错误。就是二进制位中的 0 变成了 1,或者 1 变成了 0。

(2) 帧丢失。就是一个帧没有在规定的时间内到达接收方。

(3) 帧重复。就是收到一个和前面收到的完全一样的帧。

(4) 帧失序。例如,发送方按 1、2、3 的先后顺序发送,但按 2、3、1 的顺序到达接收方,这种现象就称为失序。

由于第(2)、(3)和(4)三种情形是可靠传输要解决的问题,因此,留到第七章的运输层中介绍。而无确认无连接的数据链路层只需要解决第(1)种情况即可。

数据比特错误可以分为单比特错误和突发性错误。单比特错误是指一个帧中只有一个比特发生错误;而突发错误是指一个帧中有两个或两个以上的比特发生错误。

冗余检错法是常用的检测差错的方法,就是在要传送的数据单元的末尾追加若干数据位一并发送给接收方,追加的这些若干数据位对接收方来说是多余的,但它可以帮助接收方检测错误。

常用的冗余检错类型有奇偶校验、循环冗余校验两种类型。

1. 奇偶校验

奇偶校验(Parity Check)是一种最常用、最简单,费用也最低的错误校验方法。由于常用的 ASCLL 码只有 7 位二进制,而计算机中最基本的存储单位是一个字节,8 位二进制。因此,奇偶校验通常将字符的最高位 D7 作奇偶校验位。

在奇校验中,在每个数据单元中附加一位校验位,使得每个数据单元(包括校验位)中1的个数为奇数。例如,**0**1000100的奇校验码为**1**1000100,最高位就是奇偶校验位。

在偶校验中,在每个数据单元中附加一位校验位,使得每个数据单元(包括校验位)中1的个数为偶数。例如,**0**1000101的偶校验码为**1**1000101,最高位就是奇偶校验位。

接收方则统计1的个数来判断数据单元是否发生了错误,如奇校验。数据块10100101中有偶数个1,因此,该数据块至少有一位错误。

2. 循环冗余校验

循环冗余校验(Cyclic Redundancy Check,CRC)又称多项式编码,是应用广泛且非常有效的一种冗余校验技术。

CRC校验将比特串看成是系数为0或1的多项式。例如,m位的帧1010111011可表示成$M(x) = x^9 + x^7 + x^5 + x^4 + x^3 + x^1 + 1$。传输该帧之前,发送方和接收方必须事先商定一个生成多项式$G(x)$,要求$G(x)$比$M(x)$短,且最高位和最低位的系数必须是1。假定$G(x) = x^4 + x^1 + 1$,表示成二进制为10011;由于$G(x)$的最高位是x^4(幂次为4),于是在帧$M(x)$的末尾附加4个0构成$M(x)$,即10101110110**0000**(相当于$M(x)$左移4位,扩大了2^4倍),然后$M(x)$用模2运算(即加法不进位,减法不借位)除以$G(x)$。如图5-8所示,图中被除数的灰色部分为附加的4个0。除法产生的余数0010(余数的位数应与$G(x)$的最高幂次相同,故前面的0不能省略)就是循环冗余码(CRC码),CRC码常称为帧校验序列(Frame Check Sequence,FCS)。

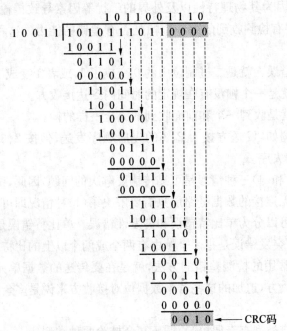

图 5-8   计算循环冗余校验码

CRC码必须具有以下两个特性才是合法的:

(1) CRC码必须比$G(x)$除数至少少一位。

(2) 将CRC码附加到帧$M(x)$末尾后形成的比特序列必须能被除数$G(x)$整除。

发送方将 CRC 码附加到 $M(x)$ 的末尾,得到 10101110011**0010**,然后在该比特序列前后加上若干控制信息(如定界符等)组装成帧后向下传给物理层。

当接收方收到一个帧后,首先去除控制信息,然后用它除以 $G(x)$,如果余数为 0,则认为数据是正确的而接收此数据,否则拒绝接收该数据。

现在广泛使用的生成多项式 $G(x)$ 有以下三种:

(1) $CRC-16 = x^{16} + x^{15} + x^2 + 1$

(2) $CRC-CCITT = x^{16} + x^{l2} + x^5 + 1$

(3) $CRC-32 = x^{32} + x^{26} + x^{23} + x^{22} + x^{16} + x^{12} + x^{21} + x^{11} + x^{10} + x^8 + x^7 + x^5 + x^4 + x^2 + x^1 + 1$

其中,局域网 IEEE802 标准就采用 $CRC-32$ 作为局域网数据链路层的检错生成多项式。它能检测出所有单比特错误以及长度不超过 32 位的突发性错误。

接收方数据链路层对收到的每个帧进行 CRC 校验,一旦检测到错误就直接丢弃,且不通知发送方,由此造成的帧丢失交给运输层去处理。因此,数据链路层可以做得很简单,可以实现比特无差错接收,即向网络层提交的帧都是正确的。

第二节 采用点到点协议的数据链路层

一、点到点协议 PPP

点到点协议(Point-to-Point Protocol,PPP)用于传送从路由器到路由器之间的流量,以及从家庭用户到 ISP 之间的流量。PPP 协议广泛应用于广域网环境中主机—路由器、路由器—路由器连接以及家庭用户接入 Internet 之中,成为点—点线路中应用最多的数据链路层协议。图 5-9 以 ADSL 接入为例,给出了 PPP 应用示意图。

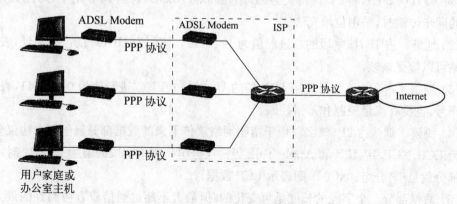

图 5-9 PPP 应用示意图

PPP 是一种提供无确认无连接服务的数据链路层协议,它提供的服务可以归纳为以下三点:

（1）一种成帧的方法，定义了设备之间要交换的帧的格式，并支持差错检测。

（2）一个链路控制协议（Link Control Protocol，LCP），该协议用于启动线路、测试线路、协商参数以及关闭线路，支持同步和异步线路，也支持面向字节和面向位的编码方法。

（3）一种协商网络层选项的方法，并且协商方法与所使用的网络层协议独立，所选择方法对于每一种支持的网络层都有一个不同的 NCP（Network Control Protocol，网络控制协议）。

二、PPP 协议的帧格式

PPP 是 HDLC（High-level Data Link Control，高级数据链路控制）协议的一个版本，是目前使得最广泛的数据链路层协议，而用于实现可靠传输的 HDLC 已经很少使用了。

PPP 的帧结构如图 5-10 所示。

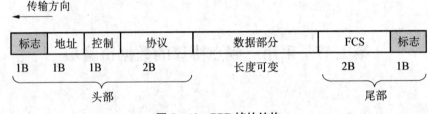

图 5-10　PPP 帧的结构

PPP 帧结构各字段的含义描述如下：

（1）标志。占 1B，该字段用于标识帧的起始和结束，其二进制值为 01111110（对应十六进制 0x7E），与位填充法的位模式完全一样。当 PPP 用于异步传输时，采用字节填充法，且转义字符的二进制值为 01111101（对应十六进制 0x7D），它将每一个 0x7E 转义成 2B 序列（0x7D 0x5E），将 0x7D 转义为 2B 序列（0x7D 0x5D）。当 PPP 用于 SONET/SDH 链路的同步传输时，采用位填充法。

（2）地址。占 1B，该字段的二进制值为 11111111，该值为 HDLC 的广播地址，表示所有的站可以接受该帧。

（3）控制。占 1B，该字段使用 HDLC 的 U-帧格式，其二进制值为 00000011，表示没有帧序号，也没有流量控制和差错控制。

（4）协议。默认占 2B，该字段用于指明网络层传下来的数据部分属于哪个协议分组，如可为 LCP、NCP、IP、IPX 和 Apple Talk 等协议分组。当该字段的值为 0x0021 时，表示数据部分就是 IP 分组；0xC021 则表示 LCP 数据。

（5）数据部分。个字段的长度是可变化的，但最大不超过通信双方协商好的最大值，通常默认值为 1500B。必要时，数据部分的末尾还可能包含一些填充 B，以保证帧长不小于规定的最小长度。

（6）FCS。通常占 2B，就是使用 CRC 校验得到的循环冗余检验码，即 CRC 码。

三、PPP 协议的工作状态

一个 PPP 链路的建立需要经过不同的阶段,其大致过程可以用如图 5－11 所示的状态转换图来说明。

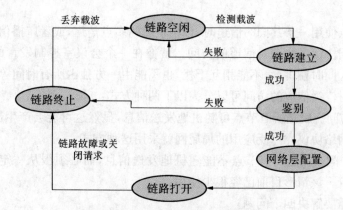

图 5－11　PPP 链路的状态转换图

下面简要说明各状态的转换过程。

(1) 链路空闲:该状态意味着目前线路处于静止状态,线路上没有活动的载波。

(2) 链路建立:该状态表示一个节点向另一节点请求通信,如用户计算机通过 Modem 拨号呼叫路由器,路由器检测到 Modem 发出的载波信号,双方开始协商一些配置选项,如链路允许的最大帧长、是否需要鉴别及使用何种鉴别协议等。

协商过程中需要使用 LCP 并交换一些 LCP 分组。如果协商成功,则成功建立一条 LCP 链路,并进入鉴别状态(如果需要鉴别的话),或者直接进入网络层配置状态;否则回到空闲状态。

(3) 鉴别:如果需要鉴别,则采用协商好的鉴别协议进行身份鉴别。如果鉴别成功,则进入网络层配置状态,否则进入链路终结状态。

鉴别就是验证用户身份的有效性,在建立链路时对账户名和口令进行鉴别。PPP 提供 PAP 和 CHAP 两个鉴别协议。

(4) 网络层配置:由于路由器能够同时支持多种网络层协议,因此,在该状态下,PPP 链路两端的网络控制协议 NCP 需要根据网络层不同协议互相交换网络层特定的网络控制分组。如果在 PPP 链路上运行的是 IP 协议,则对 PPP 链路的每一端配置 IP 协议模块(如分配 IP 地址)时就要使用 NCP 中支持 IP 的协议——IP 控制协议(IP Control Protocol,IPCP)。IPCP 分组被封装成 PPP 帧(其中的协议字段为 0×8021)在 PPP 链路层上传送。

(5) 链路打开:当网络层配置完成后,链路就进入可以进行数据通信的"链路打开"状态。在该状态下两端节点还可以发送 Echo-Request 和 Echo-Reply 分组以检测链路状态。

(6) 链路终止:数据传输结束后,链路两端中的任意一个节点均可以发出终止请求的 LCP 分组请求终止链路连接,在收到接收方发来的终止确认 LCP 分组后,转到"链路终止"状态。当链路出现故障,也会转到该状态。

最后,Modem 的载波停止后,链路就又回到了空闲状态。

第三节　采用多路访问协议的数据链路层

当多个节点使用一条共同的信道时,该信道就叫多点信道,或者广播信道。这时就需要一个多路访问协议来协调对信道的访问。就像在一个会议室控制发言的规则一样,确保不能有两个人同时在讲话,不能相互干扰,也不能由一方独占所有时间等。

所有节点对广播信道的访问可以分为以下两种方式:

(1)随机访问。就是所有节点可随机地发送信息,显然这可能会产生冲突,因此必须有解决冲突的网络协议。广泛应用的局域网就采用这种方式。

(2)受控访问。就是所有节点不能随机地发送信息,而必须服从一定的控制。典型应用是令牌协议。该情形目前已经很少使用。

随机访问需要解决四个问题。

问题一:节点何时访问信道?

问题二:如果信道忙,节点该做什么?

问题三:节点如何确定传输成功与否?

问题四:如果发生了访问冲突,节点该做什么?

针对这些问题,演化发展出了 CSMA/CD 和 CSMA/CA 两个协议。其中,CSMA/CA 适用于无线局域网。下面将重点讨论传统以太网中广泛应用的 CSMA/CD 协议。

一、CSMA/CD 协议及策略

CSMA/CD(Carrier Sense Multiple Access with Collision Detection,载波监听多路访问/冲突检测)的基本工作思想可简要描述为以下 4 个步骤:

(1)任意节点在发送帧之前,必须先检测信道是否空闲。

(2)若信道忙,则按一定的策略监听。若信道空闲,则按一定的策略发送帧。

(3)在发送过程中还要保持边发送边监听,如果在规定时间内未监测到冲突,则表明发送成功。

(4)如果检测到冲突,就立即停止发送,然后等待一段时间后重新发送帧。

在这 4 个步骤中,CSMA/CD 回答了上述 4 个问题。下面简要说明以太网中 CSMA/CD 协议的具体策略。

(一)载波监听的实现

对于像传统以太网这样的基带系统,载波监听就是指检测信道上的电压脉冲序列。由于传统以太网采用曼彻斯特编码,节点可以把每个二进制位中间的电压跳变作为代表信道忙的载波信号。

（二）冲突检测的实现

对于采用总线型拓扑结构的以太网，每个节点在监听信道时，都要测量信道上的直流电平，由于冲突而叠加的直流电平比单个站发出的信号强。因此，如果电缆接头处的信号强度超过了单个站发送的最大信号强度，则说明检测到了冲突。

（三）坚持性策略

坚持性策略定义了节点检测信道忙时该如何处理，它分为非坚持策略和坚持策略两个子策略。

1. 非坚持策略

在此策略下，要发送帧的节点首先检测信道，如果信道空闲，它就立即发送帧。如果信道忙，则等待一个随机时间，然后再次检测信道。这种策略的优点是减少了冲突的概率，但是，由于等待一个随机时间而可能导致信道闲置一段时间，这降低了信道的利用率，而且还增加了发送时延。

2. 坚持策略

该策略有以下两种算法：1—坚持和 P—坚持。

1—坚持：如果节点发现信道忙，则继续监听，直到信道空闲，然后立即发送（概率为 1）。该算法的优点是提高了信道的利用率。但增加了冲突的概率，因为有可能多个节点都发现信道空闲，然后都立即发送帧，最终导致冲突。

P—坚持：如果节点发现信道忙，则继续监听，直到信道空闲，然后以概率 P 发送帧，不发送帧的概率为 1—P。该算法综合了上面两个策略的优点，但实现比较困难，特别是如何选择概率 P。

（四）冲突窗口

如图 5-12 所示，在 t_0 时刻，节点 A 开始发送帧，假设经过时间 τ（节点 A 和节点 B 之间的最大单程传播时延）到达节点 B 的那一瞬间，节点 B 也开始发送帧。B 立即就能检测到冲突，于是停止发送。但 A 仍未检测到冲突并继续发送，再经过时间 τ，也就是在 $t_0+2\tau$ 时刻，A 才收到 B 发过来的信号，从而检测到冲突，因此也立即停止发送正常帧。

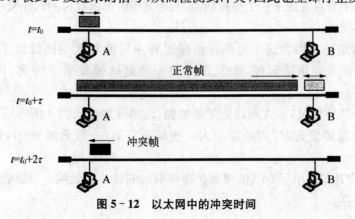

图 5-12　以太网中的冲突时间

可见,在基带系统中检测到冲突的最长时间是线路单程传播时延的 2 倍,即 2τ,我们将这个时间称为冲突窗口,或者争用期,或者争用时间。冲突窗口表明一个节点在一个争用时间间隔内如果都没有检测到冲突,则帧传输成功。

(五)强化冲突

一旦节点检测到冲突,除了立即停止发送数据外,还要再继续发送 32b 或 48b 的人为干扰信号,以便让所有其他节点都知道现在已经发生了冲突。这个过程称为强化冲突,也称为强化碰撞。

(六)二进制指数退避算法

当节点检测到冲突后,需要等待一段时间后再重新发送。等待时间的多少对网络的稳定工作有很大影响。特别是在负载很重的情况下,为了避免很多节点连续发生冲突,CSMA/CD 采用二进制指数退避算法。该算法规定,当一个节点检测到冲突后,就执行该算法,执行步骤描述如下:

(1) 从整数集合 $\{0,1,\cdots,(2^k-1)\}$ 中随机取出一个数 r,则等待 $r\cdot2\tau$ 时间后重传发生冲突的帧。其中,参数 k 的值按下面的公式计算(Min 是求最小值的函数名):

$$k=\text{Min}(\text{重传的次数},10) \tag{5-1}$$

可见,当重传次数不超过 10 时,参数 k 就等于重传次数。但当重传次数超过 10 时,k 就一直等于 10。也就是说,冲突退避上限为 10。

(2) 为了避免无限制地重传,需要对重传次数进行限制。通常当重传 16 次仍未成功时,则认为信道出现故障而丢弃此帧,并向上层协议报告错误。

例如,当第 1 次重传时,$k=1$,从集合 $\{0,1\}$ 中随机选一个数 r,则重传需要等待的时间为 0 或者 2τ。

若再次发生冲突,则 $k=2$,随机数 r 则从集合 $\{0,1,2,3\}$ 中选择,则重传需要等待的时间就可能为 0、2τ、4τ 或 6τ 中的某一个。

(七)最短帧长

现假定一个节点发送了一个很短的帧,发送完毕时都没有检测到冲突,这能否说明该帧传输成功了呢?

答案是否定的。因为这个短帧在传输过程中可能和其他帧发送了冲突,该帧被破坏,接收方将丢弃该错误帧,而发送方并不清楚该帧发生了冲突,因此不会重发该帧。

为了避免这种情况,以太网规定了最短帧长,即最短帧长为 64B(512b)。当一个节点只有很少数据要发送时,则必须加入一些填充字节(一般全部为 0),使得帧长不小于 64B。

因此,规定凡长度小于 64B 的帧都是冲突引起的碎片无效帧。只要收到这种无效帧都应当立即丢弃。

二、CSMA/CD 协议的实现

局域网标准 IEEE 802.3 采用 CSMA/CD 协议,该协议的载波监听、冲突检测、冲突强化和二进制指数退避算法等功能都由网络适配器实现。

IEEE 802.3 使用 1-坚持监听策略,因为这个算法可及时抢占信道,减少了空闲期,同时实现也比较简单。同时规定在监听到信道空闲后,不能立即发送帧,而是必须等待一个帧间隔时间,如果在这个时间内信道仍然空闲,才开始发送帧。帧间隔时间规定为 96 比特时间。

在发送过程中仍需继续监听,若检测到冲突,则发送 8 个十六进制数(共 32 位)的序列,这就是前面介绍的强化冲突信号。

到此,已经比较清楚地回答了最前面提出的 4 个问题。最后,对 CSMA/CD 协议的工作思想总结如下:

(1) 任意节点在发送帧之前,必须先检测信道是否空闲。

(2) 若信道忙,则不停地检测,直到信道空闲。若信道空闲,且在帧间间隔 96 比特时间内信道仍保持空闲,则立即发送帧。

(3) 在发送过程中仍不停地检测信道,即边发送边监听。这里有如下两种结果:

① 如果在争用时间 2τ 间隔内仍未检测到冲突,则发送成功。

② 若检测到冲突,则立即停止发送,并按规定发送 32 位的强化冲突信号,然后执行二进制指数退避算法,等待 $r \cdot 2\tau$ 时间后,返回到步骤(2)继续检测信道以待重传。若重传达 16 次仍未成功,则停止重传并向上层协议报错。

三、基于 CSMA/CD 协议网络的特点

(一) 半双工传输方式

从上面的分析应该能很清晰地了解,采用 CSMA/CD 协议的通信方式为半双工通信。原因很简单,在任一时刻,只允许有一个节点发送帧,其实质是发送方的接收信道用于监听信道是否有冲突。

(二) 共享信道带宽

虽然从微观角度看,在某一个时刻,一个节点占用信道的全部带宽资源发送帧,但从宏观角度看,各节点是平等的,共同竞争共享同一条信道。

(三) 传输的不确定性

由于 CSMA/CD 只能尽量减少冲突,但不能完全避免冲突,而且发生冲突的次数也不尽相同。因此,传输一帧所需要的时间可能不相同,且难以估计,具有不确定性。这对实时性要求高的应用场合不具适用性。

（四）无确认无连接服务

在传输数据之前,CSMA/CD 并不建立连接,也不对接收到的帧进行确认,只做 CRC 校验,并将校验出错的帧直接丢弃。

第四节　局域网

数据链路层中的广播信道可以进行一对多的通信。下面要讨论的局域网使用的就是广播信道。局域网是在 20 世纪 70 年代末发展起来的。局域网技术在计算机网络中占有非常重要的地位,用户在实际应用中使用最普遍的就是局域网。

一、局域网的概念

局域网最主要的特点是:网络为一个单位所拥有,且地理范围和站点数目均有限。在局域网刚刚出现时,局域网比广域网具有较高的数据率、较低的时延和较小的误码率。但随着光纤技术在广域网中普遍使用,现在广域网也具有很高的数据率和很低的误码率。

局域网的主要优点如下:

(1) 具有广播功能,从一个站点可以很方便地访问全网。局域网上的主机可共享连接在局域网上的各种硬件和软件资源。

(2) 便于系统的扩展和逐渐演变,各设备的位置可灵活调整和改变。

(3) 提高了系统的可靠性(Reliability)、可用性(Availability)和生存性(Survivability)。

局域网可按网络拓扑进行分类。图 5 - 13(a)是星形网。由于集线器(Hub)的出现和双绞线大量用于局域网中,星形以太网以及多级星形结构的以太网获得了非常广泛的应用。图 5 - 13(b)是环形网,图 5 - 13(c)为总线网,采用同轴线缆,各站直接连在总线上。总线网是一段段的线缆连接而成,线缆接头很容易接触不好,从而引起整个网络故障。因此,总线网和环形网基本都已经淘汰了,只有星形网由于简单可靠、性价比高被普遍使用。现在使用的局域网都是星形以太网。

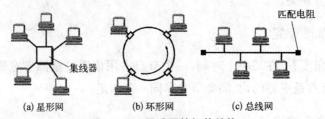

(a) 星形网　　　　(b) 环形网　　　　(c) 总线网

图 5 - 13　局域网的拓扑结构

局域网经过了四十年的发展,尤其是在快速以太网(100 Mb/s)和吉比特以太网(1 Gb/s)、10 吉比特以太网(10 Gb/s)相继进入市场后,以太网已经在局域网市场中占据了绝对优势。现在以太网几乎成了局域网的同义词,因此本章从本节开始都是讨论以太网技术。

目前,局域网使用的传输媒体就是双绞线,其价格最便宜。原来只用于低速(1~2 Mb/s)基带局域网。现在随着双绞线技术的发展,5 类线、6 类线的应用,从 10 Mb/s 至 10 Gb/s 的局域网都可以使用双绞线作为传输媒体。当需要更高的传输速率时,局域网还使用光纤作为传输媒体。

局域网工作的层次在计算机网络体系结构中主要包括了数据链路层和物理层,而且由于局域网不涉及网络层的分组和路由功能,因此放在本节中讨论局域网的内容。

传统的局域网使用的是共享信道,使用共享信道要着重考虑的一个问题就是如何使众多用户能够合理而方便地共享通信媒体。这在技术上有两种方法:

(1) 静态划分信道,如采用频分复用、时分复用、波分复用和码分复用等技术。用户只要分配到了信道就不会和其他用户发生冲突。但这种划分信道的方法代价较高,适合用在广域网的远距离传输中,不适合于局域网的短距离使用。

(2) 动态媒体接入控制,又称为多点接入(Multiple Access),其特点是信道并非在用户通信时固定分配给用户。这里又分为随机接入和受控接入两类:

随机接入的特点是所有的用户可随机地发送信息。但如果恰巧有两个或更多的用户在同一时刻发送信息,那么在共享媒体上就要产生碰撞(即发生了冲突),使得这些用户的发送都失败。因此,必须有解决碰撞的网络协议,如 CSMA/CD 协议。

受控接入的特点是用户不能随机地发送信息而必须服从一定的控制。这类的典型代表有分散控制的令牌环局域网和集中控制的多点线路探询(Polling)。

由于受控接入比较复杂,硬件实现成本也较高,采用受控接入的局域网已经被淘汰了。因此,局域网主要采用的是随机接入方式。

习惯上,将最早流行的基于 CSMA/CD 协议的 10 Mb/s 的以太网称为传统以太网。虽然现在传统以太网早已淘汰,但现在的高速以太网(100 Mb/s~1 000 b/s)也是在传统以太网的基础上发展起来的,原来的许多概念、原理仍然被广泛应用。下面主要讨论一些传统以太网的基本原理与概念,然后再进一步介绍高速以太网的技术和原理。

二、以太网的 MAC 子层

(一) 以太网标准

以太网是美国 Xerox 公司于 1975 年研制的,并命名为 Ethernet。1980 年,DEC、Inter 和 Xerox 三家公司联合提出了 10 Mb/s 以太网规范的第一个版本 DIX Ethernet V。1982 年修改为第二版规约,即 DIX Ethernet V2,成为世界上第一个局域网产品的规范,并使用到今天。

在此基础上,IEEE 802 委员会的 802.3 工作组于 1983 年制定了第一个 IEEE 的局域网标准 IEEE 802.3,数据率为 10 Mb/s。IEEE 802.3 标准与 DIX Ethernet V2 标准只有细微的差别,因此,很多人也常把 IEEE 802.3 局域网简称为"以太网"。

目前,TCP/IP 体系经常使用的局域网只剩下 DIX Ethernet V2。因此,本章介绍的局域网一般都指 DIX Ethernet V2 以太网。

（二）局域网体系结构

由于局域网采用的是广播式信道，网络层的路由功能就不需要了。因此，在 IEEE 802.3 标准中，网络层被简化成了上层协议的服务访问点。

出于有关厂商在商业上的激烈竞争，IE802 委员会未能形成一个统一的、"最佳的"局域网标准，而是被迫制定了几个不同的局域网标准，如 802.4 令牌总线网、802.5 令牌环网等。为了使数据链路层能更好地适应多种局域网标准，IEE 802 委员会就把局域网的数据链路层拆成两个子层，即逻辑链路控制 LLC(Logical Link Control)子层和媒体接入控制 MAC(Medium Access Control)子层。与接入传输媒体有关的内容都放在 MAC 子层，而 LLC 子层则与传输媒体无关，不管采用何种传输媒体和 MAC 子层的局域网对 LLC 子层来说都是透明的，如图 5-14 所示。

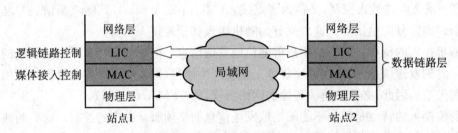

图 5-14 局域网 LLC 和 MAC 子层

然而到了 20 世纪 90 年代后，激烈竞争的局域网市场逐渐明朗。以太网在局域网市场中已取得了垄断地位，并且几乎成了局域网的代名词。由于互联网发展很快而 TCP/IP 体系经常使用的局域网只剩下 DI X Ethernet V2 而不是 IEEE 802.3 标准中的局域网，因此现在 IEE 802 委员会制定的逻辑链路控制子层 LLC 的作用已经消失了。很多厂商生产的适配器上就仅装有 MAC 协议而没有 LLC 协议。本章在介绍以太网时就不再考虑 LLC 子层。这样对以太网工作原理的讨论会更加简洁。

（三）MAC 地址

传统以太网是将许多计算机都连接到一根总线上。总线的特点是：当一台计算机发送数据时，总线上的所有计算机都能检测到这个数据，这种就是广播通信方式。但我们并不总是要在局域网上进行一对多的广播通信。为了在总线上实现一对一的通信，可以使每一台计算机的适配器拥有一个与其他适配器都不同的地址。在发送数据帧时，在帧首部写明接收站的地址。现在的电子技术可以很容易做到：仅当数据帧中的目的地址与适配器 ROM 中存放的硬件地址一致时，该适配器才能接收这个数据帧。适配器对不是发送给自己的数据帧就丢弃。这样，具有广播特性的总线上就实现了一对一的通信。

1. MAC 地址及其地址空间

在局域网中为了实现一对一通信使用的地址，称为硬件地址，又叫物理地址。由于这种地址被封装在 MAC 帧中，所以人们习惯上称之为 MAC 地址。MAC 地址固化在网络适配器的 ROM 中，用来标识该网络适配器。

IEEE 802 规定 MAC 地址可以采用 6B(Byte)或者 2B 两种形式。现在市面上销售的以太网适配器都分配了一个全球唯一的 6B 的地址。6B 的 MAC 地址中 46b(bit)用来标识一个特定的 MAC 地址,剩下的 2b 用来标识该 MAC 地址的类型和类别。46b 的地址空间可表示 2^{46},大约 70 万亿个地址,可以保证全球地址的唯一性。当一个网络适配器损坏时,它所使用的 MAC 地址也就随之消失了,再也不会出现。通过打开本地网络连接属性,即可查看本机网卡 MAC 地址,如图 5-15 所示。

图 5-15　MAC 地址

2. MAC 地址的类型

MAC 地址按目的节点可分为三种类型。

(1) 单播地址(Unicast Address):标识一个目的节点,用于一对一通信。

(2) 多播地址(Multicast Address):也称组地址,标识一组目的节点,用于一对多通信。

(3) 广播地址(Broadcast Address):该地址的二进制形式为 48 个 1,表示网络上的所有节点,用于对网络上的所有节点进行广播通信。

IEEE 802 规定 MAC 地址字段的最左边的第一个字节的最低位为单地址/组地址 (Individual/Group,I/G)位。I/G 位为 0 表示单播地址,I/G 位为 1 表示组地址。

3. MAC 地址的管理

现在 IEEE 的注册管理机构(Registration Authority,RA)是全球 MAC 地址的法定管理机构,它统一分配 6B 的全球 MAC 地址的前 3B。这 3B 构成一个号,实际上表示一个地址块,包含 2^{24}(约 1 678 万)个地址。这个号的正式名称是组织唯一标识符 (Organizationally Unique Identifier,OUI)。世界上所有以太网适配器生产商从中购买一个号或者一组号,如 3Com 的 OUI 是 02-60-8C, Cisco 的 OUI 为 00-00-0C,VMware 的 OUI 为 00-0C-29 等。

MAC 地址的后三个字节称为扩展标识符(Extended Identifier),由生产商自行管理,生产网络适配器时,生产商将 MAC 地址固化到网络适配器的 ROM 中。

这种 48 位的 MAC 地址称为 MAC-48,其通用名称为 EU-48,这里的 EUI (Extended Unique Identifier)表示扩展唯一标识符。

IEEE 802 还规定 MAC 地址字段的最左边的第一字节的最低第二位为全球/本地 (Globe/Local,G/L)位,当 G/L 位为 0 时表示全球地址,即由 RA 统一分配,全球唯一的地址。市面上出售的网络适配器中的 MAC 地址均为全球地址。G/L 位为 1 时表示本地地址,即只在内部网络中有效,对外没有意义。现在本地地址几乎不使用了。

(四) MAC 帧的格式

常用的以太网 MAC 帧格式有两种标准,一种是 DIX Ethernet V2 标准(即以太网 V2 标准),另一种是 IEEE 的 802.3 标准。这里只介绍最常用的以太网 V2 标准的 MAC 帧格式,如图 5-16 所示。图中假定网络层使用的是 IP 协议。

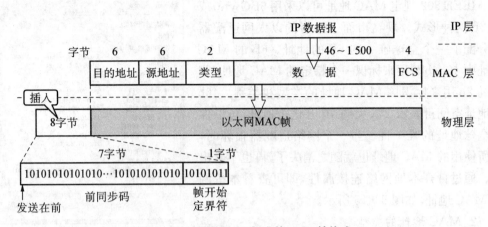

图 5-16 以太网 V2 标准的 MAC 帧格式

以太网 V2 标准的 MAC 帧较为简单,由五个字段组成。前两个字段分别为 6B 长的目的地址和源地址字段。第三个字段是 2B 的类型字段,用来标志上一层使用的是什么协议,以便把收到的 MAC 帧的数据上交给上一层的这个协议。例如,当类型字段的值是 0x0800 时,就表示上层使用的是 IP 数据报。若类型字段的值为 0x8137,则表示该帧是由 Novell IPX 发过来的。第四个字段是数据字段,其长度在 46B 到 1 500B 之间(46B 是这样得出的:最小长度 64B 减去 18B 的首部和尾部就得出数据字段的最小长度)。最后一个字段是 4B 的帧检验序列 FCS(使用 CRC 检验)。当传输媒体的误码率为 1×10^{-8} 时,MAC 子层可使未检测到的差错小于 1×10^{-14}。

三、采用集线器的传统以太网

(一)网络适配器

计算机与局域网的连接是通过一个名为网络适配器(Adapter)的硬件设备进行的。该设备又称为网络接口卡(Network Interface Card,NIC),简称网卡。由于现在的计算机主板上都已经集成了这种适配器,不再使用单独的网卡了。因此,将它称为网络适配器更为准确。

网络适配器在 MAC 子层主要实现以下功能:

(1)帧的封装与解封装。

(2)提供缓存,并实现发送和接收数据的并行/串行和串行/并行转换。

(3)帧的定界和寻址。

(4)实现 CSMA/CD 协议。

(5)差错校验,发送时生成 FCS,接收时根据 FCS 校验帧。

每个网络适配器都被赋予一个唯一的 MAC 地址,存储在 ROM 中,对外提供一个 RJ-45 插槽,以便于连接双绞线。

（二）中继器

由于电磁波能量在线缆上传输时会不断衰减,因此,当以太网的跨距或网络上的站点数量超过一定数量时,中途就需要对传输信号进行恢复。这个工作可以通过中继器(Repeater)来实现,中继器工作在物理层,一般有两个接口,物理信号从一个接口进入,中继器对信号进行放大和整形,最后通过另一个接口转发出去。不过,在高速以太网中,中继器已基本不用了。

（三）集线器

集线器又称为 Hub,它其实就是一个多接口的中继器,每个接口连接一台计算机,形成以集线器为中心的星状拓扑结构,如图 5 - 17 所示。

虽然集线器形式上是星状结构,但逻辑上仍然是总线型结构,因此被称为星状总线。其工作在物理层,它的每个接口仅仅简单地转发比特——收到 1 就转发 1,收到 0 就转发 0,不进行碰撞检测。若两个接口同时有信号输入(即发生碰撞),那么所有的接口都将收不到正确的帧。图 5 - 18 是一个具有三个接口的集线器示意图。

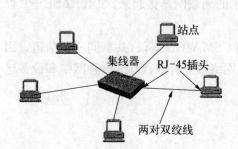

图 5 - 17　使用集线器的双绞线以太网

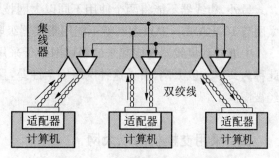

图 5 - 18　具有三个接口的集线器

（四）传统以太网的扩展

局域网的扩展就是对局域网的覆盖范围进行扩展。在物理层、数据链路层和网络层及以上各层均可以实现对局域网的扩展。

在物理层扩展需要使用中继器或集线器;在数据链路层扩展需要用到交换机;而在网络层及以上扩展则需要三层交换机或者路由器。在网络层扩展其实应称为网络互连了,这是由于网络层之下扩展的网络对网络层来说仍然是一个网络,而网络层设备连接的是两个不同的网络。

在如图 5 - 19(a)所示的 10BASE - T 以太网中,主机与集线器之间的双绞线的长度不超过 100 m,两台主机通过集线器进行扩展后,双绞线的长度合计不超过 200 m,也就是网络跨距最大为 200 m。

将多个集线器级联可以进一步扩展局域网的覆盖范围,如图 5 - 19(b)所示。通过集线器级联可以将不同部门的网络合并在一起,实现局域网的合并。

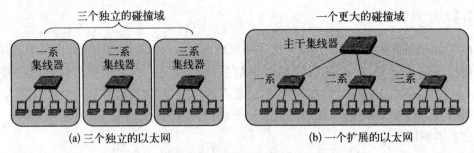

图 5 - 19　集线器扩展的以太网

以太网还规定集线器之间的双绞线长度最大为 100 m,而且规定最多只能使用 4 个集线器级联。

在图 5 - 19(a)中,每个系的 10BASE - T 以太网是一个独立的冲突域,即在任一时刻,同一个冲突域中只有一个节点可以发送数据。每个系的以太网的最大吞吐量是 10 Mb/s,三个系总的最大吞吐量为 30 Mb/s。通过集线器连成如图 5 - 19(b)之后,原来三个冲突域就合并变成了一个更大的冲突域,而整个学院以太网的最大吞吐量则只有 10 Mb/s。

另外,集线器不能将两个使用不同以太网技术的局域网连接起来,如 10BASE - T 以太网与 100BASE - T 以太网就不能用集线器级联。

中继器和集线器连接起来的局域网由于采用 CSMA/CD 协议,共享同一条信道。因此称为共享式以太网,由于这种网络安全性差,且网络带宽有限,因此,这种网络和设备已经被淘汰了。

四、采用交换机的以太网

采用 CSMA/CD 协议的传统以太网存在以下问题:

(1) 多个节点处于一个冲突域中,共享一条传输信道,在任一时刻只允许一个节点发送帧,工作效率太低。

(2) 各节点共享固定的网络带宽,即如果有 n 个节点,则每个节点平均分享到的带宽占带宽的 $1/n$,网络系统的效率会随节点的增加大幅降低。

(3) 由于冲突域最大网络跨距的限制难以构造较大规模的网络。

由于以上原因,人们研究出了使用以太网交换机连接的交换式以太网。交换式以太网采用星状拓扑结构,但不再使用 CSMA/CD 协议,没有争用期,以全双工方式工作,但仍然采用以太网的帧结构保留最小帧长和最大帧长。

(一) 网桥与交换机

交换式以太网最初使用的设备是网桥(Bridge)。网桥对收到的帧根据其目的 MAC 地址进行转发和过滤。也就是说当网桥每收到一个帧时,首先查看该帧的目的 MAC 地址,然后查找网桥的地址表,最后确定将帧从哪个接口转发出去,或者将它丢弃(即过滤）。

1990 年问世的交换式集线器(Switching Hub)很快就淘汰了网桥。这种交换式集线器习惯称之为以太网交换机，简称交换机(Switch)，或第二层交换机(L2 Switch)，强调它工作在数据链路层。

交换机本质上是一个多接口的网桥，工作在 MAC 子层。交换机由接口、接口缓存、帧转发机构和底板体系 4 个基本部分组成。

(1) 接口。交换机的每个接口用来连接一台计算机，或者另一个交换机。每个接口可以提供 10 Mb/s、100 Mb/s 或者 1 000 Mb/s 等速率，支持不同的数据传输速率，且一般都以全双工方式工作。

(2) 接口缓存。接口缓存提供缓存能力，由高速的接口向低速的接口转发帧时必须要有足够的缓存。

(3) 帧转发机构。帧转发机构在接口之间转发帧，有以下三种类型的转发机构：

① 存储转发交换：就是对接收到的帧先进行缓存、验证、碎片过滤，然后进行转发。这种交换方式延时大，但可以提供差错校验，并支持不同速率的输入、输出接口间的交换（非对称交换），是交换机的主流工作方式。

② 直通交换：这种交换方式类似于采用交叉矩阵的电话交换机，它的输入接口扫描到目的 MAC 地址后就立即开始转发。这种交换方式的优点是延迟小、交换速度快。缺点是没有检错能力，不能实现非对称交换，而且当交换机的接口增加时，交换矩阵实现比较困难。

③ 无碎片交换：该交换方式介于上面两种交换方式之间。它在转发帧前先检查帧长是否足够 64B，如果小于 64B，则说明是冲突碎片而直接丢弃，否则就转发该帧。这种交换机广泛应用于中低档交换机中。

(4) 底板体系。底板体系就是交换机内部的电子线路，在接口之间进行快速数据交换，有总线交换结构、共享内存交换结构和矩阵交换结构等不同形式。

(二) 交换机的自学习功能

交换机通过自学习生成并维护一个包含 MAC 地址和相对应接口的映射交换表，并根据该交换表进行帧的转发。

现用一个简单的例子来说明交换机是怎样自学习的。如图 5 - 20 所示，5 台主机 A、B、C、D、E 分别连在 1、2、3、4、5 接口上，且这 5 台主机的 MAC 地址分别为 A、B、C、D 和 E。交换机刚开机时，内部的交换表是空的。

A 先向 E 发送一帧，从接口 1 进入到交换机。交换机收到帧后，将源 MAC 地址 A 和接口 1 写入交换表中，同时查找交换表，发现没有主机 E 的 MAC 地址及对应接口映射项，于是向除接口 1 外的所有接口广播这个帧。

主机 B、C、D 和 E 都能监听到这个帧，但只有主机 E 接收并处理该帧，其他主机丢弃该帧。

接下来，主机 E 通过接口 5 向主机 A 发送一帧。交换机将源 MAC 地址 E 和接口 5 写入交换表中，同时查找交换表，发现交换表中有主机 A 的 MAC 地址及其对应接口映射项,于是将帧从 MAC 地址 A 所对应的接口 1 转发出去。显然,这一步是单播。这一过程就是交换机按 MAC 地址转发帧,实现一对一的通信。

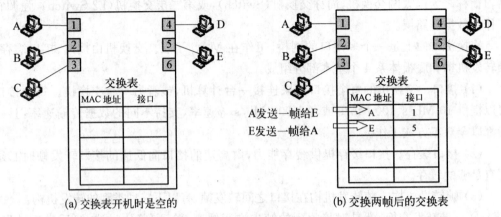

(a) 交换表开机时是空的　　　　　(b) 交换两帧后的交换表

图 5－20　交换机自学习示例

经过一段时间后,只要其他主机有发送帧,无论发送给谁,交换机都会把它的 MAC 地址和连接的接口填入交换表中。等到交换机每个接口所连的主机 MAC 地址都填入交换表后,要转发给任何一台主机的帧,都可以很快地在交换表中找到相应的转发接口,而不需要广播。

考虑到有时可能要更换交换机接口所连接的主机,或者主机要更换网络适配器,这时就必须要更改交换表中的项目。为此,交换表中的每个项目都设有一定的有效时间(一般为几分钟),过期的项目将会自动删除。

当交换机的某个端口与另一台交换机级联时,交换机的自学习方法也是一样的,但交换机自身没有 MAC 地址,因此,交换表中存放的仍然是各主机的 MAC 地址及其连接的接口,或者交换机级联接口。

但当多个交换机连成一个环时,就会出现帧无止境地在网络中兜圈子。为了解决这个问题,IEEE 802.1D 标准制定了一个生成树协议(Spanning Tree Protocol,STP)。

(三) 交换式以太网的扩展

交换式以太网的扩展是指在数据链路层利用以太网交换机对局域网进行扩展。

一个小规模的工作组级交换式以太网可以由一台交换机连接若干台计算机组成。大规模的交换式以太网通常将交换机划分成几个层次连接,使网络结构更加合理,如可以由低到高划分为接入层、汇聚层和核心层三个层次。

接入层交换机供用户计算机接入使用;若干台接入层交换机接入一台汇聚层交换机,汇聚网络流量;若干台汇聚层交换机再接入一台核心交换机,核心层交换机连接成主干网。

图 5－21 中的通信工程系交换机和电信工程系交换机就是接入层交换机,信息学院交换机则可以认为是汇聚层交换机,信息学院交换机与其他学院的交换机可以接入学校核心交换机组成学校局域网。

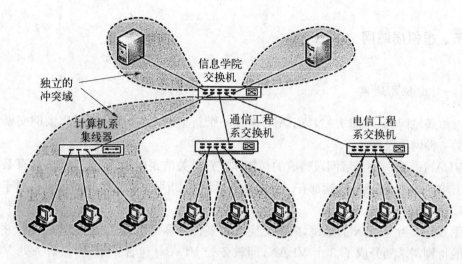

图 5-21 交换式以太网的扩展

（四）交换式以太网的特点

与传统以太网相比，交换式以太网具有以下特点：

（1）突破了共享带宽的限制，增大了网络带宽。交换机的总带宽可以通过每个交换机接口的可用带宽来确定，如 16 个接口的 100 Mb/s 快速以太网交换机最大可提供 1 600 Mb/s（=16×100）的总带宽。

（2）隔离了冲突域，增大了网络跨距。交换机的端口可以连接计算机，也可以连接以太网网段，交换机将它各接口所连接的各网段隔离成独立的冲突域，交换式以太网的跨距突破了单个冲突域的限制，可以构造更大规模的网络。图 5-21 中，一个交换机连接了三个系部的网络和两台服务器。由于交换机的每一个接口都是按 MAC 地址转发帧，因而与其他接口没有冲突，每个接口构成一个单独的冲突域。因此，如图 5-21 所示的网络组成了 9 个冲突域，整个网络是一个广播域。

（3）安全性能更高。由于交换机按 MAC 地址转发帧，也就是说一个帧只会到达它的目的 MAC 地址所对应的接口，其他主机将无法看到这个帧。因此，交换式以太网难以窃听，比共享式以太网更安全。

（4）处于一个广播域中，可能产生广播风暴。虽然交换机将它连接的多个网段划分成多个独立的冲突域，但交换机工作在数据链路层，它可无障碍地传播广播帧和组播帧，因此交换机连接的网段均处于一个广播域。广播域位于数据链路层，MAC 地址为广播地址的帧都可以到达网络中的任意一个节点。因此在一个大规模的交换式以太网中，当广播通信较多时，就可能产生广播风暴，特别是包含不同数据速率的网段时，高速网段产生的广播流量可能导致低速网段严重拥挤甚至崩溃。如图 5-21 所示的网络就是一个广播域，即图中的任意一台计算机发送一个广播帧，网络的任意其他计算机都可以收到该广播帧。

虚拟局域网技术可以有效解决广播风暴的问题。

五、虚拟局域网

(一)虚拟局域网

虚拟局域网(Virtual LAN,VLAN)不是一个新型的网络,而是通过以太网交换机户提供的一种网络服务。

VLAN 是由一些局域网段构成的与物理位置无关的逻辑组,而这些网段具有某些共同的需求。每个 VLAN 的帧都有一个明确的标识符,指明发送这个帧的计算机属于哪一个 VLAN。

图 5-22 为 VLAN 的示例,两个交换机将多台计算机组成了交换式以太网,并根据部门的特别需求划分成了 3 个 VLAN,即教务处 VLAN(包含 6 台 PC)、财务处 VLAN(包含 5 台 PC)和人事处 VLAN(包含 3 台 PC),同一个 VLAN 中的 PC 可以连在同一个交换机上,也可以连接在不同的交换机上。

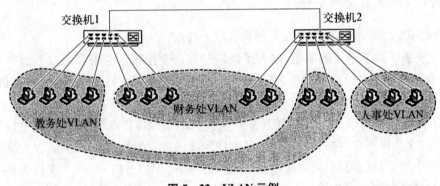

图 5-22　VLAN 示例

(二) VLAN 的特点

VLAN 比一般的局域网具有更好的安全性。可以通过划分 VLAN,对 VLAN 之间在数据链路层上进行隔离,禁止非本 VLAN 中的主机访问本 VLAN 中的应用。如图 5-22所示,一个学校的局域网可以根据职能部门划分成不同的 VLAN,各 VLAN 之间在数据链路层上将无法互相访问。各 VLAN 之间要实现相互访问可通过配置三层交换机或路由器来实现。

由于 VLAN 之间在数据链路层上进行了隔离,因此,一个 VLAN 就是一个广播域,一个 VLAN 的广播风暴不会影响到其他 VLAN。

划分 VLAN 可以控制通信流量,提高网络带宽利用率。日常的通信流量大部分限制在 VLAN 内部,减少了不必要的广播数据在网络上传播,使得网络宽带得到了有效利用。

(三) VLAN 帧格式

1999 年,IEEE 批准了 IEEE 802.1q 标准,该标准对以太网的帧格式进行了扩展以便支持 VLAN,扩展的帧格式是在原以太网帧格式中插入一个 4B 的标识符,称为 VLAN 标记,用来指明发送该帧的计算机属于哪一个 VLAN,如图 5 - 23 所示。插入 VLAN 标记后得出的帧称为 IEEE 802.1q 帧。

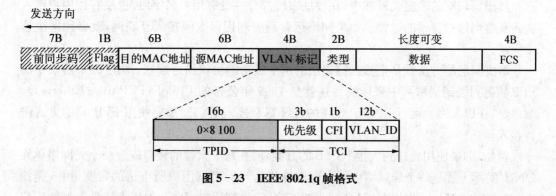

图 5 - 23　IEEE 802.1q 帧格式

IEEE 802.1q 帧只在交换机之间的链路上传输,而交换机与计算机之间的链路上传输的仍然是普通以太网帧。普通以太网帧插入 VLAN 标记变成 IEEE 802.1q 帧后,必须重新计算帧校验序列 FCS。而 IEEE 802.1q 帧去掉 VLAN 标记变成普通以太网帧时也要重新计算 FCS。

（四）划分 VLAN 的方法

VLAN 的划分主要有以下三种方式:

（1）基于交换接口划分。这种方式通常是网络管理员通过网管软件或直接设置交换机的接口,使其从属于某个 VLAN。这种方法看似比较麻烦,但相对比较安全,也容易配置和维护,因此是最常用的一种划分 VLAN 的方法。但当一个设备经常从一个交换接口移动到另一个交换接口时,就必须经常手动更改 VLAN 的设置,而且不能将一个接口的设备划分到多个 VLAN 中。

（2）基于 MAC 地址划分。按 MAC 地址的不同组合来划分 VLAN。一个 VLAN 实际上就是一组 MAC 地址的集合,多个集合就是多个 VLAN。这种划分方式解决了按接口划分难以解决的设备移动问题。因为 MAC 地址是全球唯一的,计算机等设备移动之后 MAC 地址不变,所属的 VLAN 也不变。另外,在这种方式下,一个 MAC 地址还可以属于多个 VLAN。

（3）基于协议划分。可以基于协议类型（如 IP 或 IPX）或子网地址进行划分,可在第三层实现 VLAN。

六、使用局域网接入互联网

随着互联网的迅速发展,人们迫切需要让自己的计算机高速接入互联网中,采用局域网进行宽带接入互联网,是解决这个问题最常用的方法。为此,IEEE 在 2001 年年初成立了 802.3 EFM 工作组,专门研究高速局域网的宽带接入技术问题。

局域网网接入的一个重要特点是它可以提供双向的宽带通信,并且可以根据用户对带宽的需求灵活地进行带宽升级。采用局域网接入可以实现端到端的局域网传输,中间不需要再进行帧格式的转换。这就提高了数据的传输效率且降低了传输的成本。

然而局域网的帧格式标准中,在地址字段部分并没有用户名字段,也没有让用户键入密码来鉴别用户身份的过程。如果网络运营商要利用以太网接入互联网,就必须解决这个问题。

解决问题的方法就是把数据链路层的两个成功的协议结合起来,即把 PPP 协议中的 PPP 帧再封装到局域网中来传输。这就是 1999 年公布的 PPPoE(PPP over Ethernet),意思是"在以太网上运行 PPP"。现在的光纤宽带接入 FTTx 都要使用 PPPoE 的方式进行接入。

例如,如果使用光纤到大楼 FTTB 的方案,就在每个大楼的楼口安装一个光网络单元 ONU(实际上就是一个局域网中的光电交换机),然后根据用户所申请的带宽,用 5 类线(注意,到这个地方,传输媒体已经变为双绞线了)接到用户家中。如果大楼里上网的用户很多,那么还可以在每一个楼层再安装一个 100 Mb/s 的交换机。各楼栋的光电交换机通过光缆汇接到光节点汇接点(光汇接点一般通过城域网连接到互联网的主干网)。具体结构可参见第四章图 4-21。

使用这种方式接入到互联网时,在用户家中不再需要使用任何调制解调器。用户家中只有一个 RJ45 的插口。用户把自己的个人电脑通过 5 类网线连接到墙上的 RJ-5 插口中,然后在 PPPoE 弹出的窗口中键入在网络运营商处购买的用户名(就是一串数字)和密码,就可以进行宽带上网了。注意,使用这种局域网宽带接入时,从用户家中的个人电脑到户外的第一个局域网交换机的带宽是能够得到保证的。因为这个带宽是用户独占的,没有和其他用户共享。但这个局域网交换机到上一级的交换机的带宽,是许多用户共享的。因此,如果过多的用户同时上网,则有可能使每一个用户实际上享受到的带宽减少。这时,网络运营商就应当及时进行扩容,以保证用户的利益不受损伤。

顺便指出,当用户利用 ADSL(非对称数字用户线)进行宽带上网时,从用户个人电脑到家中的 ADSL 调制解调器之间,也是使用 RJ-45 接头和 5 类线(即以太网使用的网线)进行连接的,并且也是使用 PPPoE 弹出的窗口进行拨号连接的。但是用户个人电脑发的局域网帧传送到了家里的 ADSL 调制解调器后,就转换成为 ADSL 使用的 PPP 帧。需要注意的是:ADSL 调制解调器是用普通的电话线,通过电话线使用的 RJ-11 插口传送 PPP 帧。这已经和局域网没有关系了。所以这种上网方式不能称为局域网上网,而是利用电话线宽带接入到互联网。

练习题

1. 数据链路层实现的主要功能有哪些?数据链路层要解决的三个主要问题是什么?

2. 什么是链路?什么是数据链路?

3. 数据链路层使用的信道有哪两种类型?各使用什么主要协议?

4. 数据链路层如何将发送的数据封装成帧的？如果不进行封装帧,会发生什么问题？

5. 数据链路层的透明传输如何实现？

6. 数据链路层如何检测错误的数据？

7. 点对点 PPP 协议主要应用在什么环境中？其工作状态分为哪几个阶段？

8. 要发送的二进制数据是 101100011001,CRC 生成多项式为 X^4+X^3+1,试求出实际发送的二进制数字序列。

9. 一个 PPP 帧的数据部分是 7D 5E FE 22 7D 5D 7D 5D 65 7D 5E,试问数据部分是什么？

10. 什么是广播信道？对广播信道访问方式可以分为哪几种？

11. 什么是 CSMA/CD 协议？请简述其工作思想。

12. 采用 CSMA/CD 协议的网络具有哪些特点？

13. 局域网的主要特点是什么？局域网采用什么信道？采用何种拓扑结构组网？使用的传输媒体是什么？

14. 为什么现在的局域网都叫以太网,传统的以太网使用的是什么信道？采用什么接入方式？使用的是什么协议？

15. 为什么要把局域网的数据链路层分为 LLC 子层和 MAC 子层？为什么 LLC 子层的标准制定出来了,但现在又不用,只考虑 MAC 子层？

16. 以太网如何在广播信道上实现一对一的数据传输？

17. 什么是 MAC 地址？MAC 地址分为哪几种类型？

18. 请简述 MAC 的帧格式,MAC 帧的最短帧长是多少？最大帧长是多少？其数据字段长度的范围是多少？

19. 局域网在物理层扩展采用什么设备？在数据链路层扩展采用什么设备？

20. 试说明 10 BASE T 中的"10""BASE"和"T"所代表的意思。

21. 采用 CSMA/CD 协议的传统以太网有哪些问题？如何解决？

22. 交换机的帧转发机构在接口之间转发帧,主要有哪些类型？请简要阐述。

23. 交换机根据交换表来转发帧,交换表是根据什么算法生成的？请详细说明该算法。

24. 下图所示为局域网连接示意图,A、B、C、D、F 分别是主机的 MAC 地址,1、2 分别是交换机的端口地址,请根据图示,完成下面各个网桥的转发表。

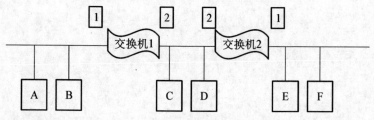

(1) 交换机中的转发表(交换表)是如何生成的？请简述该算法。

(2) 请完成下面的转发表。

交换机 1 的转发表		交换机 2 的转发表	
地　址	接　口	地　址	接　口

（3）请描述一个分组从主机 A 发送到主机 F 的转发过程。

25. 与采用集线器的传统式以太网相比，采用交换机的交换式以太网有什么优点？

26. 什么是 VLAN？采用 VLAN 有什么好处？划分 VLAN 有哪几种方式？

第六章 网络层

本章重点

(1) 网络层提供的两种服务。

(2) IPv4 协议分组的结构、IP 地址与 MAC 地址之间的关系。

(3) 分类 IP 地址、划分子网、CIDR 与构造超网。

(4) ICMP 与差错报告。

(5) IP 数据报转发机制与基本算法。

(6) RIP、OSPF 和 BGP 路由选择协议的工作原理。

(7) IPv6 协议分组的基本结构与 IPv6 地址。

(8) 虚拟专用网 VPN 和网络地址转换 NAT。

物理层和数据链路层在本地网络中运行,共同负责两个相邻节点之间的数据传递。而网络层主要关注的是如何将分组从一个网络中的源节点传送到另一个网络中的目的节点,实现主机到主机的通信。为了实现这个目标,网络层必须要知道通信子网的拓扑结构,并在这个拓扑结构中选择适当的路径。另外,如果两个网络采用不同技术标准(异构网络)实现时,网络层的另外一个任务就是如何将这两个异构网络实现互连。总之,网络层的任务就是要实现网络之间的互连与互通。

网络层实现上述两个功能依靠的就是网际协议——IP,这也是本书的核心内容之一。只有深入地掌握了 IP 协议的主要内容,才能理解互联网是怎样工作的。本章将根据网络层的这两个主要任务进行展开,主要讨论实现网络互连与互通的 IP 技术和路由技术。最后对 VPN 和 NAT 进行了简要介绍。

第一节 网络层概述

网络层应该向上一层运输层提供"面向连接"的服务还是"无连接"的服务,这一问题曾经引起人们长期的争论。

以 Internet 社团为代表的学者们认为,根据数十年来从 Internet 中获得的实践经验,网络层应该向运输层提供简单灵活的、无连接的和尽最大努力交付的数据报服务,差错控制和流量控制应该由主机自己完成。

以电信公司为代表的学者们认为,根据全球电话系统 100 年来的成功经验,网络层应该提供可靠的、面向连接的服务。

典型案例是：Internet 提供了无连接的网络层服务；而 ATM 网络（计算机网络的一种）提供了面向连接的网络层服务；采用著名的 ITU - T X.25 建议书虚电路服务标准的帧中继网络也是一种典型的面向连接的服务。

计算机网络发展到现在，以 ATM 为代表的面向连接服务并没有成为计算机网络发的未来趋势，而 Internet 的灵活性以及发展到现在这个规模，足以证明当初 Internet 设计时思想的正确性。

一、无连接服务的实现

Internet 是一种在网络层采用无连接服务的网络，所有分组都被独立地在网络中传输，且独立选择路由，不需要提前建立任何辅助连接。网络中传递的分组通常称为数据报（Datagram），每个数据报都携带了源地址和目的地址，路由器将根据目的地址动态地为每个数据报选择一条合适的路由，然后转发给相邻的某个路由器，直至最后交付目的主机。这种实现无连接服务的方法称为数据报方法。

如图 6 - 1 所示，运输层传下来的报文被划分成三个数据报，每个数据报前面都会加上包含源地址和目的地址的网络层头部。这三个数据报从 PC1 传输到 PC2 的过程中，路由器 R1 将接收到的数据报 1 和数据报 2 暂时保存到缓存，检验它们的校验和，并提取分组头部中的目的地址，然后根据路由表为它们选择到达目的节点的合适路由，如选择将它们转发给路由器 R2，但在处理数据报 3 的时候发现到达 PC2 经过路由器 R3 的链路会比经过 R2 的链路更优，于是数据报 3 被转发给了路由器 R3。路由器 R2 也可能遇到类似的问题，因此最后的结果是最先发送的数据报 1 可能最后到达到目的主机。这就是失序。失序问题由接收方自行解决。

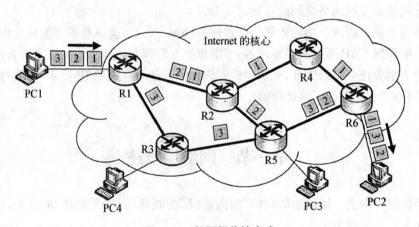

图 6 - 1 数据报传输方式

从这个示例可以清晰地看到，数据报在发送之前无须建立连接，同一个运输层报文的不同数据报被单独路由和传输，每个数据报的传输路径与它的前一个数据报没有关系，到达目的节点的次序也可以与发送的次序不相同。现实中类似的例子就是大家最熟悉的快递。

二、面向连接服务的实现

面向连接服务通过从源节点到目的节点的传输路径中建立一条虚电路(Virtual Circuit)实现。沿途路由器将该虚电路的电路号保存在内部表中。所有从源节点到目的节点的分组都将在这条虚电路中传输,分组到达目的节点的次序与发送次序是相同的。数据传输完毕后该虚电路将被释放。这种实现面向连接服务的方法称为虚电路方法。

在虚电路方法中,每个分组都包含虚电路的电路号,指明它属于哪一个虚电路,路由器将根据该电路号进行路由。

图6-2为虚电路方法示例,PC1与PC2通信之前建立了一条虚电路(图中粗实线),为即将要进行的通信预分配了带宽资源,PC1的所有分组都沿着该虚电路按顺序传输到目的节点PC2,且传输路径是一样的。反过来,PC2到PC1的所有分组也将沿着这条路径传输。

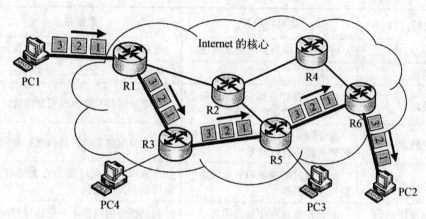

图6-2 虚电路传输方式

虚电路与线路交换中的线路是有区别的,线路交换中的用户线路段是通信双方独占专用的。虚电路则不是,在虚电路中路由器等资源是共享的,网络中的某个路由器可以供多个虚电路同时使用。而且虚电路中的每个源端节点和目的端节点可以根据不同应用建立多条虚电路,这多条虚电路可采用复用技术共存于一个相同的传输线路中。另外,每个端节点还能与多个其他端节点建立虚电路,这些都是电路交换不具备的。

虚电路的实现有交换式虚电路(Switched Virtual Circuit,SVC)和永久虚电路(Permanent Virtual Circuit,PVC)两种形式。

(1)交换式虚电路。

交换虚电路仅在这次通信交换过程中存在,当通信结束后,这条虚电路将被释放。

注意:相同的一对源节点与目的节点每次通信时都会建立一条新的虚电路,这条虚电路的路径可能每次都相同,也可能根据网络的状况而有所变化。

(2)永久虚电路。

永久虚电路类似于租用线路,这种虚电路是专门提供给特定用户的,其他用户不能使用。由于这条虚电路总是建立好的,因此,虚电路的路径总是相同的,而且每次通信都不需要建立连接和释放该虚电路。

最后要强调的是:无论是数据报方法,还是虚电路方法,它们都采用存储转发式的分组交换技术。所有分组在每个路由器上都需要进行储存、校验、查找路由表和转发等过程,虚电路与数据报方法之间的差别在于各路由器不需要为每个分组做路径选择判定,而只需要在路由表中根据虚电路号索引到达目的节点的虚电路即可。因此,虚电路的存储转发效率要高于数据报方法,但虚电路所付出的时间和资源成本要高于数据报。

三、虚电路和数据报的比较

虚电路方法与数据报方法各有优劣。表 6-1 对虚电路方法和数据报方法在多个主要方面进行了对比。

表 6-1　虚电路与数据报的比较

对比的方面	虚电路服务	数据报服务
思路	可靠通信应当由网络来保证	可靠通信应当由用户主机来保证
连接的建立	必须有	不需要
终点地址	仅在连接建立阶段使用,每个分组使用短的虚电路号	每个分组都有终点的完整地址
分组的转发	属于同一条虚电路的分组均按照同一路由进行转发	每个分组独立选择路由进行转发
当节点出故障时	所有通过出故障的节点的虚电路均不能工作	出故障的节点可能会丢失分组,一些路由可能会发生变化
分组的顺序	总是按发送顺序到达终点	到达终点的时间不一定按发送顺序
端到端的差错处理和流量控制	可以由网络负责,也可以由用户主机负责	由用户主机负责

从网络目前的发展情况来看,作为虚电路方法的典型应用,帧中继和 ATM 网络常用于广域网的主干网络中,但现在帧中继早已成为历史,ATM 网络也不再是人们关注的重点了。

相反,Internet 发展到今日的规模,也充分证明了数据报方法的灵活性和适应性。

第二节　网际协议 IPv4

Internet 网际层负责将分组从源主机传送到目的主机,提供无连接、不可靠但尽最大努力交付的数据报服务。

网际层最基本最重要的协议是网际协议(Internet Protocol,IP),目前使用的主要是32 位地址的 IPv4,并逐步向 128 位地址的 IPv6 过渡,IP 主要提供以下三个方面的内容:

(1) IP 定义了网际层的协议数据单元 PDU,即 IP 数据报,规定了它的格式。

(2) IP 为每个 IP 数据报选择合适的路由并将 IP 数据报转发出去。

(3) IP 还包括一组体现不可靠、尽最大努力发送分组的规则,这些规则规定了主机和路由器应该如何处理分组、何时及如何发出错误报告,以及在什么情况下可以放弃分组等。

与 IP 配套使用的网际层协议还有地址解析协议 ARP、Internet 控制报文协议 ICMP、路由选择协议(如 RIP、OSPF 和 BGP 等)、Internet 组管理协议 IGMP 等。

所有以上内容实现的基础都是 IP 地址,因此,本章将围绕 IP 地址及其相关内容展开介绍。

IP 地址由 ICANN 负责管理和分配,是用来标识 Internet 上的每台主机和网络设备的唯一地址。严格地说,IP 地址是用来标识每个与网络相连的网络接口,通常个人计算机只有一个网络接口与网络相连,因而只有一个 IP 地址,而路由器可以有多个网络接口同时与多个网络相连,故有多个 IP 地址。

一、虚拟 IP 网络

由于网际协议 IP 是用来使互连起来的许多计算机网络能够进行通信的,因此,TCP/IP 体系中的网络层常常被称为网际层或 IP 层。使用"网际层"这个名词的好处是强调这是由许多网络构成的互连网络。

如果要在全世界范围内把数以百万计的网络都互连起来,并且能够互相通信,那么这样的任务一定非常复杂。其中会遇到许多需要解决的问题,如不同的寻址方案;不同的最大分组长度;不同的网络接入机制;不同的超时控制;不同的差错恢复方法;不同的状态报告方法;不同的路由选择技术;不同的用户接入控制;不同的服务(面向连接服务和无连接服务);不同的管理与控制方式;等等。

能不能让用户都使用相同的网络,以使网络互连变得比较简单? 答案是不行的。因为用户的需求是多种多样的,没有一种单一的网络能够适应所有用户的需求。另外,网络技术是不断发展的,网络的制造厂家也要经常推出新的网络,在竞争中求生存。因此在市场上总是有很多种不同性能、不同网络协议的网络,供不同的用户选用。

从一般的概念来讲,将网络互相连接起来要使用一些中间设备。根据中间设备所在的层次,可以有以下四种不同的中间设备:

(1) 物理层使用的中间设备叫作集线器(Hub)。

(2) 数据链路层使用的中间设备叫作交换机(Switch)。

(3) 网络层使用的中间设备叫作路由器(Router)。

(4) 在网络层以上使用的中间设备叫作网关(Gateway)。用网关连接两个不兼容的系统需要在高层进行协议的转换。

当中间设备是集线器或交换机时,这仅仅是把一个网络扩大了,而从网络层的角度看,这仍然是一个网络,一般并不称之为网络互连。网关由于比较复杂,目前使用得较少。因此讨论网络互连时,都是指用路由器进行网络互连和路由选择。路由器其实就是一台专用计算机,用来在互联网中进行路由选择。由于历史的原因,许多有关 TCP/IP 的文献曾经把网络层使用的路由器称为网关。

图 6-3(a)表示有许多计算机网络通过一些路由器进行互连。由于参加互连的计算机网络都使用相同的网际协议 IP,因此可以把互连以后的计算机网络看成如图 6-3(b)所示的一个虚拟互连网络。所谓虚拟互连网络也就是逻辑互连网络,它的意思就是互连起来的各种物理网络的异构性本来是客观存在的,但是我们利用 IP 协议就可以使这些性能各异的网络在网络层上看起来好像是一个统一的网络。这种使用 IP 协议的虚拟互连网络可简称为虚拟 IP 网(简称 IP 网)。使用虚拟 IP 网的好处是:当 IP 网上的主机进行通信时,就好像在一个单个网络上通信一样,它们看不见互连的各网络的具体异构细节(如具体的编址方案、路由选择协议等)。如果在这种覆盖全球的 IP 网的上层使用 TCP协议,那么就是现在的互联网(Internet)。

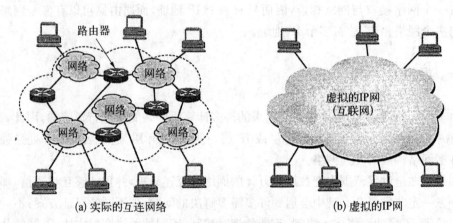

(a) 实际的互连网络   (b) 虚拟的IP网

图 6-3 IP 网的概念

二、IP 协议的主要特点

(一) IP 协议是一种无连接、不可靠的分组传送服务的协议

IP 协议提供的是一种无连接的分组传送服务,它不提供对分组传输过程的跟踪,因此,它提供的是一种"尽最大努力交付"(Best-effort)的服务。

(1) 无连接(Connectionless)意味着 IP 协议并不维护 IP 分组发送后的任何状态信息。每个分组的传输过程是相互独立的。

(2) 不可靠(Unreliable)意味着 IP 协议不能保证每个 IP 分组都能够正确地、不丢失和按顺序地到达目的主机。

分组通过 Internet 的传输过程是十分复杂的,IP 协议的设计者必须采用一种简单的方法去处理这样一个复杂的问题。IP 协议设计的重点应该放在系统的适应性、可扩展性与可操作性上,而在分组交付的可靠性方面只能做出一定的牺牲。

(二) IP 协议是点对点的网络层通信协议

网络层需要在 Internet 中为通信的两个主机之间寻找一条路径,而这条路径通常是由多个路由器、点—点链路组成。IP 协议要保证数据分组从一个到另一个路由器,通过多条路径从源主机到达目的主机。因此,IP 协议是针对源主机路由器、路由器—路由器、路由器—目的主机之间的数据传输的点对点线路的网络层通信协议。

（三）IP 协议屏蔽了互连的网络在数据链路层、物理层协议与实现技术上的差异

作为一个面向 Internet 的网络层协议,它必然要面对各种异构的网络和协议。在 IP 协议的设计中,设计者就充分考虑了这一点。互联的网络可能是广域网,也可能是城域网或局域网。即使都是局域网,它们的物理层、数据链路层协议也可能不同。协议的设计者希望使用 IP 分组来统一封装不同的网络帧。通过 IP 协议,网络层向传输层提供的是统一的 IP 分组,传输层不需要考虑互联网络在数据链路层、物理层协议与实现技术上的差异,IP 协议使得异构网络的互联变得容易了。

三、IP 数据报的格式

IP 协议数据单元 PDU 也称为 IP 分组、IP 包、数据报等名称,其结构分为头部和数据两个部分,其完整的格式如图 6-4 所示。

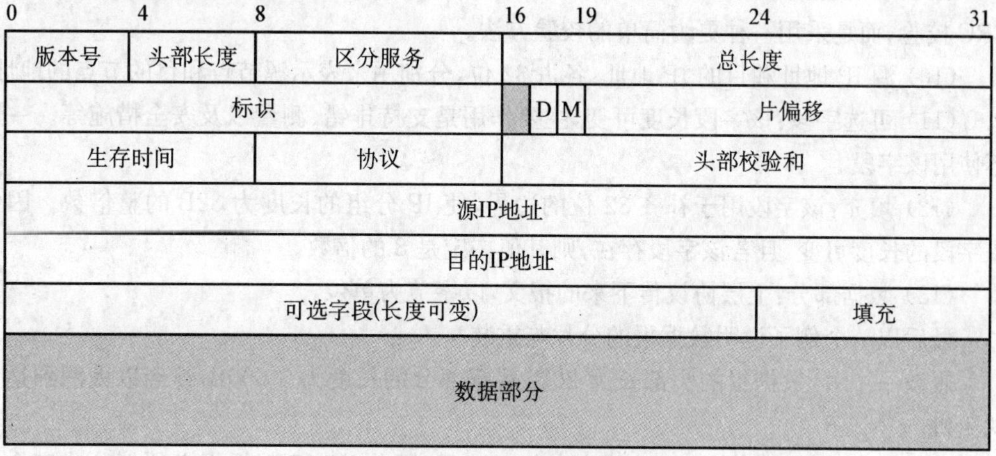

图 6-4 IP 数据报格式

（1）版本号:占 4 位,表示 IP 协议的版本号,值为 0100 时表示 IPv4。

（2）头部长度:占 4 位,表示 IP 头部的长度,以 32 位(4B)为计数单位,其最小值为 5（即图中目的 IP 地址及以上部分的长度）,即代表 IP 头部最小长度为 5×4＝20B,这也是IP 数据包的固定头部长度。最大值为 15,表示头部长度最大为 15×4＝60B,也就是说可选字段和填充最多可以有 40B。

（3）区分服务:占 8 位,该字段主要用于区分不同的可靠性、优先级、延迟和吞吐率的参数以便获得不同的服务质量。只有在使用区分服务时,该字段才有用,一般情况下都不使用这个字段。

（4）总长度:占 16 位,指包含 IP 头部和数据部分在内的整个数据单元的总长度(字

节数),可表示的总长度最大值为 $2^{16}-1=65\ 535B$。

(5) 标识:占 16 位,发送方每产生一个 IP 数据报都会生成一个唯一的数来标识这个数据报。当该 IP 数据报被分片后,各分片的标识都相同,接收端将根据该标识来识别不同的分片是否来自同一个 IP 数据报。标志占 3 位,其中最高位(图中加浅灰色底纹的位)保留未用,M 位标志表示 More Fragment,意为"还有分片",其值为 1 表示该分片后面还有分片。M 为 0 表示这是最后一个分片。D 位标志表示 Don't Fragment,意为"不能分片",其值为 0 时才允许分片。

(6) 片偏移:占 13 位,当一个较大的 IP 包被分片后,用片偏移来表示某个分片在原 IP 包的相对位置,也就是该分片的数据部分的第 1 个字节在原 IP 包中顺序字节编号。

(7) 生存时间:占 8 位,IP 包在生成时将会赋予一个 TTL(Time To Liv,生存时间)值,表示允许该 IP 包经过路由器的最大个数,该 IP 包每经过一个路由器,TTL 值就会自动减 1,当其值为 0 时,路由器将丢弃该 P 包。这样就可以保证网络中不会存在一个 IP 包不停地在传输。

(8) 协议:占 8 位,该字段用于指明此 IP 包携带的数据来自何种协议,接收端通过该字段来决定将该 IP 包提交给上面的哪一个协议。常见的协议有 ICMP、IGMP、TCP、UDP、OSPF 等。

(9) 头部校验和:占 16 位,该字段只校验 IP 包的头部,不包括数据部分,而且不采用 CRC 校验,而是采用一种更为简单的校验方法。

(10) 源 IP 地址和目的 IP 地址:各占 32 位,分别用来表示源节点和目的节点的地址。

(11) 可选字段:该字段长度可变,主要作用是支持排错、测量以及安全措施等。一般不使用该字段。

(12) 填充:该字段用于补齐 32 位的边界,使 IP 分组的长度为 32B 的整倍数。因此该字段的长度可变,且若该字段存在,则其值一定是 8 的倍数。

(13) 数据部分:上层协议传下来的报文,以字节为单位。

最后以一个例子说明数据报的分片与重装。

假设一个 IP 数据报的头部长为 20B,数据部分的长度为 3 600B,途经以太网到达目的主机。

由于以太网的最大传输单元 MTU 为 1 500B,因此,该 IP 数据报必须划分成三个分片,如图 6-5 所示。

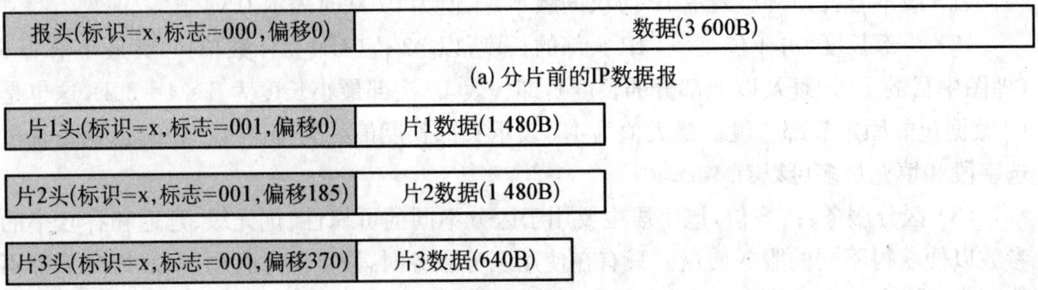

报头(标识=x,标志=000,偏移0)	数据(3 600B)

(a) 分片前的IP数据报

片1头(标识=x,标志=001,偏移0)	片1数据(1 480B)

片2头(标识=x,标志=001,偏移185)	片2数据(1 480B)

片3头(标识=x,标志=000,偏移370)	片3数据(640B)

(b) 分片后的三个分片

图 6-5 IP 数据报分片示例

从图 6-5 可以看到,各分片的片头中的标识与原 IP 数据报相同,表示来自同一个 IP 数据报,标志为 001 表示本分片不是最后一个分片。偏移值以 8B 为单位,如第二个分片的偏移值为 185,表示该分片数据部分的第一个 B 在原 IP 数据报中的字节编号为 8× 185＝1 480,也就是说相对原 IP 数据报,本分片的数据偏移量为 1 480B。

片头长度仍然为 20B,因此,每片中的数据部分最大长度为 1 480B,最后一个分片有可能不足 1 480B,这是不可避免的。

所有分片与未分片的 IP 数据报一样单独路由与转发,中途路由器将它们与未分片的 IP 数据报一样对待,不做任何其他操作,所有分片到达接收端后,接收端将根据片头中的标识、标志和片偏移字段值按序重装成一个 IP 数据报。

在接收端设置了一个重装定时器,用于分片的传输延迟控制。接收端收到某个 IP 数据报的某一个分片后,立即启动一个重装定时器开始计时,如果在规定的时间限制之内还未收到全部分片,则放弃整个数据报,并向发送端报告出错信息。

第三节　最早的 IP 地址——分类的 IP 地址

在 TCP/IP 体系中,IP 地址是一个最基本的概念,一定要弄清楚。

一、IP 地址的结构与分类

前面说过,整个的互联网可以看成是一个单一的、抽象的虚拟 IP 网络。为了方便在整个互联网上寻址,需要给互联网上的每一台主机(或路由器)上的每一个接口分配一个在全世界范围内是唯一的 32 位的标识符,这就是 IP 地址。IP 地址现在由互联网名字和数字分配机构 ICANN(Internet Corporation for Assigned Names and Numbers)进行分配。

对主机和路由器来说,地址都是 32 位的二进制代码。但二进制代码显然不便于书写、使用和记忆。因此,常把 32 位的 IP 地址按每 8 位分成一组,每组用其对应的十进制数表示(最大不会超过 255),每组之间用小数点隔开。这种记法就称为点分十进制。

例如,二进制表示的 IP 地址:11000000　10101000　0110100　11001000;采用点分十进制则表示为:192.168.100.200。

IP 地址的编址方法共经过了三个历史阶段:

(1) 分类的 IP 地址。这是最基本的编址方法,在 1981 年就通过了相应的标准协议。

(2) 子网的划分。这是对最基本的编址方法的改进,其标准在 1985 年通过。

(3) 构成超网。这是比较新的无分类编址方法。1993 年提出后很快就得到了推广应用。

最早的 IP 地址的编址与分配是基于类别的。但由于分类的 IP 地址的分配与使用不够灵活,于是提出了划分子网的 IP 地址编址方案。后来又由于 IP 地址的利用率不高以及 IP 地址即将耗尽等原因,又提出了构造超网的变长掩码编址方案,即无类别编址。

分类的 IP 地址是最基本的编址方法,它采用二级地址结构,共 32 位长,分成网络号(net-id)和主机号(host-id)两个字段。网络号用来标识一个网络,主机号用来标识主机在该网络中的唯一编号。

IP 地址分为 A、B、C、D 和 E 共 5 个类别,其中,A、B 和 C 类 IP 地址是单播地址,是最常用的地址。D 类地址用于多播,E 类地址则保留给将来使用。各类地址结构如图 6 - 6 所示。

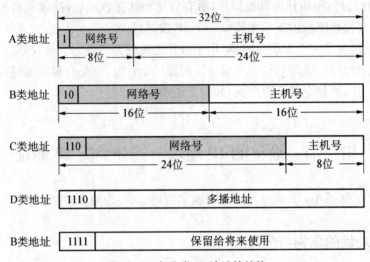

图 6 - 6 各分类 IP 地址的结构

A 类地址的网络号占 1B,最高 1 位为 1,主机号占 3B。

B 类地址的网络号占 2B,最高 2 位为 10,主机号占 2B。

C 类地址的网络号占 3B,最高 3 位为 110,主机号占 1B。

D 类和 E 类地址没有分网络号和主机号,最高位分别为 1110 和 1111。

需要指出,由于近年来已经广泛使用无分类 IP 地址进行路由选择,A 类、B 类和 C 类地址的区分已成为历史,但由于很多文献和资料都还使用传统的分类的 IP 地址,而且从概念的演进上更清晰,因此我们在这里还要从分类的 P 地址讲起。

从 IP 地址的结构来看,IP 地址并不仅仅指明一台主机,而是还指明了主机所连接到的网络。

把 IP 地址划分为 A 类、B 类、C 类三个类别,当初是这样考虑的。各种网络的差异很大,有的网络拥有很多主机,而有的网络上的主机则很少。把 IP 地址划分为 A 类、B 类和 C 类是为了更好地满足不同用户的要求。当某个单位申请到一个 IP 地址时,实际上是获得了具有同样网络号的一块地址。其中具体的各台主机号则由该单位自行分配,只要做到在该单位管辖的范围内无重复的主机号即可。

根据 IP 地址的分类以及点分十进制记法,每类 IP 地址的表示范围如下:

A 类网络的 IP 地址范围为:0.0.0.0~127.255.255.255。

B 类网络的 IP 地址范围为:128.0.0.0~191.255.255.255。

C类网络的 IP 地址范围为:192.0.0.0～223.255.255.255。

D类网络的 IP 地址范围为:224.0.0.0～239.255.255.255。

E类网络的 IP 地址范围为:240.0.0.0～255.255.255.255。

二、特殊的 IP 地址

表 6-2 中所列 IP 地址有特殊用途,不能分配给主机或路由器使用。

表 6-2 有特殊用途的 IP 地址

网络号	主机号	用　途
全0	全0	DHCP 中表示本主机,只作源地址。默认路由中表示"不明确"的网络和主机
全0	host-id	表示本网络中主机号为 host-id 的主机,只作源地址
全1	全1	只在本网络上进行有限广播(路由器不转发)
net-id	全1	向 net-id 标识的网络中的所有主机进行广播,只作目的地址
127	任意值	只用于主机本地软件环回测试,网络中不会出现该地址

因此,A、B 和 C 类 IP 地址中可以指派给主机和路由器使用的地址范围如表 6-3 所示。

表 6-3 IP 地址的指派范围

网络类别	最大可指派的网络数	第一个可指派的网络号	最后一个可指派的网络号	每个网络中的最大主机数
A	$126(2^7-2)$	1	126	$16\ 777\ 214(2^{24}-2)$
B	$16\ 383(2^{14}-1)$	128.1	191.255	$65\ 534(2^{16}-2)$
C	$2\ 097\ 151(2^{21}-1)$	192.0.1	223.255.255	$254(2^8-2)$

表中 A 类地址最大可指派的网络数为 2^7-2,这里减 2 是由于 net-id 不能为全 0,也不能为全 1(127)。B 类和 C 类地址由于类别位不为 0 或全 1,因此,不存在网络号为全 0或全 1 的情况。但 B 类地址减 1 是由于网络号 128.0 保留不指派。C 类地址减 1 的原因也是由于网络号 192.0.0 保留不指派。

同样的道理,由于主机号不能为全 0 或全 1,因此,每个网络中的最大主机数要减 2。

三、私有 IP 地址

ICANN 还在每类 IP 地址中保留了一部分 IP 地址块作为私有地址,也称专用地址,如表 6-4 所示。这些私有地址由于不会出现在 Internet,因此可在专用网络(如局域网)内部自由分配使用,也不需要向 ICANN 申请和登记,只要保证在同一专用网络内部唯一存在即可。显然,全世界可能有许多专用网络重复使用相同的专用 IP 私有地址,但这并不会引起麻烦,因为这些专用地址仅在本机构网络内部使用。正是因为私有 IP 地址的使用,才节省大量的 IP 地址资源,使得 IPv4 协议才可以使用到现在。

表 6 - 4　每类 IP 地址的私有地址

网络类别	地址范围
A	10.0.0.0～10.255.255.255
B	172.16.0.0～172.31.255.255
C	192.168.0.0～192.168.255.255

但是使用私有 IP 地址的主机无法直接访问 Internet,必须通过使用后面介绍的 NAT 技术或其他技术才可以访问 Internet。

最后,169.254.0.0～169.254.255.255 也是保留地址。当主机 IP 地址为自动获取,且网络中没有可用的 DHCP 服务器时,主机就会从 169.254.0.1～169.254.255254 中临时获得一个 IP 地址,这类地址称为自动专用地址 APIPA(Automatic Private IP Address),但使用该 IP 地址的主机无法正常通信。

第四节　改进的 IP 地址——划分子网

一、为何要改进 IP 地址的划分

在 20 世纪 70 年代初期,Internet 刚刚建立的时候,工程师们可能并未意识到计算机网络的发展速度会如此之快,也未意识到今天计算机网络的规模有如此之大。局域网和个人计算机的发明与普及对网络产生了更巨大的冲击。因此从现在的观点来看,当初的分类 IP 地址至少存在以下三个方面的不足。

(一) IP 地址空间的有效利用率低

分类的 IP 地址是按类别分配给某个组织或公司的,而很少考虑它们是否真的需要这么大的地址空间。例如,某公司申请分配到一个 A 类地址,则它将拥有 $2^{24}-2=16\ 777\ 214$ 个 IP 地址,这个数字比几乎所有的组织机构的需求都要大,多出的 IP 地址又无法分配给其他人使用,因此将有许多地址被白白浪费。同样,一个 B 类网络中的 65 534 个地址也比大多数中型组织机构所需要的量大,因此也会有许多地址被浪费掉。

(二) 分类的 IP 地址会使网络性能变坏

如果按类别分配 IP 地址,网络号总数将多达 200 多万。由于路由器中的路由表是按照网络号来路由的,因此这可能使路由器中的路由表项数目超过 200 万,这不仅会增加路由器的成本,还会导致查找路由时耗费更多的时间,同时也会使路由器之间定期交换的路由信息急剧增加,从而导致路由器和整个网络的性能下降。

（三）两级的 IP 地址不够灵活

随着局域网技术的迅速发展，一个组织机构内部经常会组建新的局域网，如一所大学可能按系部构建各系部的局域网（子网），显然，两级的 IP 地址结构无法标识出这些子网。

另外，一个拥有 65 534 个 IP 地址的单位，采用两级结构的 IP 地址也不便于管理这些分布在不同区域和不同部门的上千万台的计算机。

针对以上问题，1985 年起在 IP 地址中又增加了一个"子网号"字段，用于标识不同子网，使两级 IP 地址变成了三级 IP 地址，它能较好地解决上述三个问题。这种做法就是划分子网。

二、如何划分子网

子网划分的实质就是把一个网络划分为若干较小的子网，而每个子网都有自己的子网地址。通过子网划分，就为 IP 地址引入了一个中间级层次。如此一来，就有了三级层次：网络号、子网号和主机号。图 6-7 对 IP 地址的两级层次和三级层次进行了比较。

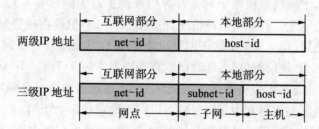

图 6-7　两级层次的 IP 地址和三级层次的 IP 地址

很显然，划分子网只是将 IP 地址的"本地部分"进行了划分，而不改变 IP 地址的"互联网部分"。在子网划分后，整个网络对外部仍然表现为一个网络，对内则分成了多个子网。当采用三级 IP 地址时，IP 数据报的路由选择包含 3 个步骤：首先交付到目的网络号，然后交付到子网，最后交付到主机。

三、子网掩码的使用

划分子网后，一个很现实的问题就是边界路由器如何从一个 IP 地址中识别出子网号。为此提出了子网掩码这个概念，它与 IP 地址一样也是一个 32 位的二进制编码。其编码规则是：将 IP 地址中的网络号和子网号字段全部用 1 表示，而主机号字段全部用 0 表示，所得到的就是子网掩码。

以 B 类 IP 地址为例，表 6-5 列出了 B 类地址所有可能的子网划分方法及其对应的子网掩码等信息。

表 6-5 B 类地址所有可能的子网划分方法

子网号的位数	子网掩码	子网数	每个子网的最大主机数
2	255.255.192.0	2	16 382
3	255.255.244.0	6	8 190
4	255.255.240.0	14	4 094
5	255.255.248.0	30	2 046
6	255.255.252.0	62	1 022
7	255.255.254.0	126	510
8	255.255.255.0	254	254
9	255.255.255.128	510	126
10	255.255.255.192	1 022	62
11	255.255.255.224	2 046	30
12	255.255.255.240	4 094	14
13	255.255.255.248	8 190	6
14	255.255.255.252	16 382	2

在表 6-5 中,子网数是根据子网号计算出来的。若子网号有 n 位,则子网数有 2^n。表中的子网数除去了全 0 和全 1 两种情况,也就是 2^n-2。但现在随着无分类域间路由选择 CIDR 的广泛使用,全 0 和全 1 的子网号也能使用了,因此表中的子网数应该是 2^n。

将子网掩码和 IP 地址按位"与"运算(运算规则为 $1*1=1,1*0=0,0*0=0$),运算结果就是该 IP 地址的网络号和子网号,由于一个 IP 地址的网络号是确定的,于是子网号也随之确定了。边界路由器利用子网号就可以准确地定位一个子网。

子网掩码的概念也适用于没有划分子网的 A 类、B 类和 C 类 IP 地址,只是这时的子网掩码称为默认(或缺省)掩码。A 类、B 类和 C 类的默认掩码分别表示如下:

A 类默认掩码:255.0.0.0

B 类默认掩码:255.255.0.0

C 类默认掩码:255.255.255.0

掩码是一个网络或一个子网的重要属性。路由器在和相邻路由器交换路由信息时,必须把自己所在网络(或子网)的掩码告诉给相邻路由器。

本单位以外的路由器使用默认掩码和目的 IP 地址进行"与"运算可以得到网络地址,从而能准确地定位该组织机构的网络。

例如,判断以下两组 IP 地址是否属于同一个子网。

IP1:156.26.27.71 与 IP2:156.26.27.94

1P3:15626.101.88 与 IP4:156.26.101.132

以上 IP 地址对应的子网掩码均为 255.255.255.224。

由于 IP1、IP2、P3 和 IP4 都是 B 类地址,根据子网掩码为 255.255.255.224,可知这些 IP 地址有划分子网,且子网号字段占 11 位。

将 IP1、IP2、P3 和 IP4 分别与子网掩码进行按位"与"运算,如图 6 - 8 所示,灰色底纹部分就是子网号。IP1 和 IP2 分别与子网掩码做与运算的结果相同,故它们属于同一个子网。IP3 和 IP4 与子网掩码做与运算的结果不相同,故它们不在同一个子网内。

```
IP1                  10011100   00011010   00011010   01000111
子网掩码      ∧      11111111   11111111   11111111   11100000
                     10011100   00011010   00011010   01000000

IP3                  10011100   00011010   00011010   01011110
子网掩码      ∧      11111111   11111111   11111111   11100000
                     10011100   00011010   00011010   01000000

IP3                  10011100   00011010   00011010   01011000
子网掩码      ∧      11111111   11111111   11111111   11100000
                     10011100   00011010   00011010   01000000
```

图 6 - 8　IP 地址与子网掩码的"与"运算

实际上,由于 255 与任意 8 位二进制数做与运算时,其结果就是该 8 位二进制数。因此,该例子可以简化为只要计算每个 IP 地址的最后一个十进制数与 224 的与运算即可。

四、划分子网的示例

一个企业拥有 4 栋办公楼,网络管理员根据需要将 4 个办公楼分成 4 个子网。目前,企业申请到一个 C 类 IP 地址(210.35.207.0)。根据子网划分方案,网络管理员首先要做的是确定子网掩码。

C 类网络的默认子网掩码是:255.255.255.0。

由于要将 C 类网络划分成 4 个子网,因此需要拿出 2 位主机号作子网号,可以得到网络的子网掩码是:255.255.255.192.0。

有了子网掩码以后,第二步要做的就是划分子网。

子网 1:210.35.207.0

子网 2:210.35.207.64

子网 3:210.35.207.128

子网 4:210.35.207.192

由于子网地址和主机号不能使用全 0(全 0 用来做子网的网络号)或全 1(全 1 用来作子网的广播地址),因此各个子网的 IP 数共有 62 个,其地址范围如下:

子网 1 的 IP 地址范围是:210.35.207.1~210.35.207.62

子网 2 的 IP 地址范围是:210.35.207.65~210.35.207.126

子网 3 的 IP 地址范围是:210.35.207.129~210.35.207.190

子网 4 的 IP 地址范围是:210.35.207.193~210.35.207.254

划分子网时,应该考虑两个方面的因素:子网数与每个子网中的主机与路由器数。在对子网划分时,不能简单地追求子网数量,通常是以满足基本要求,并考虑应该留有一定的冗余为原则。

子网划分是有一定规律的,划分 2 个子网时,只要拿出 1 位主机号作子网号;划分 4 个子网时,需要拿出 2 位主机号作子网号;划分 8 个子网,则要拿出 3 位主机号,因此子网数 $=2^n$(n 拿出的是主机位数)。

划分子网的 IP 地址范围也是有规律的。以 C 类地址 210.35.207.0 为例,如果是 2 个子网,则取 $n=256/2=128$,则 2 个子网号分别是:210.35.207.0 和 210.35.207.128;如果是 4 个子网,则取 $n=256/4=64$,则 4 个子网号就是:210.35.207.0、210.35.207.64、210.35.207.128 和 210.35.207.192;以此类推。

第五节　最新的 IP 地址——CIDR 与构成超网

一、CIDR——无类别域间路由

使用子网寻址技术在一定程度上缓解了 Internet 在发展中遇到的困难,然而到了 1992 年,Internet 又面临以下三个新的问题:

(1) B 类地址由于 Internet 的快速发展,很快就要用完了。而一个 C 类地址最多只能提供 254 个可分配的 IP 地址,因而无法满足大中型网络的 IP 需求。

(2) 随着 C 类网络的增加,边界路由器中的路由表项急剧增加,使得路由器性能低下。

(3) IPv4 的地址空间将被耗尽,必须采取措施更有效地分配 IP 地址。2011 年 2 月 3 日,ICANN 宣布 IPv4 地址已经耗尽。

对此,1993 年 IETF 提出了一种 IP 地址分配和路由信息集成的无分类编址策略,并结合在 1987 年推出的变长子网掩码(Variable Length Subnetwork Mask,VLSM)技术,这就是无分类域间路由(Classless Inter-Domain Routing,CIDR)。

CIDR 的基本思想就是将大量的、容量较小的 C 类地址聚合成大小可变的连续地址块,每块就是一个超网。

例如,某单位需要 2 000 个 IP 地址,在不使用 CIDR 时,该单位可以申请一个 B 类地址,但这要浪费 63 534 个 IP 地址;也可以申请 8 个 C 类地址,但这会在边界路由表中出现对应于该单位的 8 个相应的路由表项。

如果使用 CIDR,ISP 可以给该单位分配一个连续的地址空间,该连续的地址空间就是一个 CIDR 地址块,该地址块至少应包含 $2^{11}=2\ 048$ 个 IP 地址,这相当于一个由 8 个连续的 C 类地址组成的超网。

假设该地址块的地址范围是 202.101.8.0~202.101.15.0,将这些地址块都转换成二进制形式,如表 6-6 所示。

表 6-6　CIDR 示例

点分十进制	二进制	备注
202.101.8.0	11001010 01100101 00001000 00000000	最小网络地址
202.101.9.0	11001010 01100101 00001001 00000000	
202.101.10.0	11001010 01100101 00001010 00000000	
202.101.11.0	11001010 01100101 00001011 00000000	⋮
202.101.12.0	11001010 01100101 00001100 00000000	
202.101.13.0	11001010 01100101 00001101 00000000	最大网络地址
202.101.14.0	11001010 01100101 0000110 00000000	
202.101.15.0	11001010 01100101 00001111 00000000	

可以发现,它们的前 21 位是相同的,如果将后面不同的 11 位全部用"0"表示,这 8 个 C 类地址共同的部分就可以表示成 202.101.8.0,可以将这个共同的部分称为网络前缀,数字 21 就是网络前缀长度,这个地址块的完整写法就可以写成 202.101.8.0/21,这种写法称为斜线记法,或 CIDR 记法,斜线之前为网络前缀,斜线之后为前缀长度。

如果将这个网络前缀作为一个路由表项就可以代表这 8 个 C 类地址块组成的超网,这样就大大减少了路由表项,这种方法称为路由聚合。这样网络前缀的作用类似于分类地址中的网络号,按照子网掩码的方法,很容易得出该超网的网络掩码为 255.255.248.0。

从上面的示例分析中,可以看到 CIDR 具有以下特点:

(1) CIDR 消除了传统的 A 类、B 类和 C 类地址以及划分子网的概念。CIDR 可以根据客户的需求分配适当大小的地址块,而不再局限于分类地址中只能按/8、/16 和/24 的分配方法,因而可以更灵活和更有效地分配 IP 地址,在一定程度上缓解了 IP 地址匮乏的紧张局面。

CIDR 使用"网络前缀"而不再使用网络号和子网号的概念。一个 IP 地址的 CIDR 记法可表示为:IP 地址/网络前缀所占的比特数,如 202.101.8.3/21,它表示在 32 位的 IP 地址中,网络前缀占 21 位,剩下的 11 位是主机地址。因此 IP 地址又回到了两级结构:网络前缀+主机号。

(2) CIDR 将网络前缀都相同的连续的 IP 地址空间叫作 CIDR 地址块。CIDR 地址块用斜线记法表示为:地址块的最小网络地址/网络前缀所占的比特数。例如,202.101.8.0/21,它表示地址块的起始地址是 202.101.8.0,共有 $2^{11}=2\,048$ 个 IP 地址,其地址范围为 202.101.8.0~202.101.15.255。在不需要特别强调起始地址时,可以把这样的地址块简称为"/21 地址块"。CIDR 有时还可以写成 11001010011001010001*,星号*之前的是网络前缀,而星号*表示主机号,可以是任意值。

(3) CIDR 虽然不使用子网,但仍然使用"掩码"这一概念,但不叫子网掩码,而称为地址掩码。对于/21 地址块,它的地址掩码是 11111111 11111111 11111000 00000000,即

255.255.248.0。其实/21 也表明地址掩码中有 21 个连续的 1。

(4) CIDR 采用路由聚合的方法将多个 C 类地址复合成一个 CIDR 地址块,并用该地址块的起始地址及地址掩码作为该地址块的路由表项。

同时将块的起始地址即网络前缀作为目标网络地址,并让它和地址掩码一起构成一个集成的路由表项,从而解决了路由表项爆炸的问题。

表 6-7 给出了常用的 CIDR 地址块,表中的 K 表示 2^{10},即 1 024。网络前缀小于 13 或大于 27 的较少使用,故不在表中列出。在"包含的地址数"中没有把全 0 和全 1 的主机号扣除,在实际指派时需要排除这两种地址。

表 6-7 常用的 CIDR 地址块

CIDR 前缀长度	地址掩码	包含的地址数	相当于包含分类的网络数
/13	255.248.0.0	512 K	8 个 B 类或 2 048 个 C 类
/14	255.252.0.0	256 K	4 个 B 类或 1 024 个 C 类
/15	255.254.0.0	128 K	2 个 B 类或 512 个 C 类
/16	255.255.0.0	64 K	1 个 B 类或 256 个 C 类
/17	255.255.128.0	32 K	128 个 C 类
/18	255.255.192.0	16 K	64 个 C 类
/19	255.255.224.0	8 K	32 个 C 类
/20	255.255.240.0	4 K	16 个 C 类
/21	255.255.248.0	2 K	8 个 C 类
/22	255.255.252.0	1 K	4 个 C 类
/23	255.255.254.0	512	2 个 C 类
/24	255.255.255.0	256	1 个 C 类
/25	255.255.255.128	128	1/2 个 C 类
/26	255.255.255.192	64	1/4 个 C 类
/27	255.255.255.224	32	1/8 个 C 类

二、构成超网

由于 C 类地址最多能容纳的主机数只有 254,这对于许多组织机构来说是不够用的。但 A 类地址或 B 类地址显然对许多组织机构来说可能又太多了,而且 A 类和 B 类地址几乎也全部用尽。一个解决的办法就是把多个 C 类地址块合并成为一个大型网络,这就是构成超网。

所有能构成超网的 C 类地址必须满足以下条件:

(1) 地址块数必须是 2 的整数次方,表 6-7 的前 11 行说明了这一点。

(2) 这些地址块在地址空间中必须是连续的。

(3) 第一个地址块的第三个字节必须能被块数整除。

例如,198.47.32.0/24,198.47.33.0/24,198.47.34.0/24 三个地址块不能构成一个超网;198.47.32.024,198.47.35.0/24 两个地址块也不能构成一个超网(因为地址空间不连续);198.47.31.0/24 和 198.47.32.0/24 两个地址块也不能构成一个超网(因为 31 不能被 2 整除)。

超网也有掩码,这种掩码称为超网掩码。超网掩码与子网掩码刚好相反,超网掩码中"1"的个数比该类地址的默认掩码的"1"的个数少。也就是说,超网将网络前缀缩短了,将原属于网络号的一部分借来用作主机号了,而划分子网使网络前缀变长了,因为它将主机号中的一部分借来做子网号了。

三、最长前缀匹配

采用 CIDR 记法后,IP 地址由网络前缀和主机号两个部分组成,短的网络前缀地址块可能包含长的网络前缀地址块。因此,路由器在查找路由表时就可能会出现多个匹配的目的网络地址。这时就要求路由器必须找出一个最佳的匹配。

最佳的匹配就是选择具有最长网络前缀的目的网络地址,这种做法就称为最长前缀匹配,因为网络前缀越长,其地址块就越小,因而路由就越具体。最长前缀匹配又称为最长匹配,或者最佳匹配。

例如,某路由器的路由表有如表 6-8 所示的三个项目,现收到一个目的 IP 地址为 202.101.71.188 的 IP 数据报。

表 6-8　最长匹配路由表示例

网络前缀	地址掩码	下一跳路由器
202.101.68.0	255.255.240.0	R1
202.101.70.0	255.255.255.0	R2
202.101.71.128	255.255.255.128	R3

路由器将目的 IP 地址 202.101.71.188 分别与路由表的三个网络前缀所对应的地址掩码逐位进行与运算。由于任意数和 255 的与运算都等于该数,因此,只需要计算最后两个字节即可,计算过程如图 6-9 所示,图中灰色底纹部分是网络前缀的后面一部分。

```
   71.188和240.0相与          71.188和255.0相与          71.188和255.128相与
   0100011110111100          0100011010111100          0100011110111100
∧  1111110000000000       ∧  1111111100000000       ∧  1111111110000000
   0100010000000000          0100011000000000          0100011110000000
      68  .  0                  70  .  0                  71  . 128
```

图 6-9　目的 IP 地址与各网络前缀逐位与运算

可见,与运算的结果均与该行的目的网络地址相同,即都匹配。但最后一个匹配的位数最多,即最长匹配。因此,路由器应该将该 IP 数据报转发给 R3 路由器。

第六节 IP地址与MAC地址

一、IP地址与MAC地址

在数据链路层对帧进行封装时，帧的头部是由源MAC地址和目的MAC地址等信息组成的。帧的数据部分就是网络层传下来的IP数据报，在IP数据报的头部就包含源节点和目的节点的IP地址，因此，可以得出以下结论。

MAC地址是数据链路层和物理层使用的地址，是物理地址，或称硬件地址。而IP地址是网络层和以上各层使用的地址，由于IP地址是用软件实现的，因此是逻辑地址。图6-10说明了这两种地址的区别。

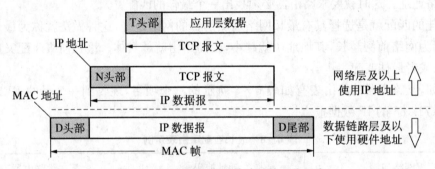

图6-10 IP地址与硬件地址的工作层次

发送数据时，数据从应用层往下逐层传到物理层，最后在传输媒体上传输。使用IP地址的IP数据报一旦交给了数据链路层，就被当作数据被封装到MAC帧中。在MAC帧的头部包含源节点和目的节点的MAC地址。MAC帧在物理层被转换成无结构的二进制流，最后以电磁或光信号的形式在传输媒体上传输。

连接在通信链路上的设备（主机或路由器）在收到从传输媒体传过来的电磁或光信号时，网络适配器就将这些信号转换成二进制流并提交给物理层，物理层将根据MAC帧的头部和尾部的定界功能提取出完整的MAC帧，数据链路层则根据MAC帧头部中的目的MAC地址来决定收下或舍弃该帧。数据链路层只对帧进行管理，因此看不见封装在MAC帧中的IP地址。只有剥除掉MAC帧的头部和尾部后，将剩下的IP数据报提交给网络层，网络层才能在IP数据报的头部中找到源IP地址和目的IP地址。

图6-11示例了三个局域网通过两个路由器R1和R2互连起来。现在主机PC1要和主机PC2通信。这两个主机的IP地址分别是IP1和IP2，它们的MAC地址分别是M1和M2，通信路径是：

PC1→经过R1转发→再经过R2转发→PC2

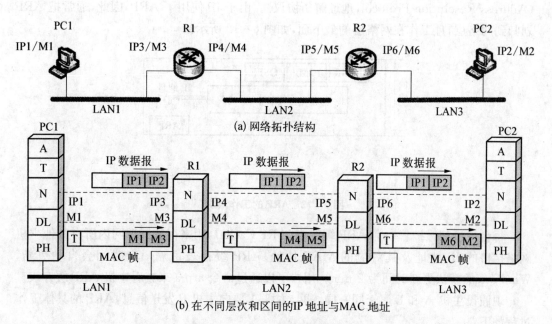

(b) 在不同层次和区间的IP地址与MAC地址

图6-11 IP地址与硬件地址

路由器 R1 的两个网络接口同时连接到 LAN1 和 LAN2 两个局域网上,这两个网络接口的 IP/MAC 地址分别是 IP3/M3 和 IP4/M4。同理,路由器 R2 的两个网络接口 IP/MAC 地址分别为 IP5/M5 和 IP6/M6。

从图 6-11 中可以看到:

(1) 在对等网络层的虚通信的两端均只能看到 IP 数据报。虽然 IP 数据报要经过路由器 R1 和 R2 的两次转发,但 IP 数据报头部中的源地址和目的地址始终分别是 IP1 和 1P2。图中的数据报上写的从 IP1 到 IP2 就表示前者是源地址而后者是目的地址。数据报中间经过的两个路由器的 IP 地址并没有出现在 IP 数据报的头部中。

(2) 在局域网的数据链路层间的虚通信两端只能看见 MAC 帧。IP 数据报被封装在 MAC 帧中。MAC 帧在不同网络上传送时,帧都要进行重新封装,MAC 帧头部中的源 MAC 地址和目的 MAC 地址都要被替换成新的 MAC 地址。

(3) 无论两个节点之间的局域网是何种网络,使用何种 MAC 地址体系,基于 IP 的网络层看到的都是统一格式的 IP 分组,它屏蔽了下层的这些复杂的细节,从而实现了异构网络的互联。

二、地址解析协议 ARP

网络层及以上采用 IP 地址实现对等层之间的虚通信,而数据链路层则使用 MAC 地址。因此,当 IP 分组向下传给数据链路层时,发送节点必须要知道目的 IP 地址所标识的网络接口的 MAC 地址,以便使用该 MAC 地址来封装 IP 分组。

获取目的 MAC 地址的这一过程称为地址解析,实现这一功能的协议为 ARP

（Address Resolution Protocol，地址解析协议）。由于 IP 使用了 ARP，因此，通常把 ARP 划归到网络层，且工作在网络层的最下面，如图 6‑12 所示。

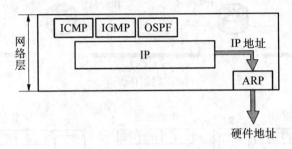

图 6‑12   ARP 的工作层次

每台主机都维护着一个 ARP 缓存表（ARP Cache），用来存放局域网内所有其他主机网络接口的 IP 地址及其对应的 MAC 地址，ARP 缓存表每隔一定时间会自动更新，Windows 的默认更新时间为 2 min。用户可以通过命令 arp-a 来查看本机 ARP 缓存表。

现假设主机 A 和 B 属于同一局域网，主机 A 要向主机 B 发送信息，ARP 的具体工作过程如下：

（1）主机 A 首先查看自己的 ARP 缓存表中是否存在主机 B 对应的 ARP 表项。如果有，则主机 A 直接利用 ARP 缓存表项中主机 B 的 MAC 地址对 IP 分组进行帧封装。

（2）如果主机 A 的 ARP 缓存表中没有关于主机 B 的 ARP 表项，则缓存该 IP 数据包，然后以广播方式发送一个 ARP 请求报文。ARP 请求报文中的目的 IP 地址和目的 MAC 地址分别为主机 B 的 IP 地址和全 1 的 MAC 广播地址，如图 6‑13 所示为 Wireshark 捕获的两个 ARP 数据包，第一行是 IP 地址为 192.168.1.102 的主机向全网广播请求寻找 IP 地址为 192.168.1.1 的主机。注意，目的地址 Destination 为 Broadcast，其值为 48 位 1，表示广播。

（3）局域网内的所有主机都能收到该广播包，但只有主机 B 会对该请求做出响应。主机 B 首先将主机 A 的 IP 地址和 MAC 地址更新到自己的 ARP 缓存表中，然后以单播方式发送包含自己 MAC 地址的 ARP 响应报文给主机 A。如图 6‑13 所示的第二行是对第一行 ARP 请求的单播响应，该响应告知了主机 B 的 MAC 地址为 bc:46:99:a8:21:64。注意，这里的目的地址为 IntelCor_cb:90:99，其中，IntelCor_ 为 Intel 公司的 24 位组织标识符。

Source	Destination	Protocol	Length	Info
IntelCor_cb:90:99	Broadcast	ARP	42	who has 192.168.1.1? Tell 192.168.1.102
Tp-LinkT_a8:21:64	IntelCor_cb:90:99	ARP	42	192.168.1.1 is at bc:46:99:a8:21:64

图 6‑13   ARP 的工作过程

（4）主机 A 收到该 ARP 响应报文后，将主机 B 的 IP 地址和 MAC 地址更新到自己的 ARP 缓存表中，同时将前面缓存的 IP 分组封装成帧，然后发送出去。

如果主机 A 和主机 B 不在同一局域网，如图 6‑11 所示的 PC1 和 PC2，则需要用到

ARP 代理,也就是本局域网内的路由器会代理主机 B 来响应主机 A 的 ARP 请求。如图 6-11 所示的在不同局域网内的 MAC 帧的目的 MAC 地址就说明了这一点。这也说明了从 PC1 到 PC2 的数据链路层帧在经路由器转发的途中为什么会用新的 MAC 地址进行重新封装的原因。

这里要强调的是 ARP 是解决同一个局域网内的主机或路由器 IP 地址到 MAC 地址的解析问题。

ARP 的工作可以总结为以下 4 种情形:

(1) 发送方是主机,要把 IP 分组发送给本局域网内的另一台主机。这时用 ARP 找到目的主机的 MAC 地址。

(2) 发送方是主机,要把 IP 分组发送给另一个网络中的某台主机。这时用 ARP 找到本网络上的一台路由器的 MAC 地址。剩下的工作由该路由器来完成。

(3) 发送方是路由器,要把 IP 分组转发到本网络上的一台主机。这时用 ARP 找到目的主机的 MAC 地址。

(4) 发送方是路由器,要把 IP 分组转发到另一个网络上的一台主机。这时用 ARP 找到本网络上另一台路由器的 MAC 地址。剩下的工作由该路由器来完成。

当两台主机不在同一局域网内时,就要在上述 4 种情形中反复调用 ARP,直到帧送达到目的主机。

最后要说明的是为何要使用 IP 地址,而不直接使用硬件地址进行通信。

这是由于当前网络类型很多,不同的网络使用不同的硬件地址体系。若要直接使用硬件地址使这些异构网络互相通信,就必须进行非常复杂的硬件地址转换工作,而这几乎是不可能的。

也正是因为这些异构网络相互不兼容,导致它们之间很难实现互联,因此才有后面的 TCP/IP 和 OSI/RM 网络互连模型。基于 TCP/IP 的互联网中的节点都采用统一的 IP 地址,这样它们之间的通信就像连接在同一个网络上那样简单方便,它屏蔽了下面复杂的异构网络的硬件地址体系。

第七节　路由选择协议

一、分组转发机制

(一) 分组交付的基本概念

1. 默认路由器的概念

分组交付是指在 Internet 中主机、路由器转发 IP 分组的过程。多数主机先接入一个局域网,局域网再通过一台路由器再接入 Internet。这种情况下,这台路由器就是局域网主机的默认路由器(Default Router),又称为第一跳路由器(First-hop Router)。每当这台主机发送一个 IP 分组时,它首先将该分组发送到默认路由器。因此,发送主机的默认路由器称为源路由器,与目的主机连接的路由器称为目的路由器。早期的文献中通常将默认路由器称为默认网关。

2.直接交付和间接交付的概念

分组交付可以分为两类:直接交付和间接交付。路由器需要根据分组的目的地址与源地址是否属于同一个网络,判断是直接交付还是间接交付。图 6-14 给出了分组交付的过程示意图。

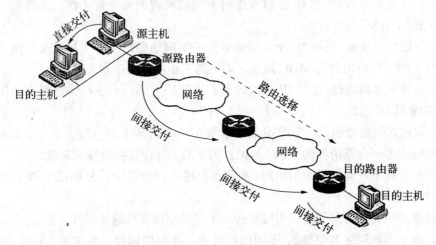

图 6-14　分组交付的过程示意图

(1) 当分组的源主机和目的主机在同一个网络,或是当目的路由器向目的主机传送时,分组将直接交付。

(2) 如果目的主机与源主机不在同一网络,分组就要间接交付。间接交付就是将分组转发给下一跳路由器。

(二) 基于路由表的下一跳转发机制

从上图可以看出,IP 数据报转发机制是基于路由表的下一跳转发,整个传送过程是逐跳进行的,每个节点只负责转发到下一跳。因此,最基本的 IP 路由表应包括以下内容:

<目的网络地址,下一跳 IP 地址>

其中,目的网络地址是将目的 IP 地址中的主机号字段全部置 0 后的地址;下一跳地址是指到目的网络路径上的下一个路由器靠近源节点这一侧的网络接口 IP 地址。

IP 协议使用数据报的目的网络地址作为索引去搜索路由表,由匹配的路由表项得到下一跳 IP 地址,然后将 IP 数据报从对应的网络接口转发出去。

实际的路由表,除了上述的基本信息外,还包括一些其他信息,例如:

(1) 网络接口(Interface),它指明从哪个接口将数据报转发出去。

(2) 跳数(Hop Count)表示到达目的网络的途中经过的路由器个数加 1,直接交付的跳数规定为 1。

二、路由算法与路由选择协议

（一）路由算法

路由表的生成是由路由选择算法(Routing Algorithm)决定的。为一个分组选择从源主机传送到目的主机的路由问题,可以归结为从源路由器到目的路由器的路由选择问题。现实中也有这样的实例,如开车的时候使用高德地图或百度地图搜索到某个目的地如何走。

路由选择的核心是路由选择算法,路由选择算法是生成路由表的依据。一个理想的路由选择应具有以下特点:

(1)算法必须是正确、稳定和公平的。

沿着路由表所指引的路径,分组能够从源主机到达目的主机。在网络通信量和网络拓扑相对稳定的情况下,路由选择算法应收敛于一个可以接受的解。算法对所有用户是平等的。网络系统一旦投入运行,要求算法能够长时间、连续和稳定地运行。

(2)算法应该尽量简单。

路由选择算法的计算必然要耗费路由器的计算资源,影响分组转发的延时。设计路由器的路由选择算法时,必然要在路由效果与路由计算代价两种之间做出选择。算法简单、有效才有实用价值。

(3)算法必须能够适应网络拓扑和通信量的变化。

实际网络的拓扑与通信量每时每刻都在变化。当路由器或通信线路发生故障时,算法应能及时地改变路由,绕过故障的路由器或链路。当网络的通信量发生变化时,算法应能自动改变路由,以均衡链路的负载。

(4)算法应该是最佳的。

算法的"最佳"是指以低的开销(Overhead)转发分组。衡量开销的因素可以是链路长度、数据速率、链路容量、安全、传播延时与费用等。正是因为需要考虑很多因素,因此不存在一种绝对的最佳路由算法。"最佳"是指算法根据某种特定条件和要求,给出较为合理的路由。因此,"最佳"是相对的。

（二）路由算法的主要参数

在讨论路由选择算法时,将会涉及以下 6 个主要参数。

(1)跳数(Hop Count)。跳数是指一个分组从源主机到达目的主机的路径上,转发分组的路由器数量。一般来说,跳数越少的路径越好,距离越短。

(2)带宽(Bandwidth)。带宽指链路的传输速率。

(3)延时(Delay)。延时是指一个分组从源主机到达目的主机花费的时间。

(4)负载(Load)。负载是指通过路由器或线路的单位时间通信量。

(5)可靠性(Reliability)。可靠性是指传输过程中的分组丢失率。

(6)开销(Overhead)。开销通常是指传输过程中的耗费,这种耗费通常与所使用的链路长度、数据速率、链路容量、安全、传播延时与费用等因素相关。

路由选择是个非常复杂的问题,它涉及网络中的所有主机、路由器、通信线路。同时,网络拓扑与网络通信量随时在变化,这种变化事先无法知道。当网络发生拥塞时,路由选择算法应具有一定的缓解能力。由于路由选择算法与拥塞控制算法直接相关,因此只能寻找出相对合理的路由。

（三）路由算法的分类

在 Internet 中,路由器是采用表驱动的路由选择算法。路由表是根据路由选择算法产生的。路由表存储可能的目的地址与如何到达目的地址的信息。路由器在传送 IP 分组时必须查询路由表,以决定将分组通过哪个端口转发出去。具体见图 6-15。

路由器2路由表

掩码	目的地址	下一跳地址	转发端口
255.255.255.0	202.1.1.0	202.1.5.1	S1
255.255.255.0	202.1.2.0	202.1.5.1	S1
255.255.255.0	202.1.3.0	—	E0
255.255.255.0	202.1.4.0	—	E1
0.0.0.0	0.0.0.0	202.1.4.1	E1

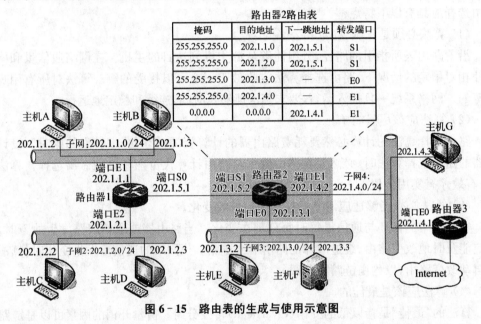

图 6-15　路由表的生成与使用示意图

从路由选择算法对网络拓扑和通信量变化的自适应能力的角度划分,可以分为静态路由选择算法与动态路由选择算法两大类。路由表可以是静态的,也可以是动态的。

（1）静态路由表。

静态路由表的特征主要有以下两点:

① 静态路由选择算法也称为"非自适应路由选择算法",其特点是简单和开销较小,但不能及时适应网络状态的变化。

② 静态路由表是由人工方式建立的,网管人员将每个目的地址的路径输入路由表中。网络结构发生变化时,路由表无法自动更新。静态路由表的更新工作必须由管理员手工完成。因此,静态路由表一般只用在小型的、结构不会经常改变的网络系统中,或者是故障查找的试验网络中。

（2）动态路由表。

动态路由表的特征主要有以下两点:

① 动态路由选择算法也称为"自适应路由选择算法",其特点是能较好地适应网络状态的变化,但实现起来较为复杂,开销也比较大。

② 大型互联网络通常采用动态路由表。在网络系统运行时，系统将自动根据路由选择协议建立路由表。当 Internet 结构变化时，如当某个路由器出现故障或某条链路中断时，动态路由选择协议就会自动更新所有路由器中的路由表。不同规模的网络需要选择不同的动态路由选择协议。

（四）路由选择协议

1. 解决 Internet 路由选择的基本思路

在讨论了路由选择算法基本概念的基础上，需要进一步研究实际网络环境中路由器路由表的建立、更新问题。而讨论路由表的建立、更新方法时，首先需要认识两个基本的问题：

（1）在结构如此复杂的 Internet 环境中，试图建立一个能适用于整个 Internet 环境的全局性的路由选择算法是不切实际的。在路由选择问题上也必须采用分层的思路，以"化整为零""分而治之"的办法来解决这个很复杂的问题。

（2）路由选择算法（Routing Algorithm）与路由选择协议（Routing Protocol）是有区别的。设计路由选择算法的目标是生成路由表，为路由器转发 IP 分组找出适当的下一跳路由器；设计路由选择协议的目标是实现路由表中路由信息的动态更新。

为了解决 Internet 中复杂的路由表生成与路由信息的动态更新问题，人们提出了自治系统的概念。

2. 自治系统的基本概念

研究人员提出分层路由选择的概念，并将整个 Internet 划分为很多较小的自治系统（Autonomous System，AS）。引进自治系统的概念可以使大型 Internet 的运行变得更有序。

理解自治系统的概念，需要注意以下三个问题：

（1）自治系统的核心是路由选择的"自治"。由于一个自治系统中的所有网络都属于一个行政单位，如一所大学、一个公司、政府的一个部门，因此它有权自主地决定一个自治系统内部所采用的路由选择协议。

（2）一个自治系统内部路由器之间能够使用动态的路由选择协议，及时地交换路由信息，精确地反映自治系统网络拓扑的当前状态。

（3）自治系统内部的路由选择称为域内路由选择；自治系统之间的路由选择称为域间路由选择。对应于自治系统的结构，路由选择协议也分为两大类：内部网关协议（Interior Gateway Protocol，IGP）、外部网关协议（External Gateway Protocol，EGP）。

3. Internet 路由选择协议的分类

（1）内部网关协议。

内部网关协议是在一个自治系统内部使用的路由选择协议，这与 Internet 中的其他自治系统选用什么路由选择协议无关。目前内部网关协议主要有路由信息协议（Routing Information Protocol，RIP）和开放最短路径优先协议（Open Shortest Path First，OSPF）。

（2）外部网关协议。

每个自治系统的内部路由器之间通过内部网关协议 IGP 交换路由信息，连接不同自治系统的路由器之间使用外部网关协议 EGP 交换路由信息。目前应用最多的外部网关协议是 BGP-4。图 6-16 给出了自治系统与 IGP、EGP 之间的关系示意图。

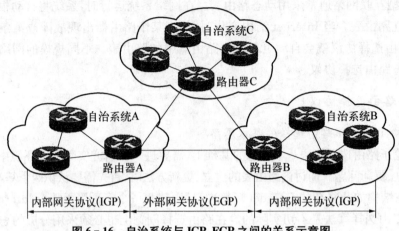

图 6 - 16   自治系统与 IGP、EGP 之间的关系示意图

三、内部网关协议 RIP

（一）工作原理

RIP 是内部网关协议 IGP 中最先得到广泛使用的协议，它的中文名称叫作路由信息协议，但很少被使用。RIP 是一种分布式的基于距离向量的路由选择协议，是互联网的标准协议，其最大优点就是简单。

RIP 协议要求网络中的每一个路由器都要维护从它自己到其他每一个目的网络的距离记录（因此，这是一组距离，即"距离向量"）。RIP 协议将"距离"定义如下：

从一路由器到直接连接的网络的距离定义为 1。从一路由器到非直接连接的网络的距离定义为所经过的路由器数加 1。"加 1"是因为到达目的网络后就进行直接交付，而到直接连接的网络的距离已经定义为 1。

RIP 协议的"距离"也称为"跳数"（hop count），因为每经过一个路由器，跳数就加 1。RIP 认为好的路由就是它通过的路由器的数目少，即"距离短"。RIP 允许一条路径最多只能包含 15 个路由器。因此"距离"等于 16 时即相当于不可达。可见 RIP 只适用于小型互联网。

RIP 不能在两个网络之间同时使用多条路由。RIP 选择一条具有最少路由器的路由（即最短路由），哪怕还存在另一条高速但路由器较多的路由。

RIP 协议和 OSPF 协议都是分布式路由选择协议。其共同特点就是每一个路由器都要不断地和其他一些路由器交换路由信息。因此必须弄清以下三个要点，即和哪些路由器交换信息？交换什么信息？在什么时候交换信息？

RIP 协议的特点是：

（1）仅和相邻路由器交换信息。如果两个路由器之间的通信不需要经过另一个路由器，那么这两个路由器就是相邻的。RIP 协议规定，不相邻的路由器不交换信息。

（2）路由器交换的信息是当前本路由器所知道的全部信息，即自己现在的路由表。

也是说,交换的信息是:"到本自治系统中所有网络的最短距离,以及到每个网络应经过的下一跳路由器"。

(3) 按固定的时间间隔交换路由信息,如每隔 30 秒。然后路由器根据收到的路由信息更新路由表。当网络拓扑发生变化时,路由器也及时向相邻路由器通告拓扑变化后的路由信息。

这里要强调一点:路由器在刚刚开始加电工作时,它的路由表是空的。然后路由器就得出到直接相连的几个网络的距离(这些距离定义为 1)。接着,每一个路由器也只和数目非常有限的相邻路由器交换并更新路由信息。但经过若干次的更新后,所有的路由器最终都会知道到达本自治系统中任何一个网络的最短距离和下一跳路由器的地址。这个过程就是"收敛"。"收敛"就是在自治系统中所有的节点都得到正确的路由选择信息的过程。

路由表中最主要的信息就是:到某个网络的距离(即最短距离),以及应经过的下一跳路由器的地址。路由表更新的原则是找出到每个目的网络的最短距离。这种更新算法又称为距离向量算法。

(二) 距离向量算法

对每一个相邻路由器发送过来的 RIP 报文,进行以下步骤:

(1) 对地址为 X 的相邻路由器发来的 RIP 报文,先修改此报文中的所有项目:把"下一跳"字段中的地址都改为 X,并把所有的"距离"字段的值加 1(见后面的解释 1)。每一个项目都有三个关键数据,即:到目的网络 N,距离是 d,下一跳路由器地址是 X。

(2) 对修改后的 RIP 报文中的每一个项目,进行以下步骤:

If(原来的路由表中没有目的网络 N)

    then(把该项目添加到路由表中) //(见解释 2)

If(在路由表中有目的网络 N)and(下一跳路由器地址是 X)

    then(把收到的项目替换原路由表中的项目) //(见解释 3)

If(在路由表中有目的网络 N)and(下一跳路由器地址不是 X)and(收到的项目中的距离 d 小于路由表中的距离)

    then(把收到的项目替换原路由表中的项目) //(见解释 4)

If(在路由表中有目的网络 N)and(下一跳路由器地址不是 X)and(收到的项目中的距离大于等于路由表中的距离)

    then(不更新) //(见解释 5)

(3) 若 3 分钟还没有收到相邻路由器的更新路由表,则把此相邻路由器记为不可达的路由器,即把距离置为 16(距离为 16 表示不可达)。

(4) 返回。

下面是对上述距离向量算法的五点解释。

解释 1:这样做是为了便于进行本路由表的更新。假设从位于地址 X 的相邻路由器发来的 RIP 报文的某一个项目是:"Net2,3,Y",意思是"我经过路由器 Y 到网络 Ne2 的距离是 3",那么本路由器就可推断出:"我经过 X 到网络 Net2 的距离应为 3+1=4"。

于是,本路由器就把收到的 RIP 报文的这一个项目修改为"Net2,4,x",在下一步和路由表中原有项目进行比较时使用(只有比较后才能知道是否需要更新)。可以注意到,收到的项目中的 Y 对本路由器是没有用的,因为 Y 不是本路由器的下一跳路由器地址。

解释 2:表明这是新的目的网络,应当加入路由表中。例如,本路由表中没有到目的网络 Net2 的路由,那么在路由表中就要加入新的项目"Net2,4,X"。

解释 3:为什么要替换呢? 因为这是最新的消息,要以最新的消息为准。到目的网络的距离有可能增大或减小,但也可能没有改变。例如,不管原来路由表中的项目是"Net2,3,X"还是"Net2,5,x",都要更新为现在的"Net2,4,x"。

解释 4:例如,若路由表中已有项目"Net2,5,P",就要更新为"Net2,4,x"。因为到网络 Net2 经过 P 的距离原来是 5,现在经过 x 距离变为 4,更短了。

解释 5:距离更大了,显然不应更新。若距离不变,更新后得不到好处,因此也不更新。

下面根据距离向量算法来计算路由器 R1 更新后的路由表。假设 R1 原有如下路由表,见表 6 - 9(a)。

表 6 - 9(a)

目的网络	距 离	下一跳路由器
Net1	6	R5
Net2	4	R3
Net3	1	直接交付
Net4	2	R2
Net5	4	R4

现在,路由器 R1 收到相邻路由器 R2 发过来的路由更新信息,也就是 R2 的路由表如表 6 - 9(b)所示。

表 6 - 9(b)

目的网络	距 离	下一跳路由器
Net0	2	R3
Net1	1	直接交付
Net2	4	R4
Net3	3	R3
Net4	4	R5
Net5	3	R6

R1 路由器收到 R2 路由器发过来的信息后,根据距离向量算法,首先把表 6 - 9(b)中的所有距离加 1,并且把下一条路由器都改为 R2,见表 6 - 9(c)。

表 6 - 9(c)

目的网络	距　离	下一跳路由器
Net0	3	R2
Net1	2	R2
Net2	5	R2
Net3	4	R2
Net4	5	R2
Net5	4	R2

R1 路由器再将上表里的每一行与自己的路由表进行逐行比较。

第一行到目的网络 Net0 在原表中没有,因此要把这一行添加到表中。

第二行到目的网络 Net1 的距离为 2 且下一条路由器不同,则比较距离后,需要更新(因为到目的网络 Net1,走新的路由器 R2 距离更短)。

第三行到目的网络 Net2 的距离为 5 且下一条路由器不同,则比较距离后,不需要更新(因为到目的网络 Net2,走原来的路径更短)。

第四行到目的网络 Net3 的距离为 4 且下一条路由器不同,则比较距离后,不需要更新(因为到目的网络 Net3,走原来的路径更短)。

第五行到目的网络 Net4 的距离为 5 且下一条路由器也是 R2,则不用比较距离,但是需要更新(因为到目的网络 Net4 的距离发生了改变)。

第六行到目的网络 Net5 的距离为 4 且下一条路由器不同,则比较距离后,不需要更新(因为到目的网络 Net5 的两条路径距离相同,则无须改变)。

通过距离向量算法,得到路由器 R1 更新后的路由表,如表 6 - 9(d)所示。

表 6 - 9(d)

目的网络	距　离	下一跳路由器
Net0	3	R2
Net1	2	R2
Net2	4	R3
Net3	1	直接交付
Net4	5	R2
Net5	4	R4

RIP 协议让一个自治系统中的所有路由器都和自己的相邻路由器定期交换路由信息,并不断更新其路由表,使得从每一个路由器到每一个目的网络的路由都是最短的(即跳数最少)。这里还应注意:虽然所有的路由器最终都拥有了整个自治系统的全局路由信息,但由于每一个路由器的位置不同,它们的路由表当然也应当是不同的。

（三）RIP 协议的优缺点

RIP 协议存在的一个问题是当网络出现故障时，要经过比较长的时间才能将此信息传送到所有路由器。但如果一个路由器发现了更短的路由，那么这种更新的信息就传播得很快。RIP 协议的这一个特点叫作"好消息传播的快，而坏消息传播的慢"。网络出现故障的传播时间往往需要较长的时间（如数分钟）。这是 RIP 协议的一个主要缺点。

总之，RIP 协议最大的优点就是实现简单，开销较小。但 RIP 协议的缺点也较多。首先，RIP 限制了网络的规模，它能使用的最大距离为 15（16 表示不可达）。其次，路由器之间交换的路由信息是路由器中的完整路由表，因而随着网络规模的扩大，开销也就增加。最后，"坏消息传播得慢"，使更新过程的收敛时间过长。因此，对于规模较大的网络就应当使用下述 OSPF 协议。然而目前在规模较小的网络中，使用 RIP 协议的仍占多数。

四、内部网关协议 OSPF

（一）工作原理

OSPF 协议的名字是开放最短路径优先 OSPF（Open Shortest Path First）。它是为克服 RIP 的缺点在 1989 年开发出来的。OSPF 的原理很简单，但实现起来却较复杂。"开放"表明 OSPF 协议不是受某一家厂商控制，而是公开发表的。"最短路径优先"是因为使用了 Dijkstra 提出的最短路径算法 SF。

注意：OSPF 只是一个协议的名字，它并不表示其他的路由选择协议不是"最短路径优先"。实际上，所有的在自治系统内部使用的路由选择协议（包括 RIP 协议）都是要寻找一条最短的路径，只是实现的方法不同而已。

OSPF 最主要的特征就是使用分布式的链路状态协议（Link State Protocol），而不是像 RIP 那样的距离向量协议。OSPF 的三个特点和 RIP 的都不一样：

（1）向本自治系统中所有路由器发送信息。这里使用的方法是洪泛法（Flooding），这就是路由器通过所有输出端口向所有相邻的路由器发送信息。而每一个相邻路由器又再将此信息发往其所有的相邻路由器（但不再发送给刚刚发来信息的那个路由器）。这样，最终整个区域中所有的路由器都得到了这个信息的一个副本。更具体的做法后面还要讨论。而 RIP 协议是仅仅向自己相邻的几个路由器发送信息。

（2）发送的信息就是与本路由器相邻的所有路由器的链路状态，但这只是路由器所知道的部分信息。所谓"链路状态"就是说明本路由器都和哪些路由器相邻，以及该链路的"度量"（Metric）。OSPF 将这个"度量"用来表示费用、距离、时延、带宽等网络性能参数。具体哪些参数由网络管理人员来决定，因此较为灵活。而 RIP 协议，发送的信息是："到所有网络的距离和下一跳路由器"。

（3）只有当链路状态发生变化时，路由器才向所有路由器用洪泛法发送信息。而不像 RIP 那样，不管网络拓扑有无发生变化，路由器之间都要定期交换路由表的信息。

从上述的三个方面可以看出，OSPF 和 RIP 的工作原理相差较大。

由于各路由器之间频繁地交换链路状态信息，因此所有的路由器最终都能建立一个链路状态数据库(Link-state Database)，这个数据库实际上就是全网的拓扑结构图。这个拓扑结构图在全网范围内的路由器上是一致的(这称为链路状态数据库的同步)。因此，每一个路由器都知道全网共有多少个路由器，以及哪些路由器是相连的，其"度量"是多少，等等。每一个路由器使用链路状态数据库中的数据，采用相关算法进行计算(如使用 Dijkstra 的最短路径路由算法)，最终构造出自己的路由表。而 RIP 协议的每一个路由器虽然知道到所有的网络的距离以及下一跳路由器，但却不知道全网的拓扑结构(只有到了下一跳路由器，才能知道再下一跳应当怎样走)。

(二) OSPF 协议区域的划分

为了使 OSPF 能够用于规模很大的网络，OSPF 将一个自治系统再划分为若干个更小的范围，叫作区域(Area)。图 6-17 就表示一个自治系统划分为四个区域。每一个区域都有一个 32 位的区域标识符(用点分十进制表示)。当然，一个区域也不能太大，在一个区域内的路由器最好不超过 200 个。

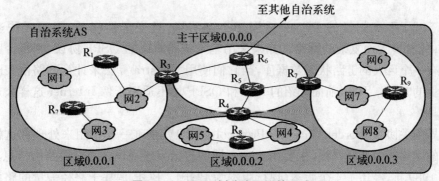

图 6-17 OSPF 划分为不同的区域

划分区域的好处就是把利用洪泛法交换链路状态信息的范围局限于每一个区域而不是整个的自治系统，这就减少了整个网络上的通信量。在一个区域内部的路由器只知道本区域的完整网络拓扑，而不知道其他区域的网络拓扑的情况。为了使每一个区域能够和本区域以外的区域进行通信，OSPF 使用层次结构的区域划分。在上层的区域叫作主干区域(Backbone Area)。主干区域的标识符规定为 0.0.0.0。主干区域的作用是用来连通其他在下层的区域。从其他区域来的信息都由区域边界路由器(Area Border Router)进行概括。在图 6-17 中，路由器 R_3、R_4 和 R_7 都是区域边界路由器。

采用分层次划分区域的方法虽然使交换信息的种类增多了，同时也使 OSPF 协议更加复杂了。但这样做却能使每一个区域内部交换路由信息的通信量大大减小，因而使 OSPF 协议能够用于规模很大的自治系统中。这里，可以再一次地看到划分层次在网络设计中的重要性。

（三）OSPF 协议的优缺点

OSPF 的链路状态数据库能较快地进行更新，使各个路由器能及时更新其路由表。OSPF 的更新过程收敛得较快是其优点。

在网络运行的过程中，只要一个路由器的链路状态发生变化，该路由器就要使用链路状态更新分组，用洪泛法向全网更新链路状态。OSPF 使用的是可靠的洪泛法，在收到更新分组后要发送确认（收到重复的更新分组只需要发送一次确认）。

为了确保链路状态数据库与全网的状态保持一致，OSPF 还规定每隔一段时间，如 30 分钟，要刷新一次数据库中的链路状态。

由于一个路由器的链路状态只涉及与相邻路由器的连通状态，因而与整个网络的规模并无直接关系。因此，当网络规模很大时，OSPF 协议要比距离向量协议 RIP 好得多。而且 OSPF 没有"坏消息传播得慢"的问题，据统计，其响应网络变化的时间小于 100 ms，远远小于 RIP 协议的响应时间。

五、外部网关路由协议 BGP

（一）BGP 协议的基本工作原理

由于基于距离矢量的 RIP 只适用于小型网络，且安全性能低，因而无法适用于 Internet 这样庞大而复杂的网络。如果采用基于链路状态的 OSPF 协议，则每台路由器将要拥有一个巨大的链路状态数据库，当它们使用 Dijkstra 算法来计算其路由表时将要花费很长的时间。因此，前面介绍的 RIP 和 OSPF 均不适用于像 Internet 这样大规模的网络。

边界网关协议（Border Gateway Protocol，BGP）就是唯一一个用来处理像这样巨大和复杂的网络路由选择协议，主要用于在不同的自治系统 AS 之间交换路由信息。BGP 制定于 1989 年，经历了 4 个版本，现行版本为 BGP4。BGP 是基于路径矢量的路由选择协议。

当两个 AS 需要交换路由信息时，每个 AS 都必须指定一个运行 BGP 的路由器来代表本 AS 与其他 AS 交换路由信息，这两个路由器称为各自 AS 的 BGP 发言人，BGP 发言人可以是边界网关（Border Gateway）或边界路由器（Border Router）。一个 BGP 发言人与其他自治系统中的 BGP 发言人要交换路由信息，如增加的路由、撤销过时的路由、差错信息等。

图 6-18 给出了 BGP 发言人和自治系统的关系。图中画出了 3 个自治系统中的 5 个 BGP 发言人。每个 BGP 发言人除了必须运行 BGP 协议外，还必须运行该自治系统所使用的内部网关协议（如 OSPF 或 RIP）。BGP 所交换的网络可达性信息就是要到达某个网络所要经过的一系列的自治系统。当 BGP 发言人互相交换了网络可达性的信息后，各 BGP 发言人就根据所采用的策略，从接收到的路由信息中找出到达各自治系统的最佳路由。

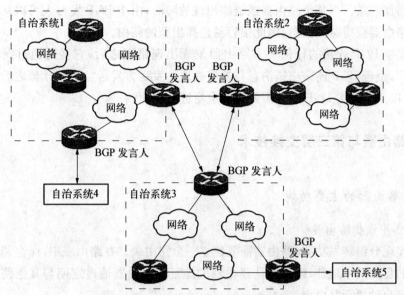

图 6－18　BGP 发言人和自治系统的关系

　　要在很多自治系统之间寻找一条较好的路由，就是要寻找正确的 BGP 边界路由器，而每个自治系统中的边界路由器的数量很少，因此这种方法可以使 Internet 路由选择的复杂度大大降低。

（二）BGP 协议的工作过程

1. BGP 边界路由器初始化过程

　　在 BGP 开始运行时，BGP 边界路由器与相邻的边界路由器交换整个 BGP 路由表。但是，以后只需在发生变化时更新有变化的部分，而不是像 RIP 或 OSPF 那样周期性地进行更新，这样做有利于节省网络带宽和减少路由器的处理开销。

2. BGP 路由选择协议的分组

BGP 路由选择协议使用 4 种分组。

（1）打开（Open）分组：打开分组用来与相邻的另一个 BGP 发言人建立关系。

（2）更新（Update）分组：更新分组用来发送某一路由的信息，以及列出要撤销的路由。

（3）保活（Keepalive）分组：周期性地发送，保活分组用来以证实相邻边界路由器的存在。

（4）通知（Notification）分组：通知分组用来发送检测到的差错。

　　当两个不同自治系统的边界路由器定期地交换路由信息时，需要有一个协商的过程。因此，开始向相邻边界路由器进行协商时就要发送"打开分组"。如果相邻边界路由器接受，就发送一个"保活分组"。这样，两个 BGP 发言人的相邻关系就建立起来了。一旦 BGP 连接关系建立，就要设法维持这种关系。双方中的每一方都需要确信对方是存在的，并且一直在保持这种相邻关系。因此，这两个 BGP 发言人彼此要周期性（通常是每隔30 s）地交换"保活分组"。

　　"更新分组"是 BGP 协议的核心。BGP 发言人可以用"更新分组"撤销它以前曾经通知过的路由，也可以宣布增加新的路由。撤销路由时可以一次撤销很多条，但增加路由时每次只能增加一条。当某个路由器或链路出现故障时，由于 BGP 发言人可以从不止一个相邻边界路由器获得路由信息，因此很容易选择出新的路由。

当建立了 BGP 连接的任何一方路由器发现出现错误之后，它需要通过向对方发送"通知分组"，报告 BGP 连接出错消息与差错性质。发送方发送"通知分组"之后将终止这次 BGP 连接。下一次 BGP 连接需要双方重新进行协商。

六、路由器与第三层交换技术

（一）路由器的主要功能

1. 建立并维护路由表

为了实现分组转发功能，路由器需要建立一个路由表。在路由表中，保存路由器每个端口对应的目的网络地址，以及默认路由器的地址。路由器通过定期与其他路由器交换路由信息来自动更新路由表。

2. 提供网络间的分组转发功能

当一个分组进入路由器时，路由器检查 IP 分组的目的地址，然后根据路由表决定该分组是直接交付，还是间接交付。如果是直接交付，就将分组直接传送给目的网络。如果是间接交付，路由器确定转发的端口号与下一跳路由器的 IP 地址。

当路由表很大时，如何减少路由表查找时间成为一个重要问题。最理想的状况是路由器分组处理速率等于输入端口的线路的传送速率，人们将这种情况称为：路由器能够以线速（Line Speed）转发。

（二）路由器的结构与工作原理

路由器是一种具有多个输入/输出端口，完成分组转发功能的专用计算机系统。它的核心部分是由"路由选择处理机"和"分组处理与交换"两部分组成。图 6-19 给出了典型的路由器结构示意图。

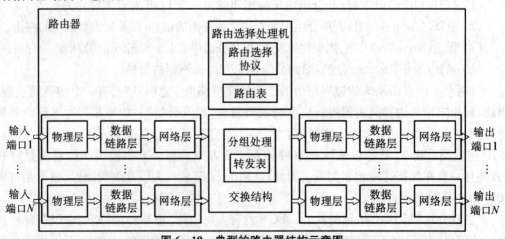

图 6-19　典型的路由器结构示意图

1. 路由选择处理机

路由选择处理机是路由的控制部分,它的任务是生成和维护路由表。

2. 分组处理与交换部分

分组处理与交换部分主要包括交换结构输入/输出端口。

(1) 交换结构。

交换结构(Switching Fabric)的作用是根据路由表和接收分组的目的 IP 地址,选择合适的输出端口转发出去。路由器是根据转发表转发分组,而转发表是根据路由表形成的。

(2) 输入/输出端口。

路由器通常有多个输入端口和多个输出端口。每个输入和输出端口中各有三个模块,分别对应于物理层、数据链路层和网络层。物理层模块完成比特流的接收与发送;数据链路层模块完成拆帧和封装帧;网络层模块处理 IP 分组头部。

如果接收的分组是路由器之间交换路由信息的分组(如 RIP 或 OSPF 分组),则将这类分组送交路由器的路由选择处理机。如果接收到的是数据分组,则按照分组目的地址在转发表中查找,决定合适的输出端口。

3. 特性

(1) 衡量路由器性能的指标。

衡量路由器性能的指标主要包括全双工线速转发能力、设备和端口吞吐量、路由表能力、丢包率、延时和延时抖动,以及可靠性。其中,全双工线速转发能力是指以最小分组数据长度(Ethernet 数据为 64B)和最小分组间隔,在路由器端口上双向传输,在不引起丢包情况下,每秒钟能够传输的最大分组数。这是衡量路由器性能的一个最重要的指标。

(2) 排队队列。

当路由器正在为一个接收分组查找转发表准备转发时,后面跟着从这个输入端口可能连续收到多个分组,由于不能及时处理,后到的这些分组就必须在输入队列中排队等待处理。同样,输出端口从交换结构接收分组,然后将它们发送到路由器输出端口的线路上,也要设有一个缓存来存储等待转发的分组。只要路由器的接收分组速率、处理分组速率、输出分组速率小于线速,无论是输入端口、处理分组过程与输出端口都会出现排队等待,产生分组转发延时,严重时会由于队列容量不够而溢出,造成分组丢失。这是路由器设计、研发与使用过程中必须注意的一个基本的问题。

(三) 路由器技术演变与发展

交换结构是路由器的关键构件。正是这个交换结构把分组从一个输入端口转移到某个合适的输出端口。实现这样的交换有多种方法,目前最常用的是采用基于硬件专用芯片 ASIC 来实现的三种交换方法,如图 6-20 所示。

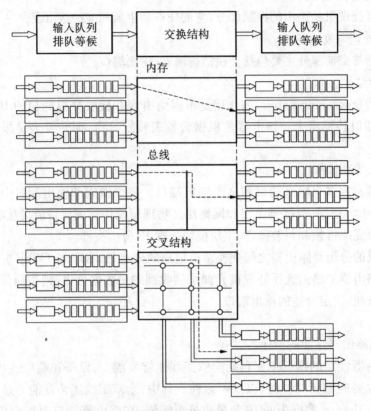

图 6 - 20   基于硬件交换的三种路由器结构

1. 基于存储器交换

许多路由器通过存储器进行交换,目的地址的查找和分组在存储器中的缓存都是在输入端口中进行的。许多中低档路由器采用这种结构,如 Cisco 公司的 Catalyst 8500 系列交换机(有的公司把路由器也称为交换机)和 Bay Network 公司的 Accelar 1200 系列路由器就采用了共享存储器的方法。

2. 基于总线交换

路由器采用这种交换方式时,数据报从输入端口通过共享的总线直接传送到合适的输出端口,而不需要路由选择处理机的干预。但是,由于总线是共享的,因此在同一时间只能有一个分组在总线上传送。当分组到达输入端口时若发现总线忙(因为总线正在传送另一个分组),则被阻塞而不能通过交换结构,并在输入端口排队等待。因为每一个要转发的分组都要通过这一条总线,因此路由器的转发带宽就受总线速率的限制。现代的技术已经可以将总线的带宽提高到每秒吉比特的速率,因此许多低档的路由器产品都采用这种通过总线的交换方式。例如,Cisco 公司的 Catalyst 1900 系列交换机就使用了带宽达到 1Gb/s 的总线(叫作 Packet Exchange Bus)。

3. 基于交叉结构交换

采用交叉结构的路由器,有 $2N$ 条总线,可以使 N 个输入端口和 N 个输出端口相连接,这取决于相应的交叉节点是使水平总线和垂直总线接通还是断开。当输入端口收到一个分组时,就将它发送到与该输入端口相连的水平总线上。若通向所要转发的输出端口的垂直总线是空闲的,则在这个节点将垂直总线与水平总线接通,然后将该分组转发到这个输出端口。但若该垂直总线已被占用(有另一个分组正在转发到同一个输出端口),则后到达的分组就被阻塞,必须在输入端口排队。高档交换机普遍采用这种交换方式,如 Cisco 公司的 12000 系列交换路由器,其使用的带宽达 60 Gbit/s。

第八节　网际控制报文协议

一、ICMP 报文及其格式

(一) ICMP 报文的特点

IP 协议提供的是尽最大努力交付的不可靠数据传输服务。IP 协议的优点是简洁,但是缺少差错控制和查询机制。IP 分组一旦发送出去,是否到达目的主机,以及在传输过程中出现哪些错误,源主机是不知道的。在这种情况下,如果出现一些问题,如路由器找不到目的网络,分组生存时间超过而必须被丢弃,以及目的主机在规定的时间内不能收属于同一个分组的所有分片该怎么办,必须设计一种差错报告与查询、控制机制来了解信息,决定如何处理。Internet 控制报文协议(ICMP 协议)就是为解决以上问题而设计的。ICMP 协议的差错与查询、控制功能对于保证 TCP/IP 协议的可靠运行是至关重要的。

ICMP 协议的特点主要表现在以下三个方面:

(1) ICMP 协议本身是网络层的一个协议,但是它的报文不是直接传送给数据链路层,而是要封装成 IP 分组,然后再传送给数据链路层。

(2) 从协议体系上看,ICMP 协议只是要解决 IP 协议可能出现的不可靠问题,不能独立于 IP 协议而单独存在,它是 IP 协议的一个组成部分。

(3) ICMP 协议设计的初衷是用于 IP 协议在执行过程中的出错报告,严格地说是由路由器来向源主机报告传输出错的原因。差错处理需要由高层协议完成。

(二) ICMP 报文结构

ICMP 报文结构如图 6 - 21 所示。

理解 ICMP 报文结构,需要注意以下问题:

(1) 在 IP 分组头中,协议字段值为 1 表示 IP 分组的数据部分是 ICMP 报文。

(2) ICMP 报文的前 4 个字段的格式是统一的,第一个字段(1B)是类型,第二个字段(1B)是代码,第三个字段(2B)是校验和,第四个字段(4B)的内容与类型相关。在这 4 个字段之后是数据字段。

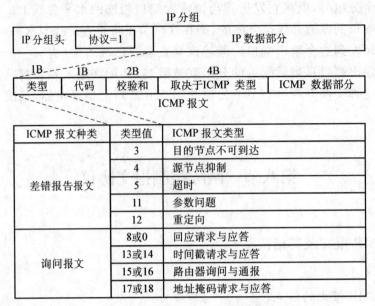

图 6‑21　ICMP 报文结构示意图

（3）ICMP 报文分为两类：差错报告报文与询问报文。不同的差错报告报文对应不同的类型值，如目的主机不可到达的类型值为 3。询问报文应该是一方请求，另一方应答，因此类型值应该是两个。例如，回送请求报文的类型值为 8，回送应答报文的类型值为 0。

二、ICMP 报文类型

（一）ICMP 差错报告

ICMP 的主要作用就是报告差错，但不负责纠错，纠错留给高层协议完成。它总是将差错报告报文发给 IP 数据报的发送端。

ICMP 要处理的差错包括以下 5 类：

（1）目的不可达。当一台路由器不能路由一个数据报，或者一台主机不能传递一个数据报时，该数据就会被丢弃，这时就要向该数据报的发送端发送目的不可达（Destination Unreachable）的报文。

（2）信源抑制。当由于网络拥塞导致路由器或主机丢弃数据报时路由器或主机就要向发送方发送一个信源抑制（Source Quench）报文。告诉发送方该数据报因网络拥塞而被丢弃，要求放慢发送进程。

（3）超时。当接收到一个 TTL 字段值为 0 的 IP 数据报时，路由器将该 IP 数据报丢弃，并向发送端发送一个超时（Time Out）的报文。或者当一个 IP 数据报的某个分段没有在限定的时间内到达目的端时，也会产生一个超时报文。典型应用为 tracert(Linux 下为 traceroute)。

（4）参数问题。当路由器或目的主机发现一个 IP 数据报中的某个参数有二义性或者错误时，就会产生一个参数问题（Parameter Problem）的报文。

(5) 重定向。当主机发送一个 IP 数据报给其默认路由器时,但该默认路由器认为通过另一个路由器到达目的网络的度量值更小,于是就产生一个路由重定向(Redirection)报文,告知发送端到达目的网络应发送到另一个路由器。

(二) ICMP 查询报文

除了差错报告,ICMP 还能通过查询报文来实现对一些网络问题的诊断。发送端发送一种 ICMP 报文,而目的端则以特定的格式做出应答,通过应答的格式来诊断网络问题。

查询报文主要包括以下 4 种:

(1) 回声请求和应答。回声请求(Echo Request)和回声应答(Echo Reply)报文联合使用,可以用来诊断网络的连通性。典型应用就是 Ping 命令,具体应用可见下述内容。

(2) 时间戳请求和应答。时间戳请求(Timestamp Request)和时间戳应答(Timestamp Reply)报文联合使用,可以用于确定一个 IP 数据报在源、目的两端往返一次所需的时间。如在 TCP 中,用它来获得往返时延 RTT 样本。它还能用来对两台机器中的时钟进行同步。

(3) 地址掩码请求和应答。当主机需要知道自己 IP 地址中哪一部分是网络地址和子网地址时,就向路由器发送一条地址掩码请求(Address Mask Request)报文,路由器则以地址掩码应答(Address Mask Reply)报文回应。

(4) 路由器请求和通告。当主机需要知道与它相连的路由器的 IP 地址以及路由器的工作状态时,就广播一条路由器请求(Router Solicitation)报文。接收到该请求报文的路由器则以路由器通告(Router Advertisement)报文广播回应。而且,路由器定期也会向全网主机广播路由器通告报文。

ICMP 提供一致易懂的差错报告信息。发送的差错报文返回到发送原数据的设备,因为只有发送设备才是差错报告的逻辑接收者。发送设备随后可根据 ICMP 报文确定发生错误的类型,并确定如何才能更好地重发失败的数据包。但是 ICMP 唯一的功能是报告问题而不是纠正错误,纠正错误的任务由接收方的高层协议处理。

三、基于 ICMP 的相关命令

(一) Ping 命令的应用

Ping 是测试目的主机是否能够到达的一种通用的方法。在很多的 TCP/IP 应用中,用户调用 Ping 命令便是通过回应请求(ICMP echo request)和应答报文(ICMP echo reply),检查和测试目的主机或路由器是否能够到达。图 6 - 22 给出了一台主机 Ping 另一台主机的过程示意图。

图 6 - 22　Ping 命令过程示意图

图 6-23 为某台 Windows 主机对目的主机 www.sina.com.cn(117.21.216.80)执行 Ping 命令的过程示意图。测试主机向目的主机发送了 4 个回应请求(echo request)报文,目的主机回复了 4 个回应应答(echo reply)报文,交互过程共使用了 8 个 ICMP 报文。报文中包括三个参数:报文长度(bytes)、主机响应时间(time)与生存时间(TTL)。Ping 命令还可以加上相应的参数,如加参数"-t",则为不间断发送回应请求报文。

```
C:\WINDOWS\system32\cmd.exe                                    _ □ ×

C:\>ping www.sina.com.cn

Pinging spool.grid.sinaedge.com [117.21.216.80] with 32 bytes of data:

Reply from 117.21.216.80: bytes=32 time=32ms TTL=50
Reply from 117.21.216.80: bytes=32 time=28ms TTL=50
Reply from 117.21.216.80: bytes=32 time=28ms TTL=50
Reply from 117.21.216.80: bytes=32 time=28ms TTL=50

Ping statistics for 117.21.216.80:
    Packets: Sent = 4, Received = 4, Lost = 0 (0% loss),
Approximate round trip times in milli-seconds:
    Minimum = 28ms, Maximum = 32ms, Average = 29ms

C:\>
```

图 6-23　Ping 命令举例

（二）Tracert 命令的应用

Tracert 是网络中重要的诊断工具之一,它可以获得从测试命令发出的源主机到达目的主机完整的路径,因此它也称为"路由跟踪"命令。在 Windows 操作系统中命令名称为 Tracert,在 UNIX 操作系统中称为 traceroute。Tracert 工作原理如图 6-24 所示。

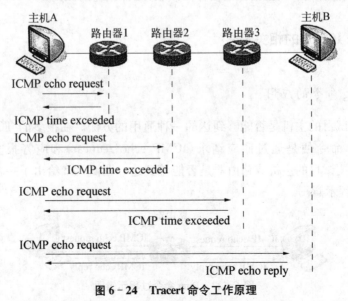

图 6-24　Tracert 命令工作原理

(1) 源主机 A 先给目的主机发送一个跳步数限制值为 1 的 echo request ICMP 报文。第 1 个接收到的路由器将跳步数限制值 1 减 1 为 0 的分组丢弃,并向源主机发送一个 ICMP 超时(Time Exceeded)报文。那么,源主机就得到了第 1 个路由器的地址。

(2) Tracert 发送一个跳步数限制值为 2 的 ICMP echo request 报文。第 2 个接收到的路由器也会因为跳步数限制值的原因,丢弃分组,并向源主机发送一个 ICMP 超时报文。那么,源主机就得到了第 2 个路由器的地址。

(3) 继续执行以上的过程,直至 ICMP echo request 报文到达目的主机,目的主机发送一个 ICMP echo reply 应答报文,这样源主机就可以获得一个完整的从源主机到达目的主机的路径列表。

在 Windows 环境中某台主机对江西电信的域名服务器(202.101.224.68)执行 Tracert 命令的过程,如图 6-25 所示。

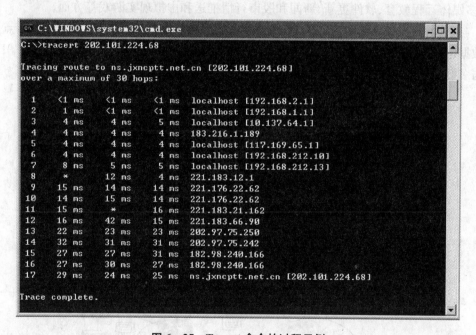

图 6-25 Tracert 命令的过程示例

讨论 Tracert 命令时需要注意以下问题:

(1) Tracert 软件对每个 TTL 值要经过三次 echo request 与 time exceeded 的应答过程,因此图中对应于每一个 TTL 都有三个报文往返传输的时间值。对于 TTL=1,第一个是 1 ms,第二个与第三个都小于 1 ms。

(2) 从图 6-25 中可以看出,从测试主机到江西电信的域名服务器(202.101.224.68),共需要经过 17 跳路由器。

(3) Ping 与 Tracert 是测试网络主机可达性、路由与实现网络管理的重要方法之一,同时也是漏洞探测与网络攻击手段之一,因此在讨论网络安全技术时也会研究如何发现与防范利用 Ping 与 Tracert 进行网络攻击的问题。

第九节　IP 多播与 IGMP 协议

一、IP 多播的基本概念

（一）IP 多播概述

多播（Multicast）也称多址广播或组播，是一种允许一台主机将单个数据包同时发送到多台主机的网络技术，是一点对多点的通信。在 Internet 上进行多播时称为 IP 多播。

多播是节省网络带宽的有效方法之一，广泛应用于网络音频/视频点播、网络视频会议、多媒体远程教育、软件更新、新闻和股市行情推送和虚拟现实游戏等方面。

与单播相比，在一对多的通信中，多播可大幅节约网络资源。对于 N 个目的节点，一个数据包，单播需要重复发送 N 次，而多播只需要发送一次即可。图 6－26 给出了 IP 单播与多播的过程比较。

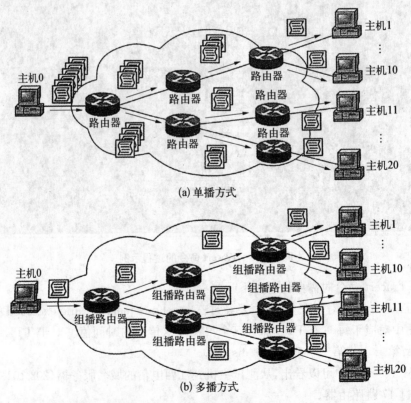

(a) 单播方式

(b) 多播方式

图 6－26　IP 单播与多播的过程比较

图 6－26(a) 显示了在 IP 单播状态下，如果主机 0 打算向主机 1～主机 20 发送同一文件，则它需要准备 20 个文件的副本，分别封装在源地址相同，而目的地址不同的 20

个分组中。主机需要分别将这 20 个分组发送给 20 个目的主机。图 6 - 26(b)给出了 IP 多播的工作过程。在 IP 多播状态下,如果主机 0 打算向多播组成员主机 1～主机 20 发送同一文件,则它需要准备 1 个文件的副本,封装在 1 个多播分组中,发送给多播组中 20 个多播组成员。如果 IP 多播组的成员达到成千上万个时,多播工作对系统效率的提高将会更加显著。支持 IGMP 协议的路由器称为多播路由器(Multicast Router)。

(二) IP 多播地址

IP 多播可以分为两类:一类是在 Internet 范围内进行多播,另一类只是在局域网内进行多播。由于目前大部分计算机都是通过局域网接入 Internet 的,因此当一台计算机发出多播分组时,它实际是在局域网中通过硬件将多播分组发送给局域网中的多播组成员,然后再在 Internet 上将多播分组发送给所有的多播组成员。因此,在讨论多播时会涉及两类多播地址:一个是 IP 多播地址,一个是局域网多播地址。为了强调 IP 多播地址与局域网多播地址的区别,人们通常将局域网多播地址称为"局域网硬件多播地址"。

1. IP 多播地址的特点

在讨论 IP 多播地址特点时,需要注意以下问题:

(1) 实现 IP 多播的分组使用的是 IP 多播地址。IP 多播地址只能用于目的地址,而不能用于源地址。

(2) 分类 IP 地址中的 D 类地址是为 IP 多播地址定义的。D 类 IP 地址的前 4 位为 1110,因此 D 类地址的范围在 224.0.0.0～239.255.255.255。每个 D 类 IP 地址可以用于标识一个多播组,则 D 类地址能标识出 2^{28} 个多播组。

(3) 当一个 IP 分组的目的地址写入 IP 多播地址时,对应的 IP 分组头的类型字段值为 2,表示 IP 分组的数据部分是 IGMP 数据。多播分组的传输也必然会保留 IP 的基本特征,即只能提供"尽力而为"的服务,它不能保证多播分组能够被传送到网络中多播组的所有成员。

(4) IP 多播地址分为两类:永久多播地址与临时多播地址。永久多播地址需要向 IANA 申请。临时多播地址是在一段时间(如一次多播的电视会议)中使用的地址。

(5) 对 D 类地址空间中多播地址的使用做出以下规定:

① 224.0.0.0 被保留。

② 224.0.0.1 指定为本网中所有参加多播的主机使用。

③ 224.0.0.2 指定为本网中所有参加多播的路由器使用。

④ 224.0.1.0～238.255.255.255 为在全球范围 Internet 上使用的多播地址。

⑤ 239.0.0.0～239.255.255.255 限制在一个组织中使用的多播地址。

完整的保留多播地址表可以从 IANA 网站获取。

2. Ethernet 硬件多播地址的特点

图 6 - 27 给出了局域网硬件多播地址形成方法示意图。

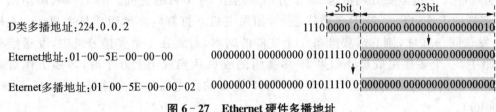

图 6-27　Ethernet 硬件多播地址

理解局域网硬件多播地址的特点,需要注意以下问题:

(1) IANA 为多播分配的局域网的物理地址高 24 位是 00-00-5E。同时,局域网物理地址结构中:第一个字节的最低位必须为 1;为多播地址。考虑以上这两个因素,多播局域网高 24 位应该是 01-00-5E。那么,局域网硬件多播地址的范围在 01-00-5E-00-00-00～01-00-5E-FF-FF-FF。

(2) 由于 IANA 已经为多播分配了局域网的物理地址的高 24 位,那么只能用 48 位的物理地址的后 23 位定义一个多播组的地址。

(3) 如图 6-27 所示,如果一个 D 类多播的地址是 224.0.0.2,那么规定将 D 类多播组的地址的低 23 位映射到局域网的物理地址的后 23 位,形成局域网硬件多播地址 01-00-5E-00-00-02。

(4) 由于 IP 地址长度是 32 位,D 类 IP 地址的前 4 位为 1110,已经用了 4 位,可以用于多播的地址还剩 28 位,在形成局域网硬件多播地址时,我们只使用了 23 位,如图 6-27 所示,还有 5 位没有使用,并且不能够保证这 5 位一定是全 0。假如另外有一个 D 类多播地址是 225.0.0.2,那么它映射成局域网硬件多播地址也是 01-00-5E-00-00-02。这种映射关系是多对一,而不是一对一的。主机收到相同硬件多播地址的分组,但是它们可能不属于同一个多播组。因此,主机必须检查 IP 地址,丢弃不属于它所在组的分组。

二、网际组管理协议 IGMP 协议

IGMP(Internet Group Management Protocol,Internet 组管理协议)用于对多播组成员关系的管理,支持多播组成员加入或者退出多播组,为多播路由器提供连接到网络的主机或路由器的成员关系状态信息,帮助多播路由器创建和更新多播组列表。

IGMP 经历了三个版本,目前使用的是最新的版本 IGMPv3。IGMP 的操作可以分为以下三个内容:

(1) 加入一个多播组。当有某台主机需要加入一个多播组时,就向该多播组 IP 地址发送一个 IGMP 成员资格报告报文,声明自己要成为该组的成员。报文中包含它要加入的多播组地址。这个组的所有成员将会接收到这个分组,从而都知道了有新成员加入。本地局域网中的路由器必须监听所有 IP 多播地址,以便接收所有组成员的报告报文。

(2) 监视成员关系。为了维护一个当前活动的多播地址列表,多播路由器要周期性地发送 IGMP 通用询问报文,目的地址为 224.0.0.1(表示本局域网内的所有主机)。为防止产生不必要的通信量,接收到该通用询问报文的每个组成员都将设置一个具有随机时

延的计时器,该组中的任何主机只要知道已经有其他主机声明了成员身份后就不再对询问报文做出响应。但如果计时器超时之前仍未看到其他主机的报告,则该主机发送一个响应报文。利用这种机制,每个组只要有一个成员对多播路由器的询问进行响应即可。

(3)离开一个组。当主机要离开一个组时,它向所有路由器(目的地址为 224.0.0.2)发送一个 IGMP 离开报告报文。当一个路由器收到这样的报告时,它需要向该组发送一个 IGMP 询问报文以确定该组是否还有其他成员存在。如果一个组经过几次探询后仍然没有一台主机响应,则认为该组已没有成员。

多播数据报的发送者或接收者均不清楚也无法知道一个多播组的成员有多少,以及这些组成员是哪些主机。

三、多播路由选择协议

多播路由协议比前面介绍的 RIP 和 OSPF 等单播路由协议要复杂得多,这也是多播路由协议仍未标准化的主要原因。

多播路由协议根据 IGMP 维护的多播组成员关系信息,解决在多个特定路由器间多量数据转发的问题。常见的构造思路是在多播成员之间运用一定的多播路由算法构造多播扩展树,实现多播数据报的转发,扩展树连接了多播组中的所有主机。不同的多播路由协议使用不同技术构造扩展树。

目前使用的 IP 多播路由协议的构造思路主要有以下两种类型。

第一类是假设多播组成员在网络中密集分布,并且带宽足够大,这种密集模式多播路由协议采用洪泛技术将数据推向所有的路由器,因而不适用于大规模的网络。目前,密集模式下的常见协议主要有以下三种:

(1)距离矢量多播路由协议;

(2)多播开放式最短路径优先;

(3)独立多播协议密集模式。

第二类假设组成员在网络中稀疏分布,或没有足够带宽,广播就会浪费大量网络带宽。稀疏模式多播路由协议必须进行路由选择来构造多播树。稀疏模式下常用的协议如下:

(1)独立多播协议—稀疏模式;

(2)基于核心的转发树。

虽然 IP 多播技术发展较快,且大多数路由器能支持多播,但要想大规模推广,还得在以下这些方面努力:

(1)无连接机制,无法提供服务质量和安全保证。

(2)多播对成员的管理非常松散,无法提供一种对成员的有效管理及认证机制。

(3)多播网络是一个随着多播源和组成员的变化而动态变化的网络,多播流量无法控制和预计,多播采用的 UDP 技术没有内在的拥塞避免机制。

(4)启动多播功能对网络设备及运维要求较高,这是由于多播功能的实现需要所有的路由器都必须支持和启动多播功能的缘故。

（5）路由协议的协同工作问题。由于不同厂家产品实施协议的具体方式不同，各种路由协议之间如果没有统一标准，很难协同工作。

多播路由协议的实现现在还主要处于实验阶段，主要是由于连接网络的路由器不支持多播数据的转发存在以上问题。关于多播路由技术的应用还限于实验室或小型局域网中使用。相信随着网络技术的进一步发展，多播与多播路由技术将发挥巨大的作用，并改变计算机网络的体系结构。

第十节　移动 IP 协议

对于一个主机而言，当其改变连接到互联网的位置而又希望继续保持正常通信时，容易想到的一种做法是只要主机改变其连接到互联网的位置就立刻改变其 IP 地址。主机可以使用 DHCP 得到新的 IP 地址，并使自己与新的网络关联起来。

但是，上述做法的弊端显而易见。一方面，主机 IP 地址的改变将导致高层中断，从而无法继续保持正常通信；另一方面，主机改变 IP 地址时其路由信息必须在大量的互联网路由表中进行广播，这无疑将大大增加网络的通信量负荷。

为了切实满足主机在互联网中的自由移动要求，必须制定一种新的协议机制，这就是移动 IP 协议。移动 IP 的最核心思想是为移动主机赋予两个地址，一个是驻地地址，另一个是转交地址。驻地地址是永久的，它使移动主机与驻地网络（即移动主机的永久归属）相关联，转交地址是临时的，转交地址与外地网络（即移动主机移动到的网络）相关联。

当移动主机从一个网络移动到另一个网络时其转交地址就改变了。为了使移动主机转交地址的改变对于互联网中的其余部分保持透明，需要引入驻地代理和外地代理。当移动主机连接到外地网络上时，它将通过代理发现和注册来得到自己的转交地址。

图 6-28 给出了移动 IP 的若干功能实体，包括驻地地址、外地地址、驻地代理和外地代理等，另外还给出了驻地代理在驻地网络中的位置以及外地代理在外地网络中的位置。

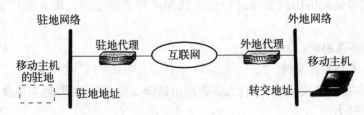

图 6-28　移动 IP 的功能实体

（1）驻地代理通常是连接到移动主机的驻地网络上的路由器。当远程主机向移动主机发送数据报时，驻地代理就充当移动主机。驻地代理收到分组后，将其转发给外地代理。

（2）外地代理通常是连接到外地网络上的路由器。外地代理接收驻地代理转发过来的数据报，并将其交付给移动主机。移动主机也可以充当外地代理，亦即移动主机和外地代理可以是同一个设备。此时，移动主机的转交地址称为同地点转交地址。

假如移动主机要充当外地代理，它必须能够自己获得同地点转交地址，这可以通过 DHCP 来实现。此外，移动主机还必须有相应的软件，以使它能够和驻地代理通信。使用同地点转交地址的优点是，移动主机可以移动到任何网络，而不必担心外地代理的可用性。但是，移动主机需要额外的软件才能够使它充当外地代理。

一、移动 IP 的工作原理

移动主机要和远程主机进行通信，必须经历三个阶段，即代理发现、注册和数据传送。第一个阶段是代理发现，涉及移动主机、外地代理和驻地代理等功能实体；第二个阶段是注册，也涉及移动主机和两个代理；第三个阶段涉及所有 4 个功能实体。

（一）代理发现

移动 IP 的代理发现阶段包括两个子阶段。移动主机在离开其驻地网络之前必须"发现"驻地代理，即知道驻地代理的 IP 地址。移动主机移动到外地网络之后，还必须"发现"外地代理，即知道自己的转交地址和外地代理的 IP 地址。这两个子阶段中的"发现"涉及两种类型的报文，即代理通告报文和代理询问报文。

（1）代理通告。当路由器使用 ICMP 的路由器通告报文通告它所连接的某个网络时，如果这个路由器同时充当代理的话，那么它就在路由器通告报文后面再附加上代理通告报文。注意，移动 IP 没有引入新的报文类型来进行代理通告，而是使用 ICMP 的路由器通告报文，图 6-29 描述了代理通告报文是如何被 ICMP 的路由器通告报文捎带传送的。

（2）代理询问。当移动主机已经移动到新的网络但仍没有接收到代理通告时，它可以主动发起代理询问。移动主机使用 ICMP 的路由器询问报文向代理发出通知，告诉代理它需要帮助。注意，与代理通告报文相似，移动 IP 也没有为代理询问引入新的报文类型，而是直接使用 ICMP 的路由器询问报文。

图 6-29 代理通告报文

（二）注册

当移动主机已经移动到了外地网络并已发现了外地代理后，它必须进行注册。注册包括以下几种类型：移动主机必须向外地代理注册；移动主机必须向它的驻地代理注册（此时，外地代理充当移动主机）；如果截止期到了，那么移动主机必须更新注册；如果移动主机返回驻地网络，它就必须取消注册（即注销）。

移动主机使用注册请求报文和注册回答报文，向外地代理和驻地代理进行注册。注册报文封装成用户数据报 UDP 进行传送。代理使用约定端口 434，而移动主机则使用临时端口。图 6-30 描述了移动主机的注册过程。

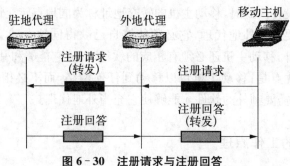

图 6-30 注册请求与注册回答

首先是注册请求。不难看出，移动主机把注册请求发送给外地代理，以便注册它的转交地址，同时也宣布它的驻地地址和驻地代理地址。外地代理收到这个注册请求后，把这个报文转发给驻地代理。如此一来，驻地代理就知道了外地代理的地址，因为用来转发的 IP 数据报把外地代理的 IP 地址作为源地址。

其次是注册回答。注册回答报文由驻地代理发送给外地代理，然后转发给主机。这个回答证实或否认注册请求。

（三）数据传送

在代理发现和注册两个阶段后，移动主机就能够和远程主机进行通信了。图 6-31 刻画了数据传送的不同步骤。

（1）从远程主机到驻地代理。当远程主机要向移动主机发送数据报时，它使用自己的地址作为源地址，而用移动主机的驻地地址作为目的地址。换句话说，远程主机发送数据报时还是认为移动主机连接在它的驻地网络上。但是，这个数据报被驻地代理截获了，驻地代理假装是这个移动主机。这里使用了 ARP。图 6-31 中的路径 1 表示这个步骤。

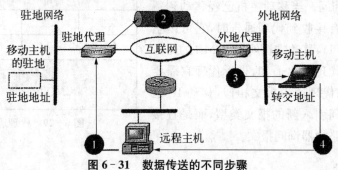

图 6-31 数据传送的不同步骤

（2）从驻地代理到外地代理。驻地代理收到数据报后，便使用隧道技术把数据报发送给外地代理。具体地，驻地代理把整个 IP 数据报（即远程主机发出的原始数据报）封装成另一个 IP 数据报（不妨命名为隧道数据报），使用自己的地址作为源地址而以外地代理的地址作为目的地址。图 6-31 中的路径 2 表示这个步骤。

（3）从外地代理到移动主机。当外地代理收到隧道数据报后，它首先从中取出原始数据报。不过，这个原始数据报的目的地址是移动主机的驻地地址。因此，外地代理需要从其注册表中找出移动主机的转交地址，然后将原始数据报发送给转交地址。否则，原始数据就会重新发回到驻地网络。图6-31中的路径3表示这个步骤。

(4)从移动主机到远程主机。当移动主机要发送数据报给远程主机时,它就像通常那样发送。移动主机首先准备数据报,用它的驻地地址作为源地址,用远程主机的地址作为目的地址。虽然这个数据报从外地网络发出,但仍使用移动主机的驻地地址。图6-31中的路径4表示这个步骤。

纵观整个数据传送过程,远程主机并不知道移动主机的任何移动。远程主机发送数据报时始终使用移动主机的驻地地址作为目的地址,而且它所收到的数据报也始终以移动主机的驻地地址作为源地址,简言之,移动完全是透明的。

二、移动 IP 存在的问题

事实上,移动IP存在两类缺陷问题。第一类为两次穿越或2X问题。第二类为三角路由问题。

(一)两次穿越问题

当远程主机和移动主机通信时,如果移动主机已经移动到远程主机所在的同一个网络(或网点),那么将出现两次穿越现象。图6-32描述了这种情况。

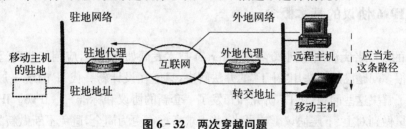

图6-32 两次穿越问题

当移动主机向远程主机发送分组时,通信就在本地网络进行,不存在低效率的问题。但是,当远程主机向移动主机发送分组时,该分组将穿越互联网两次。由于主机通常都是和本地的另一个主机进行通信(即本地性),因此两次穿越的低效率是相当严重的。

(二)三角路由问题

较之两次穿越,三角路由的情况稍好一些。三角路由发生在远程主机和移动主机进行通信时,它和移动主机并不连接在同一个网络(或网点)上。三角路由如图6-33所示。

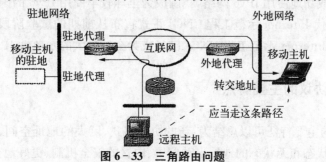

图6-33 三角路由问题

当移动主机向远程主机发送分组时,不存在低效率问题。但是,当远程主机向移动主机发送分组时,这个分组将首先从远程主机到驻地代理,然后再从驻地代理到移动主机。显然,分组经过了三角形的两个边,而不仅仅是一个边。

（三）解决对策

解决上述两次穿越和三角路由等低效率问题的策略是让远程主机把转交地址和移动主机的驻地地址绑定起来。例如,当驻地代理收到要发送给移动主机的第一个分组时,它就把这个分组转发给外地代理,同时它可以向远程主机发送"更新绑定"分组,使以后发送给该移动主机的分组都直接发送到其转交地址。远程主机可以把这种绑定信息存放在高速缓存中。

当然,这种策略也会产生新的问题。一旦移动主机又移动了,那么高速缓存中的绑定信息就过时了。在这种情况下,驻地代理需要向远程主机发送"告警"分组以通知这种改变,远程主机将更新自己高速缓存中的绑定信息。

第十一节　IPv6 协议

一、IPv6 协议的基本概念

IPv4 的设计者无法预见到 20 年来 Internet 技术发展如此之快,应用如此广泛。IPv4 协议面临的很多问题已经无法用"补丁"的办法解决,只能在设计新一代 IP 时统一加以考虑和解决。为了解决这些问题,IETF 研究和开发了一套新的协议和标准——IPv6。IPv6 协议在设计中尽量做到对上、下层协议影响最小,并力求考虑得更为周全,避免不断做新的改变。

1993 年,IETF 成立研究下一代 IP 的 IPng 工作组;1994 年,IPng 工作组提出下一代 IP 的推荐版本;1995 年,IPng 工作组完成 IPv6 的协议版本;1996 年,IETF 发起建立全球 IPv6 实验床 6BONE;1999 年,完成 IETF 要求的 IPv6 协议审定,成立 IPv6 论坛,正式分配 IPv6 地址,IPv6 协议成为标准草案。

我国政府高度重视下一代 Internet 的发展,积极参与 IPv6 的研究与试验,CERNET 于 1998 年加入 IPv6 实验床 6BONE 计划,2003 年启动下一代网络示范工程 CNGI,国内的网络运营商与网络通信产品制造商纷纷研究支持 IPv6 的软件技术与网络产品。2008 年,北京奥运会成功地使用 IPv6 网络,我国成为全球较早商用 IPv6 的国家之一。2008 年 10 月,中国下一代 Internet 示范工程 CNGI 正式宣布从前期的试验阶段转向试商用。目前,我国下一代 Internet 示范工程 CNGI 已经成为全球最大的示范性 IPv6 网络。

二、IPv6 协议的主要特点

IPv6 协议的主要特征可以总结为:新的协议格式、巨大的地址空间、有效的分级寻址和路由结构、有状态和无状态的地址自动配置、内置的安全机制、更好地支持 QoS 服务。

IPV6 所引进的主要变化如下：

（1）更大的地址空间。IPV6 把地址从 IPv4 的 32 位增大到 4 倍，即增大到 128 位，使地址空间增大了 2^{96} 倍。这样大的地址空间在可预见的将来是不会用完的。

（2）扩展的地址层次结构。IPv6 由于地址空间很大，因此可以划分为更多的层次。

（3）灵活的首部格式。IPv6 数据报的首部和 IPv4 的并不兼容。IPv6 定义了许多可选的扩展首部，不仅可提供比 IPv4 更多的功能，而且还可提高路由器的处理效率，这是因为路由器对扩展首部不进行处理（除逐跳扩展首部外）。

（4）改进的选项。IPv6 允许数据报包含有选项的控制信息，因而可以包含一些新的选项。但 IPv6 的首部长度是固定的，其选项放在有效载荷中。我们知道，IPv4 所规定的选项是固定不变的，其选项放在首部的可变部分。

（5）允许协议继续扩充。这一点很重要，因为技术总是在不断地发展（如网络硬件的更新）而新的应用也还会出现。但我们知道，IPV4 的功能是固定不变的。

（6）支持即插即用（即自动配置）。因此 IPv6 不需要使用 DHCP。

（7）支持资源的预分配。IPv6 支持实时视像等要求保证一定的带宽和时延的应用。

（8）IPv6 首部改为 8 字节对齐（即首部长度必须是 8 字节的整数倍）。原来的 IPv4 首部是 4 字节对齐。

三、IPv6 地址

（一）IPv6 地址表示方法

IPv6 Addressing Achitecture 对 IPv6 地址空间结构与地址基本表示方法进行了定义。IPv6 的 128 位地址按每 16 位划分为一个位段，每个位段被转换为一个 4 位的十六进制数，并用冒号隔开，这种表示法称为"冒号十六进制表示法"。

（1）用二进制格式表示的一个 IPv6 地址：

0010000111011010000000000000000000000000000000000000000000000000
0000000101010101000000000000011111111111110000010001001110001011010

（2）将这个 128 位的地址按每 16 位划分为 8 个位段：

0010000111011010 0000000000000000 0000000000000000 0000000000000000
0000000101010101 0000000000001111 1111111000001000 1001110001011010

（3）将每个位段转换成十六进制数，并用冒号隔开，结果应该是：

21DA：0000：0000：0000：02AA：000F：FE08：9c5A

这时，得到的一个冒号十六进制 IPv6 地址与最初给出的一个用 128 位二进制数表示的 IPv6 地址是等效的。

由于十六进制和二进制之间的进制转换，比十进制和二进制之间的进制转换更容易，因此 IPv6 的地址表示法采用十六进制数。每位十六进制数对应 4 位二进制数。128 位的 IPv6 的地址实在太长，人们很难记忆。在 IPv6 网络中，主机的 IPv6 地址都是自动配置。

（二）零压缩法

1. 零压缩的基本规则

IPv6 地址中可能会出现多个二进制数 0，可以规定一种方法，通过压缩某个位段中的前导 0，进一步简化 IPv6 地址的表示。例如，0003 可以简写为 D3；02AA 可以简写为 2AA。但是，FE08 不能简写为 FE8。如果出现 000A 可以简写为 A，需要注意的是，每个位段至少应该有一个数字，0000 可以简写为 0。

前面给出了一个 IPv6 地址的例子：

21DA:0000:0000:0000:02AA:000F:FE08:9c5A

根据前导零压缩法，上面的地址可以进一步简化表示为：

21DA:0:0:0:2AA:F:FE08:9c5A

有些类型的 IPv6 地址中包含一长串 0。为了进一步简化 IP 地址表达，在一个以冒号十六进制表示法表示的 IPv6 地址中，如果几个连续位段的值都为 0，则这些 0 可以简写为::，这也称为"双冒号表示法"。

前面的结果又可以简化写为 21DA::2AA:F:FEO8:9C5A

根据零压缩法，链路本地地址 FE80:0:0:0:0:FE:FE9A:4CA2 可以简写为 FE80::FE:FE9A:4CA2。多播地址 FF02:0:0:0:0:0:0:2 可以简写为 FF02::2。

（三）IPv6 前缀

在 IPv4 中，子网掩码用来表示网络和子网地址长度。例如，192.1.29.7/24 表示子网掩码长度为 24 位，子网掩码为 255.255.255.0。由于在 IPv4 中，可用于标识子网地址长度的位数是不确定的，因此要使用前缀长度来区分子网 ID 和主机 ID。在上述例子的一个 B 类网络地址中，网络号为 192.1；子网号为 29；主机号为 7。

IPv6 不支持子网掩码，它只支持前缀长度表示法。前缀是 IPv6 地址的一部分，用作 IPv6 路由或子网标识。前缀的表示方法与 IPv4 中的无类域间路由 CIDR 表示方法基本类似。IPv6 前缀可以用"地址/前缀长度"来表示。例如，21DA:D3::/48 是一个路由前缀；而 21DA:D3:0:2F3B::/64 是一个子网前缀。64 位前缀用来表示主机所在的子网，子网中所有主机都有相应的 64 位前缀。任何少于 64 位的前缀，要么是一个路由前缀，要么就是包含部分 IPv6 地址空间的一个地址范围。

在当前已定义的 IPv6 单播地址中，用于标识子网与子网中主机的位数都是 64。因此，尽管允许在 IPv6 单播地址中写明它的前缀长度，但在实际中它们的前缀长度总是 64，因此不需要再表示出来。

四、IPv6 分组结构与基本报头

（一）IPv6 分组结构

IPv6 数据报由两大部分组成，即基本首部（Base Header）和后面的有效载荷（Payload）。

有效载荷也称为净负荷。有效载荷允许有零个或多个扩展首部（Extension Header），再后面是数据部分，参见图 6-34。注意，所有的扩展首部并不属于 IPv6 数据报的首部。

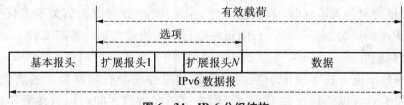

图 6-34　IPv6 分组结构

（1）IPv6 报头。

每个 IPv6 分组都有一个 IPv6 基本报头。基本报头长度固定为 40 字节。

（2）扩展报头。

IPv6 数据包可以没有扩展报头，也可以有一个或多个扩展报头，扩展报头可以具有不同的长度。IPv6 基本报头中的"下一个报头"字段，指向第一个扩展报头。每个扩展报头中都包含"下一个报头"指向再下一个扩展报头。最后一个扩展报头指示出上层协议数据单元中的上层协议的报头。上层协议可以是 TCP、UDP。协议数据也可以是 ICMPv6 协议报文数据。

IPv6 基本报头与扩展报头代替 IPv4 报头及其选项，新的扩展报头格式增强 IP 功能。使得它可以支持未来新的应用。与 IPv4 报头中的选项不同，IPv6 扩展报头没有最大长度的限制，因此可以有多个扩展报头。

（3）高层协议数据。

高层协议数据单元 PDU 可以是一个 TCP 或 UDP 报文段，也可以是 ICMPv6 报文。IPv6 分组的有效载荷是由 IPv6 的扩展报头和高层协议数据构成。有效载荷的长度最多可以达到 65 535B。有效载荷长度大于 65 535B 的 IPv6 分组称为"超大包"。

（二）IPv6 报头结构与各个字段的意义

IPv6 对 IPv4 数据报的头部进行了简化，加快了路由器处理分组的速度。IPv6 数据报的基本头部只包含 8 个字段：版本、流量类型、流标记、载荷长度、下一个报头、跳步限制、源地址与目的地址等，如图 6-35 所示。

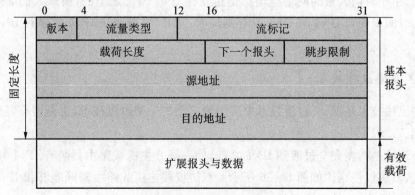

图 6-35　IPv6 报头结构

（1）版本（Version），长度 4 位，表明当前 IP 的协议版本，该字段值为 6，表示 IPv6。

（2）流量类别（Traffic Class），长度 8 位，指示 IPv6 数据流通信类别或优先级。功能类似于 IPv4 的区分服务字段。目前正在进行不同流量类别性能的实验。

（3）流标记（Flow Label），长度 20 位，这是 IPv6 新增字段，标记需要 IPv6 路由器特殊处理的数据流。该字段用于某些对连接的服务质量有特殊要求的通信，比如音频或视频等实时数据传输。在 IPv6 中，同一信源和信宿之间可以有多种不同的数据流，彼此之间以非"0"流标记区分。如果不要求路由器做特殊处理，则该字段值就置为"0"。

（4）有效载荷长度（Payload Length），长度 16 位，有效载荷长度包括扩展头和后面的数据部分，但不包括基本头部。16 位最多可表示 65 535B 有效载荷长度，当超过这一数字的有效载荷时，该字段值就置为"0"，并使用扩展头部逐跳（Hop-by-Hop）选项中的巨量负载选项。

（5）下一头部（Next Header），长度 8 位，指明基本头部后的下一个头部，相当于 IPv4 中的协议字段或选项字段，用于识别紧跟 IPv6 基本头部后的报头类型，如扩展头部（如果有的话）或某个传输层协议头（如 TCP、UDP 或 ICMPv6 等）。

（6）跳数限制（Hop Limit），长度 8 位，类似于 IPv4 的 TTL 字段。用于 IPv6 数据报在路由器之间的转发次数，以限定数据包的生命期。IPv6 数据报每经过一次转发，该字段值就减 1，减到值为 0 时就把这个 IPv6 数据报丢弃。

（7）源地址，长度 128 位，发送方主机的 IPv6 地址。

（8）目的地址，长度 128 位，在大多数情况下，目的地址即目的节点的 IPv6 地址。但如果存在路由扩展头部的话。目的地址可能是发送方路由表中下一个路由器的接口地址。

五、IPv4 到 IPv6 过渡的基本方法

在 IPv4 地址与 Internet 规模矛盾无法缓解的情况下，推进 IPv6 技术已经是势在必行。但是，由于目前大量的网络应用都是建立在 IPv4 基础之上的，所以人们必然要在一个很长的时间里面对 IPv4 与 IPv6 共存的局面。如何平滑地从 IPv4 过渡到 IPv6 是需要研究的。

（一）双协议栈技术

双协议栈技术是 IPv6 过渡技术中应用最广泛的一种过渡技术，也是所有其他过渡技术的基础。

双协议栈是指在完全过渡到 IPv6 之前，使一部分主机或路由器装有 IPv4 和 IPv6 两个协议栈，其协议栈结构如图 6-36 所示。双协议栈主机或路由器既能够和 IPv6 的系统通信，又能够和 IPv4 的系统通信。

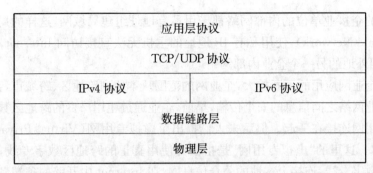

図 6 - 36　双协议栈结构

双协议栈主机在和 IPv6 主机通信时采用 IPv6 地址,在和 IPv4 主机通信时采用IPv4地址。双协议栈主机可以通过对域名系统 DNS 的查询来知道目的地主机是采用哪一种地址。若 DNS 返回的是 IPv4 地址,双协议栈的源主机就使用 IP4 地址,当 DNS 返回的是 IPv6 地址时,源主机就使用 IPv6 地址。

(二) 隧道技术

隧道(Tunnel)技术是指将一种协议数据包封装到另外一种协议中。采用这种技术可以实现 IPv6 网络之间通过 IPv4 网络互联通信。

对于采用隧道技术的设备来说,在起始端(隧道入口处),将 IPv6 的数据报文封装成 IPv4 数据报,IPv4 数据报的源地址和目的地址分别是隧道入口和出口的 IPv4 地址,在隧道的出口处,再将 IPv6 数据报取出转发给目的节点,如图 6 - 37 所示。

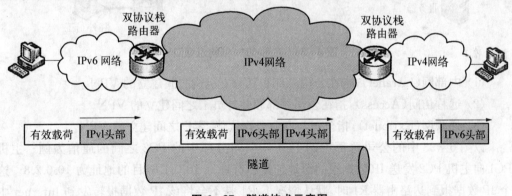

図 6 - 37　隧道技术示意图

隧道技术只要求在隧道的入口和出口处进行修改,对其他部分没有要求,因而非常容易实现。但是隧道技术不能实现 IPv4 主机与 IPv6 主机的直接通信。

第十二节　虚拟专用网 VPN

前面在介绍 IP 地址的时候,讲过 ICANN 每类 IP 地址中保留了一部分 IP 地址块作为私有地址,也称专用地址,具体参见表 6 - 4 所示。

大多数的企事业单位的内部网络都采用私有地址组建局域网,这样的局域网也称为专用网(Private Network),使用私有 IP 地址的主机无法直接访问 Internet,也无法穿越 Internet 访问外地的另一个企业内部网络。

但随着企业网应用的不断扩大,企业网的范围从本地到跨地区、跨城市,甚至跨国家。为了实现企业网络之间信息的安全传输,早前,企业通过租用昂贵的跨地区数字专线把不同区域的专用网连接在一起。但后来人们提出了虚拟专用网(Virtual Private Network,VPN)的技术。这里的"虚拟专用网"是指没有使用真正的跨地区数字专线,而是只需要租用本地的数字专线,连接上本地的公众信息网,在 Internet 中开辟一条端到端的专用通信"隧道",将位于不同区域的专用网连接在一起,实现安全通信的专用网功能。

根据不同的需要,可以构造以下三种不同类型的 VPN。不同商业环境对 VPN 的要求和 VPN 所起的作用不同。其结构如图 6-38 所示。

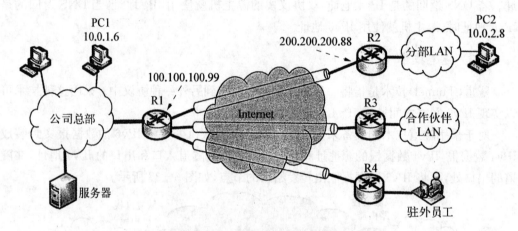

图 6-38　三种 VPN 结构示意图

(1) 内部网(Intranet),指在公司总部和其分支机构之间建立的 VPN。

(2) 远程访问(Access),指在公司总部和驻外员工之间建立的 VPN。

(3) 外联网(Extranet),指公司与商业合作伙伴、客户之间建立的 VPN。

以图 6-38 中的公司总部中的 PC1 与公司分部中的 PC2 之间的通信为例。主机 PC1 向主机 PC2 发送 IP 数据报的源地址是私有地址 10.0.1.6,目的地址为 10.0.2.8。这个 IP 数据报到达路由器 R1 时,默认情况下 R1 是不会将该 IP 数据报转发到 Internet 中去的,但若将该路由器配置成 VPN 路由器,R1 就把这个 IP 数据包加密,然后加上一个新的头部,新头部的源 IP 地址为 R1 的全球 IP 地址 100.100.100.99,目的地址为 VPN 路由器 R2 的全球 IP 地址 200.200.200.88。于是这个新的 IP 数据报就可以穿越 Internet 到达路由器 R2,R2 收到该 IP 数据报后就将其数据部分解密,得到目的 IP 地址为 10.0.2.8 的原 IP 数据报,然后将该 IP 数据报交付给主机 PC2。

可见,虽然主机 PC1 和 PC2 使用的是私有 IP 地址,但通过 VPN 路由器的转换,使得它们就像在本地局域网中通信一样,它们之间的链路就好像一条隧道,它们之间的数据就在这条隧道中穿梭。

第十三节 网络地址转换 NAT

VPN 实现了专用网内的一台主机通过 Internet 访问另外一个专用网。但另外一种场景 VPN 无法实现,那就是专用网内的主机要求能自由访问 Internet,而不是另一个专用网。

NAT(Network Address Translation,网络地址转换)技术正是为解决上述问题而诞生的。它的基本原理是将边界路由器配置为 NAT 路由器,当内部的 PC 要向外界通信时,NAT 路由器将通往外界的 IP 数据报头部中的源 IP 地址替换为自己的全球 IP 地址,然后将该 IP 数据报转发出去。当有外界响应的 IP 数据报返回时,NAT 路由器就将 IP 数据报中的全球 IP 地址换回成私有地址,并转发给内部 PC。

与 VPN 不同的是,NAT 路由器不需要对原 IP 数据报加密,只需要对原 IP 数据报的头部进行修改即可。VPN 路由器不仅需要加密原 IP 数据包(包括头部),还要重新加上一个新的 IP 头部。图 6-39 示例了 NAT 的基本原理。

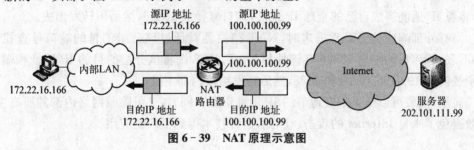

图 6-39 NAT 原理示意图

NAT 的实现技术主要有以下两种。

一、动态地址翻译

动态地址翻译(Dynamic Address Translation)的基本思路是先给边界 NAT 路由器配置一小部分全球地址构成一个地址池共享给内部 PC 访问 Internet 时使用。只要边界 NAT 路由器的地址池中还有全球 IP 地址,内部的任何 PC 都可以动态分配到全球 IP 地址与 Internet 通信。

NAT 路由器为私有地址和全球 IP 地址建立一个动态 NAT 映射表。当有外部主机需要访问内部主机时,只有在 NAT 映射表中存在到该内部主机的 IP 地址映射时,外部主机才可以访问该内部主机,否则将无法访问。

动态 NAT 映射表结构如表 6-10 所示。

表 6-10 动态 NAT 映射表示例

内部 IP 地址	NAT IP
172.22.16.166	100.100.100.99
172.22.16.188	100.100.100.100
172.22.16.199	100.100.100.101

二、伪装

伪装(Masquerading)也称为 NAPT(Network Address Port Translation,网络地址端口转换),它的基本思路是边界 NAT 路由器用一个全球 IP 地址将内部所有私有地址全部隐藏起来,当有内部主机需要与外网通信时,NAT 路由器将构造一个伪装 NAT 表,其结构如表 6-11 所示。

表 6-11 伪装 NAT 表示例

内部 IP	内部端口号	本地 NAT 端口
192.168.10.10	1688	18866
192.168.10.20	1888	1888
192.168.10.30	1999	1999

当 192.168.10.10:1688 的分组需要转发出去时,NAT 路由器将对该 IP 头部进行改造,将源 IP 地址换成自己的全球 IP 地址,端口号换成 18866,然后再转发出去。

当有外部响应分组需要进来时,NAT 路由器就通过该分组的目的端口号查找伪装 NAT 表,若该目的端口 18866 在该伪装 NAT 表中,则将该分组的目的 IP 地址和端口号分别替换成 192.168.10.10 和 1688,然后转发给该内部主机。

显然,伪装可以最大限度地节约 IP 地址资源。同时,又可隐藏网络内部的所有主机,有效避免了来自 Internet 的攻击。因此,这种技术得到了广泛应用。

练习题

1. 网络层向上提供的服务有哪两种?这两种服务的优缺点各是什么?互联网采用的是哪种服务?为什么?

2. 把异构的网络互连起需要解决哪些问题?

3. 从计算机网络体系结构的角度来看,网络互连各需要哪些设备?

4. 什么是虚拟 IP 网,采用虚拟 IP 网实现网络互连有什么好处?

5. 网络层除了 IP 协议以外,还有哪些协议?请简单说明各协议的作用。

6. IP 协议有哪些主要特点?

7. 什么是 IP 地址?IP 地址如何表示?

8. IP 地址的划分经历了几个阶段?为什么要这么做?

9. 分类的 IP 地址采用什么结构?分为哪几类,各有什么特点?为什么要这么划分?

10. 请辨认以下 IP 地址的类别,并指出它们的网络号和主机号各是什么。

(1) 122.38.234.44

(2) 210.35.207.34

(3) 173.29.111.45

(4) 68.223.3.12

(5) 199.23.45.67

(6) 33.2.33.134

11. 什么是私有 IP 地址？其作用如何？请列出各类私有 IP 地址。

12. 为什么要采用子网划分？子网划分的方法是什么？

13. 什么是子网掩码？请分别写出 A 类、B 类、C 类地址的默认子网掩码。

14. 请判断下面几组 IP 地址是否位于同一网络。

(1) 210.35.207.33/255.255.255.0 和 210.35.206.34/255.255.255.0

(2) 110.234.232.11/255.255.192.0 和 110.234.193.22/255.255.192.0

(3) 10.255.48.35/255.255.224.0 和 10.255.65.34/255.255.224.0

(4) 172.31.28.33/255.255.192.0 和 172.31.28.34/255.255.224.0

15. 为什么要采用 CIDR 技术？其基本思想是什么？如何构成超网？

16. 某学校的网络使用 B 类 IP 地址 173.18.0.0,如果将网络上的计算机划分为 4 个子网,子网号应取几位？子网掩码是什么？每个子网最多可以包含多少台计算机？若子网号按从小到大顺序分配,请给出每个子网的网络号、最小地址、最大地址、IP 地址数。

17. 某单位的网络使用 B 类 IP 地址 180.118.0.0,如果将网络上的计算机划分为 8 个子网,子网号应取几位？子网掩码是什么？每个子网最多可以包含多少台计算机？若子网号按从小到大顺序分配,请给出每个子网的网络号、最小地址、最大地址、IP 地址数。

18. 一个 A 类 IP 网络 100.0.0.0,欲划分为 8 个子网,子网掩码应该是什么？给出每个子网 IP 地址的范围。

19. 请阐述 IP 地址与 MAC 地址的区别。

20. 什么是 ARP？其主要功能是什么？请简述 ARP 协议的工作过程。

21. ARP 协议的工作情况可以分为哪几种情况？

22. 什么是默认路由？如何查看计算机的默认路由？

23. 请阐述直接交付和间接交付的概念。

24. 路由器中的路由表应该具有哪些重要项目？

25. 路由算法应该具有什么特点？其涉及的主要参数由哪些？

26. 路由算法分为哪几类？各有什么优缺点？

27. 什么是自治系统？理解自治系统需要注意哪些问题？

28. 对于自治系统的结构,路由选择协议分为哪两类？各有哪些主要路由协议？

29. 什么是 RIP 协议？请详细介绍,并简述其主要特点。

30. 请简述距离向量算法。

31. 请简述 RIP 协议的优缺点。

32. 假定网络中路由器 A 的路由表有如下项目。

目的网络	距　离	下一跳路由器
N1	3	B
N2	2	C
N3	1	直接交付
N4	5	D

现路由器 A 收到相邻路由器 B 发来的路由信息如下：

目的网络	距　离	下一跳路由器
N0	3	C
N1	1	直接交付
N2	1	直接交付
N3	3	D
N4	2	E

试求出路由器 A 更新后的路由表(详细说明每一个步骤)。

33. 假定网络中路由器 A 的路由表有如下的项目：

目的网络	距　离	下一跳路由器
N1	4	C
N2	2	D
N3	4	B
N4	1	直接交付
N5	2	C

现 A 收到相邻路由器 B 发来的路由信息如下：

目的网络	距　离	下一跳路由器
N1	3	C
N2	1	直接交付
N3	2	A
N4	3	D
N5	1	直接交付
N6	4	C

试求出路由器 A 更新后的路由表(详细说明每一个步骤)。

34. 什么是 OSPF 协议？请详细介绍,并简述其主要特点。

35. 简述 OSPF 协议的优缺点。

36. 什么是 BGP 协议？简述 BGP 协议的工作过程。

37. 请介绍路由器的结构与工作原理。

38. 衡量路由器的主要性能指标有哪些？其交换方式有哪些？

39. ICMP 协议的主要作用有哪些？主要特点体现在哪些方面？有哪些具体命令体现其作用？

40. 什么是 IP 多播？IP 多播与单播相比有哪些优势？IP 多播采用什么 IP 地址？

41. 实现 IP 多播需要哪些硬件条件和软件条件？

42. 为什么要使用移动 IP？简述移动 IP 实现的核心思想。

43. 简述移动 IP 的工作原理。

44. 为什么要采用 IPv6 协议？IPv6 地址如何表示？

45. 如何实现 IPv4 地址到 IPv6 地址的过渡？

46. 专用网采用什么 IP 地址？虚拟专用网的主要功能是什么？如何实现？

47. 什么是网络地址转换 NAT？

48. NAT 实现技术有哪些？简述其实现技术。

第七章 运输层

本章重点

(1) 运输层的作用及两个主要协议。

(2) UDP 结构与应用。

(3) TCP 服务、确认机制、报文格式及连接管理。

(4) TCP 可靠传输机制与实现。

(5) TCP 流量控制。

(6) TCP 拥塞控制。

　　运输层在五层模型中位于第四层,其上是应用层,其下是网络层,它将网络层提供的主机到主机的通信进一步扩展到进程到进程的通信。运输层运行在位于 Internet 边缘的端系统上,对上直接为不同的应用程序进程提供可靠的或尽力而为的通信服务,对下则有效利用网络层提供的服务。运输层是 TCP/IP 分层网络体系结构中承上启下的重要环节。

　　运输层的主要任务是在源主机和目的主机之间提供可靠的、性价合理的端到端的数据传输功能,并且与所使用的物理网络完全独立。

第一节　运输层概述

　　从通信和信息处理的角度看,运输层向它上面的应用层提供通信服务,它属于面向通信部分的最高层,同时也是用户功能中的最低层。当网络的边缘部分中的两台主机使用网络的核心部分的功能进行端到端的通信时,只有主机的协议栈才有运输层,而网络核心部分中的路由器在转发分组时都只用到下三层的功能。

　　从 IP 层来说,通信的两端是两台主机。IP 数据报的首部明确地标志了这两台主机的 IP 地址。但"两台主机之间的通信"这种说法还不够清楚。这是因为,真正进行通信的实体是在主机中的进程,是这台主机中的一个进程和另一台主机中的一个进程在交换数据(即通信)。因此严格地讲,两台主机进行通信就是两台主机中的应用进程互相通信。IP 协议虽然能把分组送到目的主机,但是这个分组还停留在主机的网络层而没有交付主机中的应用进程。从运输层的角度看,通信的真正端点并不是主机而是主机中的进程。也就是说,端到端的通信是应用进程之间的通信。

一、运输层的基本功能

网络层、数据链路层与物理层实现了网络中主机之间的数据通信,但是数据通信不是组建计算机网络的最终目的。计算机网络的本质活动是实现分布在不同地理位置的主机之间的进程通信,以实现应用层的各种网络服务功能。运输层的主要功能是要实现分布式进程通信。因此,运输层是实现各种网络应用的基础。图 7-1 给出了传输层基本功能的示意图。

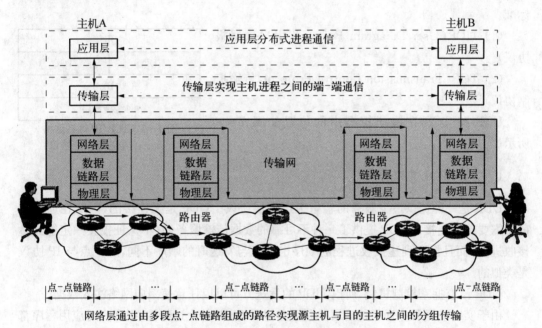

图 7-1 传输层的基本功能

理解传输层基本功能需要注意以下三个问题:

(1) 网络层的 IP 地址标识了主机、路由器的位置信息;路由选择算法可以在 Internet 中选择一条源主机—路由器、路由器—路由器、路由器—目的主机的多段"点—点"链路组成的传输路径;IP 协议通过这条传输路径完成 IP 分组数据的传输。运输层协议是利用网络层所提供的服务,在源主机的应用进程与目的主机的应用进程之间建立"端—端"连接,实现分布式进程通信。

(2) Internet 中的路由器与通信线路构成了传输网。传输网一般是由电信公司运营和管理的。如果传输网提供的服务不可靠(如频繁丢失分组),用户无法对传输网加以控制。解决这个问题需要从两个方面入手:一是电信公司进一步提高传输网的服务质量;二是传输层对分组丢失、线路故障进行检测,并采取相应的差错控制措施,以满足分布式进程通信对服务质量(QoS)的要求。因此,在传输层要讨论如何改善 QoS,以达到计算机进程通信所要求的服务质量问题。

(3) 传输层可以屏蔽传输网实现技术的差异性,弥补网络层所提供服务的不足,使得应用层在设计各种网络应用系统时,只需要考虑选择什么样的传输层协议可以满足应用进程通信的要求,而不需要考虑数据传输的细节问题。

因此,从"点—点"通信到"端—端"通信是一次质的飞跃,为此传输层需要引入很多新的概念和机制。

二、运输层的两个主要协议

TCP/IP 模型运输层的两个主要协议分别是 UDP 和 TCP,它们都是 Internet 的正式标准。

(1) UDP(User Datagram Protocol,用户数据报协议)。

(2) TCP(Transmission Control Protocol,传输控制协议)。

UDP 和 TCP 在协议模型中的位置如图 7 - 2 所示。

图 7 - 2 **TCP/IP 体系结构中的运输层协议**

(一) UDP 及其服务

UDP 是一种提供最少服务的轻量级运输层协议。UDP 是无连接的,因此在通信之前不需要建立连接。UDP 提供了一种不可靠的数据传输服务,它不保证报文一定能到达接收进程,而且报文到达接收进程的顺序也可能与发送时的顺序不同,这一点与 IP 协议是类似的。

UDP 没有拥塞控制机制,所以 UDP 的发送方可以以任意速率向网络注入数据。

由于实时应用程序通常能容忍少量丢包以及 UDP 的上述特性,很多实时应用程序都采用 UDP 来传输数据。

(二) TCP 及其服务

TCP 提供面向连接的、可靠数据传输和拥塞控制等服务。

(1) 面向连接:通信双方在通信之前需要先建立 TCP 连接,这条连接是全双工的,允许通信双方同时收发数据。通信结束后需要断开该 TCP 连接。

(2) 可靠数据传输:TCP 能够为进程数据传输提供无差错、按序交付和无重复的服务。

(3) 拥塞控制服务:当检测到拥塞时,TCP 的拥塞控制机制会抑制发送方的发送速率,使得向网络注入数据的速率变小。这种服务有利于提高 Internet 的整体性能,但对通信进程而言并不一定有直接的好处。这是因为当出现拥塞时,TCP 的拥塞控制机制会抑制发送方的发送速率,这显然会对有最低带宽要求的实时应用产生严重影响。

(三) 常用的 TCP 和 UDP 应用

表 7 - 1 给出了使用 UDP 或 TCP 的常用网络应用实例。

表 7 - 1　使用 UDP 或 TCP 的常用应用实例

应　用	应用层协议	运输层协议	带宽要求	时延敏感
域名解析	DNS	UDP	弹性	不
文件传送	TFTP	UDP	弹性	不
路由选择协议	RIP	UDP	弹性	不
IP 地址配置	DHCP	UDP	弹性	不
网络管理	SNMP	UDP	弹性	不
远程文件服务器	NFS	UDP	弹性	不
IP 电话	专用协议	UDP	几 kb/s～5 Mb/s	是,几秒
流式多媒体通信	专用协议	UDP	几 kb/s～1 Mb/s	是,几秒
发送电子邮件	SMTP	TCP	弹性	不
接收电子邮件	POP3	TCP	弹性	不
远程终端接入	TELNET	TCP	弹性	不
万维网	HTTP	TCP	弹性(几 kb/s)	不
文件传送	FTP	TCP	弹性	不

对带宽要求不高的网络应用属于弹性服务(Elastical Service)。对时延不敏感的网络应用,较长的网络时延会影响用户的使用体验,但不会对应用造成有害影响,这类应用更关注的是数据传输的完整性,如文件传输。而对时延敏感的网络应用,通常允许有少量的数据包丢失,如在多媒体通信中,偶尔的丢包只会对音/视频的播放造成偶尔的干扰,而且通常可以用技术手段将这些丢包部分或全部隐藏起来。

三、应用进程、端口、套接字与 TCP 连接

运输层端口与套接字是运输层一个重要的概念。图 7 - 3 给出了应用进程、套接字与 IP 地址关系的示意图。

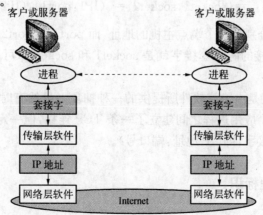

图 7 - 3　应用进程、套接字与 IP 地址的关系

理解应用进程、运输层端口与套接字的关系,需要注意以下问题。

(一) 应用进程、运输层协议与本地主机操作系统的关系

应用进程与运输层的 TCP 或 UDP 协议都是在主机操作系统控制下工作的。应用进程的开发者只能够根据需要,在运输层选择 TCP 或 UDP 协议,设定相应的最大缓存、最大报文长度等参数。一旦运输层协议的类型和参数被设定后,实现运输层协议的软件就在本地机操作系统的控制之下,为应用进程提供进程通信服务。

(二) 进程通信、运输层端口号与网络层 IP 地址的关系

下面举一个例子来形象地说明进程、运输层端口号(Port Number)与网络层 IP 地址的关系。如果一位同学要到学校宿舍来找你,首先要找到你住的楼栋号,再到你住的楼栋问到你的寝室号,才能到寝室找到你。这里的楼栋号就相当于主机的 IP 地址,寝室号就相当于运输层的端口号。IP 地址只能告诉你要找的人住在哪栋宿舍楼,还要知道寝室号才能找到你要找的人。在计算机网络中,只有知道 IP 地址与端口号,才能找到准备通信的应用进程。

(三) 套接字与 TCP 连接

运输层还必须要解决的一个重要问题是进程标识。在一台计算机中,不同进程需要用进程号(Process ID)唯一地标识。进程号也称为端口号。在网络环境中,标识一个进程必须同时使用 IP 地址与端口号。套接字(Socket)就是由 IP 地址与对应的端口号(IP 地址:端口号)组成。具体表示为:

$$套接字(Socket)=(IP 地址:端口号) \tag{7-1}$$

例如,一个 IP 地址为 202.1.2.5 的客户端使用 30022 端口号,与一个 IP 地址为 151.8.22.51 且端口号为 80 的 Web 服务器建立 TCP 连接,那么标识客户端的套接字为 (202.1.2.5:30022),标识服务器端的套接字为(151.8.22.51:80)。

从上面可以看出,每一条 TCP 连接唯一地被通信两端的两个端点(即两个套接字)所确定,因此 TCP 连接可具体表示为:

$$TCP 连接::=\{socket1,socket2\}=\{(IP1:port1),(IP2:port2)\} \tag{7-2}$$

这里 IP1 和 IP2 分别是两个端点主机的地址,而 port1 和 port2 分别是两个端点主机中的端口号。TCP 连接的两个套接字就是 socket1 和 socket2。可见套接字 socket 是个很抽象的概念。

总之,TCP 连接就是由协议软件所提供的一种抽象。虽然有时为了方便,可以说,在一个应用进程和另一个应用进程之间建立了一条 TCP 连接,但一定要记住:TCP 连接的端点是个很抽象的套接字,即(IP 地址:端口号)。

四、分布式进程标识

计算机网络环境中,应用进程是分布在多台不同的主机之上进行通信的,因此分布式

进程通信首先要解决两个基本问题：进程标识和多重协议的识别。

（一）进程标识

1. 进程标识的基本方法

TCP/IP 传输层的寻址是通过 TCP 与 UDP 的端口号来实现的。Internet 应用程序类型很多，例如基于客户/服务器(C/S)工作模式的 FTP、E-mail、Web、DNS 与 SNMP 应用，以及基于点对点(P2P)工作模式的应用。这些应用程序在运输层分别选择了 TCP 或 UDP。为了区别不同的网络应用程序，TCP 与 UDP 规定用不同的端口号来表示不同的应用程序。

2. 端口号的分配方法

在 TCP/IP 协议中，端口号采用 16 位二进制数表示，其数值取 0～65 535 之间的整数。

互联网上的计算机通信是采用客户-服务器方式。客户端在发起通信请求时，必须先知道对方服务器的 IP 地址和端口号。因此运输层的端口号分为下面两大类。

（1）服务器端使用的端口号。

服务器端使用的端口号分为两类，最重要的一类叫作熟知端口号(Well Known Port Number)或系统端口号，数值为 0～1023。这些数值可通过网址 www.lana.org 查到。IANA 把这些端口号指派给了 TCP/IP 最重要的一些应用程序，让所有的用户都知道。当一种新的应用程序出现后，IANA 必须为它指派一个熟知端口，否则互联网上的其他应用进程就无法和它进行通信。表 7-2 给出了一些常用的熟知端口号。

表 7-2 常用的熟知端口

应用程序	FTP	TELNET	SMTP	DNS	TFTP	HTTP	SNMP	SNMP(trap)	HTTPS
熟知端口号	21	23	25	53	69	80	161	162	443

另一类叫作登记端口号，数值为 1 024～49 151。这类端口号是为没有熟知端口号的应用程序使用的。使用这类端口号必须在 IANA 按照规定的手续登记，以防止重复。

（2）客户端使用的端口号。

客户端使用的端口号数值为 49 152～65 535。由于这类端口号仅在客户进程运行时才动态选择，因此又叫作临时端口号。这类端口号留给客户进程选择暂时使用。当服务器进程收到客户进程的报文时，就知道了客户进程所使用的端口号，因而可以把数据发送给客户进程。通信结束后，刚才已使用过的客户端口号就不复存在，这个端口号就可以供其他客户进程使用。

（二）多重协议的识别

实现分布式进程通信要解决的另一个重要问题是多重协议的识别。

网络中两台主机要实现进程通信,就必须事先约定好使用的运输层协议类型。如果主机的传输层使用 TCP,另一台主机的传输层使用 UDP,由于两种协议的报文格式、端口号分配的规定,以及协议执行过程都不相同,因而使得两个进程无法正常地交换数据。因此,两台主机必须在通信之前就确定都采用 TCP,还是都采用 UDP。具体可见图 7-4。

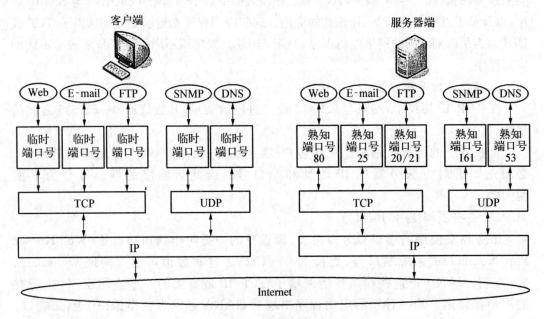

图 7-4 进程标识方法

计算机网络环境中分布式进程通信要涉及两个不同主机的进程,因此一个完整的进程通信标识需要一个五元组表示。这个五元组是协议、本地地址、本地端口号、远程地址与远地端口号。

五、运输层的多路复用与多路分用

一台运行 TCP/IP 协议的主机可能同时运行不同的应用程序。如果客户和服务器同时运行 4 个应用程序,分别是域名服务(DNS)、Web 服务(HTTP)、电子邮件(SMTP)与网络管理(SNMP)。其中,HTTP、SMTP 使用 TCP 协议,DNS、SNMP 使用 UDP 协议。TCP/IP 协议允许多个不同的应用程序的数据,同时使用同一个 IP 地址和物理链路来发送和收数据。

在发送端,IP 协议将 TCP 或 UDP 协议的传输协议数据单元 TPDU 都封装成 IP 分组发送出去;在接收端,IP 协议将从 IP 分组中拆开的传输协议数据单元 TPDU 传到运输层,由运输层根据不同 TPDU 的端口号,区分出不同 TPDU 的属性,分别传送给对应的 4 个应用进程。这个过程称为运输层的多路复用与多路分用。图 7-5 给出了运输层的多路复用与多路分用过程示意图。

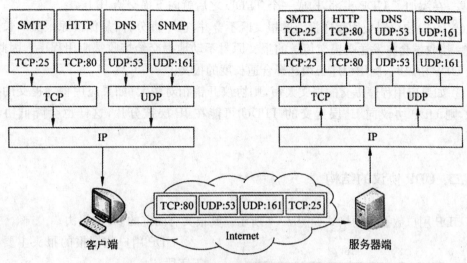

图 7-5　运输层多路复用与分用示意图

第二节　用户数据报协议 UDP

一、UDP 协议的主要特点

设计 UDP 协议的主要原则是简洁、快捷。其主要特点表现在以下几个方面：

（1）UDP 协议是一种无连接的运输层协议。

理解 UDP 协议无连接传输的特点，需要注意以下基本的问题：

① UDP 协议在传输报文之前不需要在通信双方之间建立连接，因此减少了协议开销与传输延迟。

② UDP 协议对报文除了提供一种可选的校验和之外，几乎没有提供其他的保证数据传输可靠性的措施。

③ 如果 UDP 协议检测出收到的分组出错，它就丢弃这个分组，既不确认，也不通知发送端和要求重传。

因此，UDP 协议提供的是"尽最大努力交付"的传输服务。

（2）UDP 协议是一种面向报文的运输层协议。

图 7-6 描述了 UDP 协议对应用程序提交数据的处理方式。

理解 UDP 协议面向报文的传输特点，需要注意以下基本的问题：

① UDP 协议对于应用程序提交

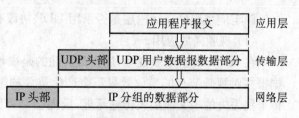

图 7-6　UDP 对应用程序提交数据的处理方式

的报文,在添加了 UDP 头部,构成一个 TPDU 之后就向下提交给 IP 层。

② UDP 协议对应用程序提交的报文既不合并,也不拆分,而是保留原报文的长度与格式。接收端会将发送端提交传送的报文原封不动地提交给接收端应用程序。因此,在使用 UDP 协议时,应用程序必须选择合适长度的报文。

③ 如果应用程序提交的报文太短,则协议开销相对较大;如果应用程序提交的报文太长,则 UDP 协议向 IP 层提交的 TPDU 可能在 IP 层被分片,这样也会降低协议的效率。

二、UDP 协议的结构

UDP 用户数据报的格式如图 7-7 所示。其报文有固定的 8B 的报头。

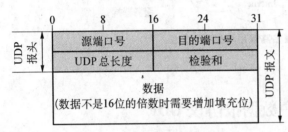

图 7-7 UDP 用户数据报格式

UDP 用户数据报的报头主要有以下字段:

(1) 端口号。

端口号字段包括源端口号与目的端口号。源端口号与目的端口号字段长度都为 16 位。源端口号表示发送端进程端口号,目的端口号表示接收端进程端口号。如果源进程是客户端,则源端口号是由 UDP 软件分配的临时端口号,目的端口号使用服务器的熟知端口号。

(2) 长度。

长度字段的长度也是 16 位,它定义了包括报头在内的用户数据报的总长度。因此,用户数据报的长度最大为 65 535 字节,最小是 8 字节。由于 UDP 报头长度固定为 8 字节,因此实际 UDP 报文的数据长度最大为 65 527(即 65 535~8)字节。

(3) 校验和。

UDP 校验和是可选的。UDP 校验和用来检验整个用户数据报、UDP 报头与伪报头在传输中是否出现差错,这正反映出效率优先的思想。如果应用进程对通信效率的要求高于可靠性,应用进程可以选择不使用校验和,从而大大提高传输效率。例如,某些视频直播的场合。

三、UDP 协议适用的范围

确定应用程序在运输层是否采用 UDP 协议有以下三个考虑的原则:

(1) 视频播放应用。

在 Internet 上播放视频,用户最关注的是视频流能尽快和不间断地播放,丢失个别数据报文对视频节目的播放效果不会产生重要的影响,如果采用 TCP 协议,它可能因为重传个别丢失的报文而加大传输延迟,反而会对视频播放造成不利的影响,因此,视频播放程序对数据交付实时性要求较高,而对数据交付可靠性要求相对较低,UDP 协议更为适用。

(2) 简短的交互式应用。

有一类应用只需要进行简单的请求与应答报文的交互,客户端发出一个简短的请求报文,服务器端回复一个简短的应答报文,在这种情况下应用程序应该选择 UDP 协议。应用程序可以通过设置"定时器/重传机制"来处理由于 IP 数据分组丢失问题,而不需要选择有确认/重传的 TCP 协议。

(3) 多播与广播应用。

UDP 协议支持一对一、一对多与多对多的交互式通信,这点 TCP 协议是不支持的。UDP 协议头部长度只有 8 字节,比 TCP 协议头部长度 20 字节要短。同时,UDP 协议没有拥塞控制,在网络拥塞时不会要求源主机降低报文发送速率,而只会丢弃个别的报文。这对于 IP 电话、实时视频会议应用来说是适用的。由于这类应用要求源主机以恒定速率发送报文,在拥塞发生时允许丢弃部分报文。

当然,任何事情都有两面性。简洁、快速、高效是 UDP 协议的优点,但是由于它不能提供必需的差错控制机制,同时在拥塞严重时缺乏必要的控制与调节机制。这些问题需要使用 UDP 的应用程序设计者在应用层设置必要的机制加以解决。UDP 协议是一种适用于实时语音与视频传输的运输层协议。

第三节　传输控制协议 TCP

一、TCP 协议的主要特点

(1) 面向字节流的传输服务。

UDP 发送的数据是以用户数据报为单位的,而 TCP 是一个面向字节流的协议,这就意味着 TCP 允许发送进程传递字节流形式的数据,并且接收进程也以字节流形式接收数据。在建立 TCP 连接时,该 TCP 连接就像是连接两个通信进程的一条数字管道,在这条管道上,发送进程产生字节流,这些字节流将按顺序源源不断地流向接收进程,接收进程则按顺序源源不断地接收字节流,如图 7-8 所示。

(2) 发送和接收缓存。

因为发送和接收进程可能以不同的速度产生与接收数据,所以 TCP 需要设置一个缓存以便消除这种差异,避免高速的发送数据流将低速的接收端淹没。TCP 在建立连接时,通信双方协商并各自创建一个适当大小的发送缓存和接收缓存。

(3) 字节与数据段。

由于 IP 层向运输层提供的是分组传输服务,而不是字节流。因此,运输层中的 TCP 需要将发送缓存中的多个待发字节数据组装成一个数据段,然后在该数据段的前面附加一个 TCP 头部构成 TCP 报文,最后将 TCP 报文向下传给 IP 层。数据段的长度不一定相同,通常可能包含数百或者数千字节。

（4）全双工服务。

TCP 提供全双工服务，数据能同时双向流动，每一方 TCP 都有发送和接收缓存，能同时发送和接收数据。

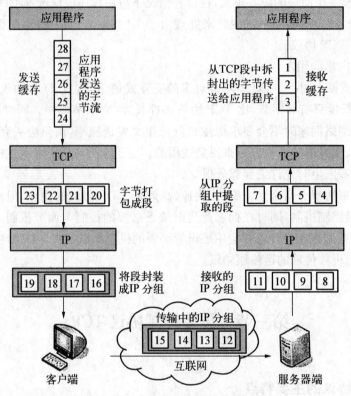

图 7‑8　TCP 协议字节流传输过程

（5）面向连接服务。

TCP 是面向连接的，一个应用进程需要与另一个应用进程通信时，必须先经过三次握手建立一个 TCP 连接，然后双方交换数据。当双方进程都没有数据要交换时，就断开 TCP 连接，并释放它们的缓存。

（6）可靠服务。

TCP 是一种可靠的运输层协议，它使用确认机制来检查数据是否安全而且准确地到达了目的端。

二、TCP 字节编号与确认机制

（一）字节编号

虽然 TCP 将字节流组装成数据段之后发送，但 TCP 仍然只对字节流按字节进行编号，而不是按数据段编号。

每次建立 TCP 连接时，通信双方各自独立地在 $0 \sim 2^{32} - 1$ 中随机选取一个整数作为本次通信第 1 个字节数据的编号,这个整数叫作初始序号(Initial Sequence Number,ISN),之后的每个字节数据均在此 ISN 的基础上依次加 1 进行编号。

TCP 定义了最大报文段生存时间(Maximum Segment Lifetime,MSL)为 120 s。在一个 MSL 内,通信的任一端不能出现相同的 ISN,否则将会给接收方造成混淆。

为了标识每个 TCP 数据段,TCP 规定将每个数据段的第一个字节的编号作为该数据段的序号。例如,在建立 TCP 连接时,发送方选取的 ISN 为 10 000,并发送了 6 000B 的数据,这些数据被组装成 5 个数据段进行传输,其中,前 4 个数据段长度为 1 000B,最后一个数据段长度为 2 000B,则每个数据段的序号及组成这个数据段的字节数据的编号范围如表 7-3 所示。

表 7-3 数据段序号及字节数据编号范围示例

数据段	数据段序号	字节数据编号范围
数据段 1	10000	10 000～10 999
数据段 2	11000	11 000～11 999
数据段 3	12000	12 000～12 999
数据段 4	13000	13 000～13 999
数据段 5	14000	14 000～15 999

(二) TCP 确认机制

TCP 提供可靠服务的前提条件是 TCP 的确认机制。TCP 的确认机制的基本思想就是发送方发送的每个字节数据都要在规定的时间内得到接收方的确认。但在实现时,TCP 采用累计确认方式,即接收方对正确接收的、按序到达的连续字节流只要确认最后一个字节即可。接收方在确认时,确认号是数据段的最后一个字节的编号加 1,表示该字节编号之前的所有数据均已正确接收,并指明期望接收下一个数据段的序号。例如,对于如表 7-3 所示的 5 个数据段组成的 TCP 报文,确认号分别为 11000、12000、13000、14000 和 16000。

为了提高效率,TCP 的实现可以使用延迟确认算法。该算法的基本思想是:TCP 不必每收到一个报文就立即发回确认,而是推迟一段时间,等收到一个以上连续的报文后,对最后一个按序到达的报文进行确认即可。TCP 规定延迟确认的延迟时间不能超过 500 ms,太长的确认延迟可能导致发送方不必要的超时重传。如果延迟等待期间接收方有数据要发送给发送方,接收方 TCP 还可以使用数据捎带确认,即在数据中将确认信息捎带了一并发送给发送方。

如果 TCP 报文因为传输错误或丢失等原因造成失序,接收方的 TCP 就立即发出一个对期望接收序号的确认,以便通知发送方可能出现了报文丢失。

三、TCP 报文的结构

TCP 实体之间传输的协议数据单元 PDU 称为 TCP 报文,也称 TCP 报文段,其报文格式如图 7-9 所示。TCP 头部由固定头部和选项两部分组成,其中,前面 20B 即前 5 行为固定头部(浅灰色部分),后面为可选项(白色部分)。

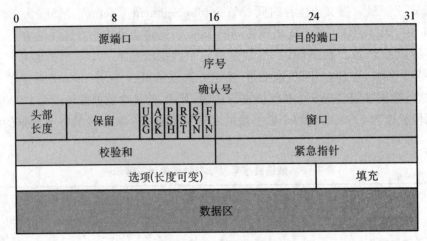

图 7-9 TCP 报文格式

TCP 报文格式中各字段含义说明如下:

(1) 源端口和目的端口:长度各占 16b,分别表示源服务访问点和目的访问点。

(2) 序号:长度 32b,即本报文中第一个字节数据的编号。

(3) 确认号:长度 32b,即本报文中最后一个字节数据的编号加 1 后的值。表示该编号之前的字节数据均已正确接收,并指明下一个要接收的字节数据的编号。

(4) 头部长度:长度为 4b,表示 TCP 报文头部的长度,包括 20B 的固定头部和可变长的选项。和 IP 头部长度字段一样,该字段也是以 32 位字为单位,最小值为 5,表示 TCP 头部最小长为 $5 \times 32 = 160b = 20B$;最大值为 15,表示 TCP 头部最长为 60B。

(5) 保留:长度为 6b,保留将来使用,其值全部为 0。

(6) 标志:共 6b,表示各种控制信息,各标志位各占 1b,其含义说明如下:

① URG,该位(设置为 1)表示后面的紧急指针字段有效,表明此报文中有紧急数据,应尽快发送。

② ACK,该位表示确认号字段的值有效。

③ PSH,该位表示推进功能有效,适用于实时场合,设置有该位的 TCP 报文将被立即发送,且接收端也会立即将该报文交付给应用进程,该位很少使用。

④ RST,该位表示 TCP 连接中出现严重差错(如主机崩溃等)。必须释放连接,然后再重新建立连接。也用于表示拒绝一个非法连接。

⑤ SYN,该位表示与序号同步,用于建立 TCP 连接;当 TCP 报文中的 SYN=1 和 ACK=0 时,表明它是一个连接请求;若对方同意建立连接,应在响应的 TCP 报文中置 SYN=1 和 ACK=1。

⑥ FIN,该位表示数据发送完毕,请求释放连接。

(7) 窗口:长度占 16b,表示自己的接收窗口的大小,也就是告诉对方自己的缓存最多还可以接收多少字节的数据,发送方将据此调节发送窗口的大小,即发送速率。

(8) 校验和:长度占 16b,其校验范围包括整个 TCP 头部和伪头部。

(9) 紧急指针:长度占 16b,只有 URG 位置位时才起作用,表示该报文中紧急数据的位置。从序号开始到紧急指针处之间的数据是紧急数据,其他则是普通数据。

(10) 选项:该字段长度可变,最大可达 40B。

(11) 填充:补齐 32 位字边界,使得 TCP 头部长度为 32 位的整数倍。

四、TCP 连接管理

(一) 建立 TCP 连接

TCP 是面向连接的协议,建立 TCP 连接的过程被形象地称为三次握手过程,其过程及连接状态变化如图 7-10 所示,其中的 Seq 为序号,Ack 为确认号,[SYN]表示 SYN 标志置位,[SYN,ACK]表示 SYN 和 ACK 标志置位。

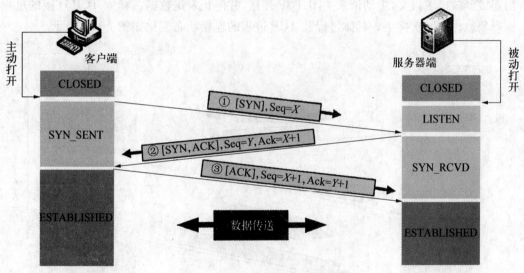

图 7-10 TCP 的三次握手过程

在建立连接之前,客户端和服务器端的 TCP 进程都处于 CLOSED 状态。当服务器 TCP 进程接收到来自服务器应用程序的被动开启请求后,服务器的 TCP 进程就进入 LISTEN 状态,以监听客户端的连接请求。

建立 TCP 连接的三次握手过程说明如下:

第一次握手:当客户端打算与服务器端建立 TCP 连接时,就主动发送标志位 SYN 置 1 的 TCP 报文给服务器端以请求建立 TCP 连接,其中,报文中的序号字段 Seq=X。TCP 规定,SYN 标志置 1 的 TCP 报文不能携带数据,但要消耗掉一个序号。这时,客户端的 TCP 进程将从 CLOSED 状态转到 SYN_SENT 状态。

第二次握手:服务器端接收到连接请求报文后,如同意建立连接,则选择自己的序号 Seq=Y,并向客户端返回标志位 SYN 和 ACK 均置 1 的确认报文,其中,确认号 Ack= X+1。这时 TCP 服务器进程进入到 SYN_RCVD 状态。

第三次握手：客户端收到确认报文后就表明本端的 TCP 连接已经建立，TCP 进程进入到 ESTABLISHED 状态。此时，客户端的应用进程就可以利用此连接向服务器发送数据，但此时仍然需要向服务器发出确认报文，该确认报文可以稍带在用户数据报文中一并发送给服务器端，报文中的序号 Seq＝X＋1，确认号 Ack＝Y＋1，标志位 ACK 置 1。TCP规定 ACK 标志置 1 的 TCP 确认报文可以携带数据，但如果不携带数据则不消耗序号。

服务器端收到客户端的确认报文后，也进入到 ESTABLISHED 状态，并通知其上层应用进程，自此，双方的 TCP 连接建立成功。

为什么客户端最后还要再发送一次确认呢？这主要是为了防止已失效的连接请求报文段突然又传送到了服务器端，因为服务器端误认为这是有效的请求连接报文，因而产生错误。因此，采用三次握手的机制，避免这类错误的产生。

（二）释放 TCP 连接

数据传输结束后，通信的任意一方都可以释放 TCP 连接。假设客户端应用进程先发出连接释放请求报文，主动请求关闭 TCP 连接，并停止发送数据。释放 TCP 连接的过程被形象地称为四次挥手。具体过程及 TCP 进程的连接状态变化如图 7-11 所示。

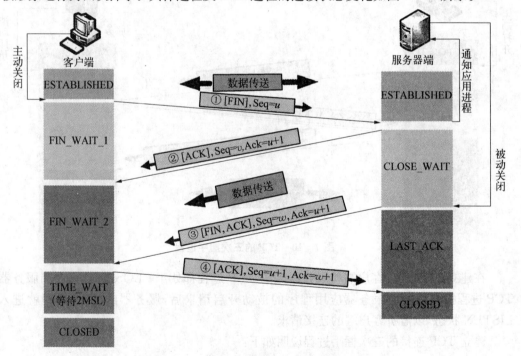

图 7-11 TCP 释放连接时的四次挥手过程

TCP 释放连接的四次挥手过程描述如下：

第一次挥手：客户端的应用进程先向其 TCP 进程发出连接释放报文，并停止发送数据，主动关闭 TCP 连接。客户端的 TCP 进程则发送一个 FIN 报文给服务器端，该 TCP报文头部的标志位 FIN 置 1，序号 Seq＝u（u 为前面已传送过的数据的最后一个字节的编号加 1。TCP 规定，FIN 报文即使不携带数据也要消耗掉一个序号），此时客户端的 TCP

进程状态将由 ESTABLISHED 转为 FIN_WAIT_1,并等待服务器的确认。

第二次挥手:服务器收到连接释放请求后,就发送标志位 ACK 置 1,序号 Seq=v(v 为前面已传送过的数据的最后一个字节的编号加 1),确认号 Ack=a+1 的 TCP 确认报文给客户端,然后 TCP 进程状态由 ESTABLISHED 转为 CLOSE_WAIT。同时还要通知高层应用进程,从客户端到服务器端的 TCP 连接已经关闭。若此时服务端的应用进程还有数据要发给客户端,服务器端仍可以继续发送数据,客户端也应该继续接收。

第三次挥手:一段时间后,服务器的应用进程已经没有数据要发送了,就通知服务器 TCP 进程关闭 TCP 连接。此时服务器 TCP 进程发送一个 TCP 报文给客户端,该报文头部的标志位 FIN 和 ACK 均置位 1,序号 Seq=ω,确认号 Ack=u+1。然后服务器 TCP 进程进入到 LAST_ACK 状态。注意,由于客户端一直没有再发送数据,因此,确认号与第二次挥手一样仍为 a+1。如果第二次挥手后服务器也没有继续发送数据给客户端,则 ω=v。

第四次挥手:最后客户端发送标志位 ACK 置 1,序号 Seq=u+1,确认号 Ack=w+1 的 TCP 报文给服务器后就进入到 TIME_WAIT 状态,然后等待 2MSL(MSL 为最大报文段寿命,默认为 2 min)的时间后自动关闭 TCP 连接,TCP 进程状态转为 CLOSED。服务器端收到该 ACK 报文后则直接关闭连接,TCP 进程状态也转为 CLOSED。

(三) 重置 TCP 连接

前面所介绍的是应用程序传输完数据之后正常地关闭连接,但有时也会出现异常情况导致中途需要突然关闭 TCP 连接,TCP 为此提供了重置措施。

要重置一个 TCP 连接,只要发送一个标志 RST 置 1 的 TCP 报文即可。对方收到 RST 标志置 1 的报文时就立即退出 TCP 连接。连接双方立即停止数据传输并释放这一连接所占用的缓存等系统资源。异常的突然重置可能会导致数据丢失。

以下三种情况会重置 TCP 连接:

(1) 一方的 TCP 请求连接到一个并不存在的端口。对方就会发送 RST 报文来拒绝该请求。

(2) 一方的 TCP 由于异常情况(如主机崩溃)而突然退出连接。这时它必须先释放连接,然后重建 TCP 连接。

(3) 一方的 TCP 发现另一方的 TCP 长时间空闲。为了节省系统资源,它可以发送 RST 报文来撤销这个 TCP 连接。

第四节 可靠传输的工作原理

TCP 发送的报文段是交给网络层的 IP 协议传送的。但前面讲到 IP 协议实现的是尽最大努力交付的服务。也就是说,TCP 下面的网络所提供的是不可靠的传输。因此,TCP 必须采用适当的措施才能使得两个运输层之间的通信变得可靠。

理想的传输条件有以下两个特点:

(1) 传输信道数据不会产生差错。

（2）不管发送方以多快的速度发送数据，接收方总是来得及处理收到的数据。

在这样的理想传输条件下，不需要采取任何措施就能够实现可靠传输。然而实际的网络都不具备以上两个理想条件。但可以使用一些可靠传输协议，当出现差错时让发送方重传出现差错的数据，同时在接收方来不及处理收到的数据时，及时告诉发送方适当降低发送数据的速度。这样一来，本来不可靠的传输信道就能够实现可靠传输了，下面以最简单的停止等待协议为例介绍如何在不可靠的信道上实现可靠传输。

一、停止等待协议

停止等待协议是最简单但也是最基础的可靠传输协议。

停止等待的基本思想就是每发送完一个报文就停止发送，等待对方的确认。在收到确认后才能发送下一个报文。显然，在这种环境中，每个报文都需要进行编号。

在报文的传输过程中，有 4 种可能的状态：正常运行、报文丢失、确认丢失或确认延迟。停止等待协议对这四种情况都采取了相应的措施，来保障可靠传输的实现。具体情况如图 7 - 12 所示。

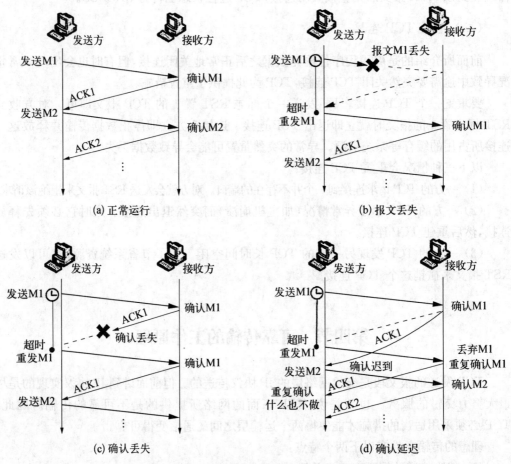

图 7 - 12　停止等待协议运行可能出现的 4 个情况

（一）正常运行

如图 7-12(a)所示，发送方发送报文 M1，然后就等待 M1 的确认报文，接收方收到报文 M1 并校验没有差错后就对 M1 进行确认，发送 ACK 确认报文给发送方。发送方收到 M1 的 ACK 确认报文后就发送报文 M2，如此往复，直到数据全部发送完。

（二）报文丢失

图 7-12(b)示例了当报文 M1 因为传输差错或者因为其他原因被丢弃或丢失时，停止等待协议的处理办法。

由于接收方并没有正确接收到 M1，故不会对 M1 进行确认，而发送方每发送一个报文都会保留该报文的一个副本，同时开启一个超时重传定时器。当该定时器到时仍未收到确认时，就重新发送 M1 的副本。直到收到 M1 的确认后，发送方才会清除 M1 的副本，然后继续发送报文 M2。

（三）确认丢失

图 7-12(c)示例了当接收方的 M1 确认报文因为传输差错或者其他原因未能被发送方正确接收时，停止等待协议的处理办法。

由于 M1 的确认报文丢失或者损坏，发送方将仍然继续等待 M1 的确认报文，当超时重传定时器到时后，发送方重发 M1 的副本，并重置定时器，直到正确收到接收方发送的 M1 确认报文，然后才继续发送 M2 报文。

（四）确认延迟

如图 7-12(d)所示，接收方正确接收到了报文 M1，也正确地确认了该报文，但该确认报文迟到了，导致发送方在超时重传定时器到时前仍未收到 M1 的确认，因此重发了报文 M1。稍候发送方收到了这个迟到的确认，于是清除 M1 的副本并发送报文 M2。然后又收到一个 M1 的确认报文，由于发送方现在想得到的是 M2 的确认报文，于是发送方对这个重复的确认报文不予理会。

而接收方由于已经正确地接收和确认了报文 M1，当它再次收到一个重复的 M1 报文时，将直接丢弃该报文，然后重复确认该报文。重复确认的理由是认为发送方还没有收到 M1 的确认。

通常发送方最终总是可以收到对所有发出的报文的确认。如果发送方一直不断地重传报文但总是收不到确认，则说明通信线路太差，不能进行通信。

使用这种确认和重传机制，就可以在不可靠的传输网络上实现可靠的通信。

上述这种可靠传输协议常称为自动重传请求（Auto Repeat Request，ARQ）。重传是发送方自动进行的，不需要接收方来请求发送方重传某个报文。

二、连续 ARQ 协议

停止等待协议虽然实现了可靠传输，但是缺点也很明显，通信效率非常低。为了提高传输效率,发送方可以不使用低效率的停止等待协议,而是采用流水线传输,如图 7 - 13 所示。流水线传输就是发送方可连续发送多个分组,不必每发完一个分组就停顿下来等待对方的确认。这样可使信道上一直有数据不间断地在传送。显然,这种传输方式可以获得很高的信道利用率。

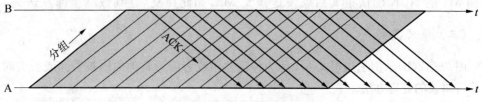

图 7 - 13 流水线传输模式

连续 ARQ 协议就是使用流水线传输方式。为了实现流水线传输,连续 ARQ 协议采用滑动窗口机制来维护流水线传输方式。收发双方以全双工方式工作,在发送缓存和接收缓存中各开辟一个空间作为发送窗口和接收窗口。图 7 - 14(a)表示发送方维持的发送窗口,发送窗口的意义在于:位于发送窗口中的 5 个分组均可以连续发送出去,而不需要等待接收方的确认。因此,发送方就可以以流水线的方式一次性发送多个分组,从而提高了信道的利用率。

连续 ARQ 协议规定,发送方每收到一个分组的确认,就把发送窗口向前滑动一个分组的位置。图 7 - 14(b)表示发送方收到了对第 1 个分组的确认,于是把发送窗口向前移动一个分组的位置。如果原来已经发送了前 5 个分组,那么现在就可以发送窗口内的第 6 个分组了。

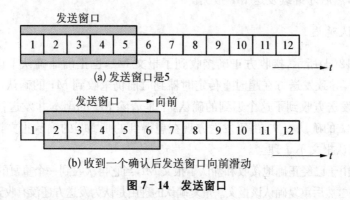

图 7 - 14 发送窗口

接收方一般都是采用累积确认的方式。这就是说,接收方不必对收到的分组逐个发送确认,而是在收到几个分组后,对按序到达的最后一个分组发送确认,这就表示:到这个分组为止的所有分组都已正确收到了。

累积确认有优点也有缺点。优点是容易实现,即使确认丢失也不必重传;缺点是不能向发送方反映出接收方已经正确收到的所有分组的信息。

例如,如果发送方发送了前 5 个分组,而中间的第 3 个分组丢失了。这时接收方只能对前 2 个分组发出确认。发送方无法知道后面 3 个分组的下落,而只好把后面的 3 个分组都再重传一次。这就叫作 Go-back-N(回退 N),表示需要再退回来重传已发送过的 N 个分组。可见当通信线路质量不好时,连续 ARQ 协议会带来负面的影响。

第五节 TCP 可靠传输的实现

前面讨论的时候说过,TCP 采用的是连续 ARQ 协议,使用以字节为单位的滑动窗口实现机制实现数据的发送和接收。为了方便讲述可靠传输原理,假定数据传输只在一个方向进行,即发送方使用发送窗口发送数据,接收方使用接收窗口接收数据。

一、滑动窗口机制

在建立 TCP 连接时,通信双方均通过 TCP 报头中的窗口字段来告知对方本节点接收窗口的大小,发送方根据对方告知的窗口大小来动态设定自己的发送窗口的大小,发送窗口必须小于或等于对方的接收窗口的大小。如图 7-15(a)所示,发送方根据接收方通知的窗口大小(假设为 500B)将自己的发送窗口设定为 500,并假定每个 TCP 报文段长度为 100B,则发送窗口包含 5 个 TCP 报文段。图中的三个指针(P1、P2 和 P3)将发送方要发送的 9 个 TCP 报文分成以下 4 个部分:

(1) P1 左侧的是已发送且已收到确认的报文。

(2) 位于 P2 与 P1 之间的为已经发送但还未收到确认的报文。

(3) 位于 P3 与 P2 之间的为允许发送但当前还未发送的报文。P3-P2=可用窗口大小,或有效窗口大小。

(4) P3 右侧的为还不可以发送的报文。

由此可知,如图 7-15(a)所示的状态是 1~200 的字节数据已经发送且已被确认,201~500 的字节数据已经发送出去,但还没有收到确认,发送方现在可以将位于发送窗口内的 501~700 的字节数据发送出去,701~900 的字节数据现在还不能发送。

在接收方,也有一个和发送方类似的接收窗口,接收方每收到并确认一个 TCP 报文后,接收窗口就向前滑动一个报文长度。位于接收窗口内的字节序号为允许接收的字节数据,或者已接收但还没有确认的数据。例如,图 7-15(b)中,接收方按序接收到 201~400 的字节数据,以及 501~700 的字节数据也已收到,但由于 401~500 的字节数据还没有收到,因此只能向发送方发送一个确认号为 401 的确认报文,表明序号 401 之前的所有字节数据均已成功接收,现在期望收到序号为 401 的 TCP 报文,然后将接收窗口向前滑动 200B(即两个报文长度)。现在位于接收窗口内的序号表示期望接收的字节数据,以及还没有确认的字节数据,或者未按序到达的字节数据。

发送方收到接收方发来的确认报文,就可以将发送窗口向前滑动。例如,在图 7-15(c)中,发送方收到了 201~400 的确认报文,那么发送窗口就向前滑动 200B,于是 701~900 的字节数据就位于发送窗口中了,现在窗口内的数据为 401~900,其中,401~500 是已发送但还未收到确认,发送方此时可以发送 501~900 的字节数据。

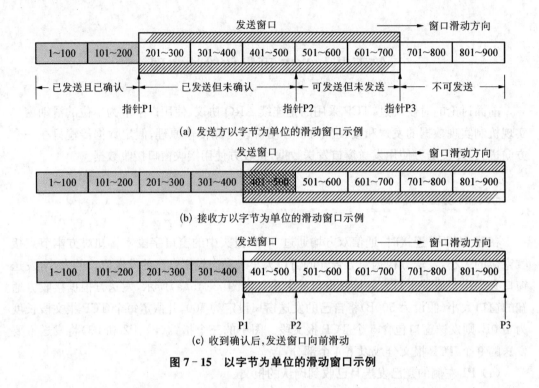

(a) 发送方以字节为单位的滑动窗口示例

(b) 接收方以字节为单位的滑动窗口示例

(c) 收到确认后,发送窗口向前滑动

图 7-15　以字节为单位的滑动窗口示例

二、超时重传机制

TCP 超时重传机制是为了进行差错控制,是 TCP 实现可靠传输的一个重要措施。TCP 要求发送端每发送一个报文都要保存一份该报文的副本,同时启动一个重传定时器(Retransmission Timer,RT)并等待确认信息。接收端成功接收报文后就返回一个确认信息。RT 设定了一个超时重传时间(Retransmission Time Out,RTO),若在 RTO 超时前报文仍未被确认,TCP 就认为该报文已丢失或损坏,需要重传该报文。

超时重传时间 RTO 是影响超时重传机制协议效率的一个关键参数。RTO 的值被设置过大或过小都会对协议造成不利影响。如果 RTO 设置过大将会使发送端经过较长时间的等待才能发现报文丢失,降低了 TCP 连接数据传输的吞吐量;另一方面,若 RTO 设置过小,发送端尽管可以很快地检测出报文的丢失,但也可能将一些延迟大的报文误认为是丢失,造成不必要的重传,浪费了网络资源。

如果底层网络的传输特性是可预知的,那么重传机制的设计就相对简单得多,就可以根据底层网络的传输时延的特性选择一个合适的 RTO,使协议的性能得到优化。但是 TCP 的底层网络环境是一个完全异构的互联结构。在实现端到端的通信时,不同端点之间传输通路的性能可能存在着巨大的差异,而且同一个 TCP 连接在不同的时间段上,也会由于不同的网络状态而具有不同的传输时延。

因此,TCP 必须适应两个方面的时延差异:一个是达到不同目的端的时延的差异,另一个是同一连接上的传输时延随业务量负载的变化而出现的差异。为了处理这种底层网络传输特性的差异性和变化性,TCP 的重传机制相对于其他协议显然也将更为复杂,为此，TCP 使用自适应算法（Adaptive Retransmission Algorithm）以适应互联网分组传输时延的变化。这种算法的基本要点是 TCP 监视每个连接的性能（即传输时延），由此每一个 TCP 连接推算出合适的 RTO 值，当连接时延性能变化时，TCP 能够相应地自动修改RTO 的设定，以适应这种网络的变化。

第六节　TCP 流量控制

所谓流量控制就是让发送方的发送速率不要过快，让接收方来得及接收。利用滑动窗口机制可以很方便地在 TCP 连接上实现对发送方的流量控制。

一、滑动窗口与流量控制

TCP 使用可变的滑动窗口来实现流量控制。除了在建立 TCP 连接时，通信双方相互通过 TCP 报文中的窗口字段来告知对方本节点的接收窗口大小；在通信的过程中，接收方还会使用 TCP 确认报文中的窗口字段来动态地向发送方反馈本节点的接收窗口大小，发送方则据此对发送窗口的大小在向前滑动时进行调节，使之等于接收方反馈的窗口大小，从而调节了发送数据的流量，以适应接收方的接收能力。

图 7-16 示例了可变的滑动窗口进行流量控制的过程。发送方与接收方在建立 TCP连接时，接收方的初始接收窗口 W_R 大小为 400B，发送方据此设定初始发送窗口 W_S 大小为 400B，并假定它们之间发送的 TCP 报文段的长度均为 100B。图中的 Seq 表示序号，[ACK]表示 ACK 标志位置 1，Ack 表示确认号。

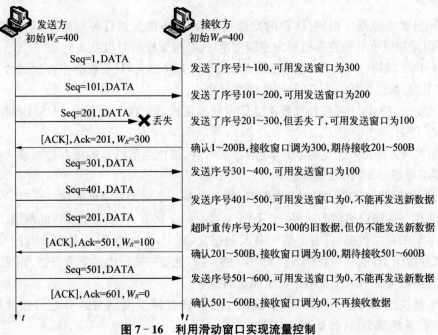

图 7-16　利用滑动窗口实现流量控制

从图 7 - 16 可以看到,接收方进行了三次流量控制。第一次将接收窗口调为 300,第二次又将接收窗口调为 100,最后将接收窗口调为 0,即不允许发送方再发送数据了。这种使发送方暂停发送的状态将持续到接收方重新发送一个新的非零接收窗口值为止。

二、零窗口与持续定时器

当接收方的接收缓存已经饱和,接收方可以使用大小为 0 的接收窗口来通知发送方停止发送数据。当接收缓存又有空间后,再用一个非零接收窗口激活发送方继续发送数据。

实际应用中,零窗口可能带来一个问题。例如,接收方发出了一个零窗口,发送方将发送窗口大小调整为 0,暂停发送。一段时间后,接收方缓存有空间了,接收方发送一个非零窗口的报文来激活发送方。但不幸的是这个非零窗口的报文丢失了,发送方和接收方将都处于等待对方的状态,从而导致了死锁。

为了解决这个问题,TCP 为每一个连接设置一个持续定时器。只要 TCP 的一方收到对方的零窗口通知,就启动该定时器,当定时器到时后,发送方就发送一个零窗口探测报文。接收方对探测报文的响应包含现在接收窗口的大小。如果接收窗口不为 0,则发送方调整发送窗口并发送数据。若接收窗口仍为 0,则重新设定持续定时器并重复上述过程。

TCP 规定,即使设置为零窗口,也必须接收零窗口探测报文段,确认报文段和携带紧急数据的报文段。

三、TCP 传输效率

应用进程将数据传送到 TCP 的发送缓存后,剩下的发送任务就由 TCP 来控制了。TCP 可以采用以下三种控制机制来控制发送 TCP 报文段的时机:

(1) TCP 维持一个变量,它等于最大报文段长度 MSS。只要缓存中存放的数据达到 MSS 字节时,就组装成一个 TCP 报文段发送出去。

(2) 发送方的应用进程指明要求立即发送报文段,即 TCP 支持的 PUSH 操作,也就是标志位 PSH 置 1 的报文。

(3) 发送方维持一个定时器,当定时器到时后,就把当前已有的缓存数据装入报文段(但长度不能超过 MSS)发送出去。

但是,如何控制 TCP 发送报文段的时机仍然是一个较为复杂的问题。

在使用一些协议通信的时候,如 Telnet,会有一个字节、一个字节发送的情景,每次发送一个字节的有用数据,就会产生 41B 长的报文,其中,20B 的 IP 头部和 20B 的 TCP 头部,这就导致了 1B 的有用数据要耗费 40B 的开销,这是一笔巨大的字节开销,而且这种短报文的泛滥会导致 Internet 增加发生拥塞的概率。

为了解决这个问题,John Nagle 提出了一种通过减少网络发送分组的数量来提高 TCP/IP 传输的效率,这就是 Nagle 算法。

Nagle 算法主要是避免发送小的数据包,它要求一个 TCP 连接上最多只能有一个未被确认的短报文,在该短报文未被确认之前不能发送其他的短报文。在等待这个短报文的确认信息期间,TCP 发送缓存可以将应用进程传下来的字节数据都缓存下来,当前面的短报文被确认时就可以将发送缓存中的字节数据组装成一个较长报文发出去。在应用进程数据到达较快而网络速率较慢的情况下,Nagle 算法可明显减少对网络宽带的消耗。Nagle 算法还规定,当到达的数据已达到发送窗口大小的一半或者已达到报文段的最大长度时,就立即发送一个报文段。这样就可以有效提高网络的吞吐量。

默认情况下,TCP 发送数据时均采用 Nagle 算法。这样虽然提高了网络吞吐量,但实时性却降低了,对一些交互性很强的应用程序来说是不允许的,使用 TCP_NODELAY 项可以禁止使用 Nagle 算法。

另外要考虑的一个问题叫作糊涂窗口综合征。它也会使 TCP 的性能变坏。设想一种情况:当接收方的缓存已满,交互应用程序每次从缓存中只读取一个字节,这样就使接收缓存腾出一个字节,然后向发送方发送确认信息,并告诉此时的接收窗口大小为 1B,于是发送方再发送一个字节的数据过来(注意:发送方发送的 IP 数据报至少是 41B 长,因为 TCP 头部和 IP 头部各至少长 20B),这样持续下去将导致网络的效率很低。

解决这个问题的办法是可以让接收方等待一段时间,使得接收缓存已有足够的空间容纳一个最长报文段,或者等到接收缓存已有一半的空间。只要这两种情况出现一种,就发送确认报文,并向发送方通知当前的窗口大小。此外,发送方也不要发送太小的报文段,而是把数据累积到足够大的报文段,或者达到接收方缓存空间的一半大小后再发送。

上述两种方法可配合使用。使得在发送方不发送很小的报文段的同时,接收方也不要在缓存刚刚有了一点点空间就急忙把这个很小的窗口大小信息告知发送方。

第七节 TCP 拥塞控制

一、拥塞控制的基本原理

计算机网络中的带宽、交换节点中的缓存和路由器等,都是网络的资源。在某段时间若对网络中某一资源的需求超过了该资源所能提供的可用部分,网络的性能就会变坏。这种情况就叫作拥塞。就像现实生活中城市道路拥堵一样,当汽车的流量超过马路设计的最大流量时,道路就会出现拥堵。

拥塞控制就是防止过多的数据注入网络,这样可以使网络中的路由器或链路不至于过载,从而减小拥塞的产生概率。拥塞控制是一个全局性的过程,它涉及网络中的所有路由器和主机,以及与降低网络传输性能有关的所有因素,拥塞控制所要做的就是使网络负载与网络的承受能力相适应。

拥塞控制与流量控制是两个不同的概念。流量控制是指点对点通信量的控制,它只涉及发送端与接收端,流量控制所要做的是抑制发送端发送数据的速率,以便使接收端来得及接收和处理数据。

拥塞是分组交换网共同的问题,在 Internet 和 WAN 中都存在。拥塞会导致网络拥塞现象的出现。拥塞现象是指到达通信子网中某一部分的分组数量过多,使得该部分网络来不及处理,以至于引起这部分乃至整个网络性能下降的现象,严重时甚至会导致网络通信业务陷入停顿,即出现死锁现象。

拥塞发生的主要原因在于网络能够提供的资源不足以满足用户的需求,这些资源包括缓存空间、链路带宽容量和中间交换节点的处理能力。比如当有多条流入线路有大量分组到达,并需要通过同一流出线路输出时,如果此时路由器来不及处理,该链路输出队列的增加速度高于分组输出的速度,缓存队列将不断增长,分组将会在输出缓存队列中排队等候处理,传输时延增大,从而出现拥塞现象。严重时,路由器的缓存队列溢出,就会丢弃分组。对于带有差错控制的可靠传输,丢弃分组会引起发送方的超时重传,这又增加了网络上的分组数量,进一步加剧了拥塞的程度。

但是,是不是说只要增加网络资源,就能避免拥塞呢?答案却是否定的。拥塞虽然是由于网络资源的稀缺引起的,但单纯增加资源并不能避免拥塞的发生。例如,增加路由器的缓存空间到一定程度时,只会加重拥塞,而不是减轻拥塞,这是因为当分组经过长时间排队完成转发时,它们很可能早已超时,从而导致发送方超时重传,重传会增加网络流量,流量增加又进一步加剧了传输时延,形成恶性循环。事实上,缓存空间不足导致的丢包更多的是拥塞的“症状”而非原因。另外,增加链路带宽及提高处理能力也不能解决拥塞问题,增加中间交换节点的处理能力对解决拥塞是有益的,处理能力越强越好。

在研究网络拥塞时,可以用两个指标来描述网络的性能,一个是网络的吞吐量,另一个是端到端时延,它们与网络负载有关。网络负载代表单位时间内输入网络的分组数,吞吐量则代表单位时间内从网络输出的分组数。

吞吐量、端到端时延与网络负载之间的关系如图 7-17 所示。

从图 7-17 可以看到,当轻负载无拥塞时,吞吐量与网络负载在数值上几乎相等,吞吐量曲线基本上是呈 45°直线增加,但端到端时延几乎维持在一个水平常量状态。随着网络负载的增加,达到中间轻微拥塞区间时,吞吐量增长变缓,端到端时延则明显增加,说明网络资源已经不能满足网络负载的需求,并可能会出现丢包现象。当网络负载增大到右侧的严重拥塞区间时,吞吐量不升反降,端到端时延急剧增加,说明此时的网络已经出现了严重拥塞现象,并开始大量丢包,甚至吞吐量趋于 0,最终出现拥塞崩溃。当吞吐量为 0,网络完全失去传输能力的现象,就称为死锁。

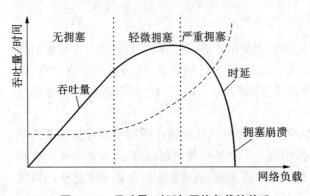

图 7-17　吞吐量、时延与网络负载的关系

二、TCP 拥塞控制策略

TCP 拥塞控制策略属于闭环控制策略,包括反馈和控制两个环节。反馈机制要求发送方发现拥塞,可由交换节点直接报告,也可以是间接地由发送方从本地观察到分组延迟或丢失等情况来推断。源节点拥塞的控制手段是源抑制,即降低发送流量。这一点与流量容有点相似,但仍与流量控制有本质区别。

TCP 推荐使用以下几种控制策略:慢启动、拥塞避免、快重传和快恢复。

使用这些策略的前提是认为绝大多数报文丢失都是由拥塞所致,因为在目前的通信技术条件下,由于通信线路问题引起的传输差错而造成报文丢弃的概率已经很小了。

(一)慢启动与拥塞避免

慢启动和拥塞避免是较早提出的拥塞控制策略,TCP 通过报文段的超时重传,或者接收到 ICMP 的源抑制报文来发现拥塞。

为了进行拥塞控制,发送方的 TCP 又设置了一个叫作拥塞窗口 cwnd 的状态变量,拥塞窗口的大小取决于网络的拥塞程度,并且动态地变化,发送方让自己的发送窗口等于拥塞窗口,另外考虑到接收方的接收能力,发送窗口还可能小于拥塞窗口,发送窗口的值按以下公式获得:

$$swnd = min(cwnd, rwnd) \tag{7-3}$$

式中,变量 swnd、cwnd 和 rwnd 分别表示发送窗口、拥塞窗口和接收方通知的接收窗口;min 为最小值函数名。

慢开始算法的思想是当发送方开始发送数据时,不是立即发送大量的数据,而是先发送一个报文探测一下网络的拥塞程度,如果网络没有拥塞就由小到大逐渐增大拥塞窗口。

在慢开始算法中,通常初始 cwnd 设置为 1~2 个发送方的最大报文段大小(Sender Maximum Segment Size,SMSS)的数值。

慢开始规定,发送方每收到一个确认报文,拥塞窗口 cwnd 就最多增加一个 SMSS 的大小,用这种方法逐步增大发送方的拥塞窗口 cwnd,可以使分组注入网络的速率更加合理。

图 7-18 示例了慢开始算法的原理。为了便于说明,图中拥塞窗口 cwnd 的大小用报文段个数来表示(实际的拥塞窗口大小是以字节为单位的),本节后续内容也将这样处理,初始拥塞窗口 cwnd=1,表示 1 个报文段大小。发送方将发送窗口 swnd 设置为等于 cwnd,并发送一个报文 M1,接着收到 M1 的确认报文,完成第一轮的传输。cwnd 增大 1 变成 2,发送窗口也随之变成 2,因此连续发送 M2 和 M3 两个报文出去,稍候将收到 M2 和 M3 的 ACK 确认报文,完成第二轮传输。cwnd 和 swnd 随之从 2 增大到 4,接下来 M4~M7 将被连续发出去,当成功接收到这 4 个报文的确认信息后,就完成了第三轮传输。cwnd 和 swnd 将因此由 4 增大到 8。由此可见,每完成一轮传输,拥塞窗口 cwnd 就加倍,这种增大称为"指数增大"。

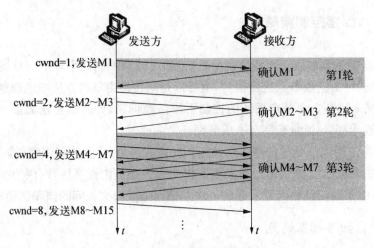

图 7 - 18　慢开始算法原理

为了防止拥塞窗口 cwmd 增长过大导致网络拥塞，TCP 还设置了一个称为慢开始门限的变量，该变量用 ssthresh 表示，其初始值一般设置为接收方通知的窗口大小，它用来分开慢启动和拥塞避免策略。慢开始门限 ssthresh 的使用方法如下：

（1）当 cwnd＜ssthresh 时，使用慢开始算法。

（2）当 cwnd≥ssthresh 时，改用拥塞避免算法。

拥塞避免算法的思想是让拥塞窗口 cwnd 缓慢地增大，具体做法是每经过一个往返间 RTT，就把发送方的拥塞窗口 cwnd 增加 1，而不像慢开始那样加倍增大，这种增大称为"加法增大"。

慢开始与拥塞避免算法一般组合在一起使用。图 7 - 19 示例了慢开始和拥塞避免算法的原理。图中拥塞窗口大小仍然以报文段个数为单位，图中的横轴是传输轮数，总共 25 轮，纵轴是拥塞窗口的大小，现结合图 7 - 19 简要说明慢开始与拥塞避免算法的工作原理。

（1）在建立 TCP 连接时，通信双方相互交换窗口大小，并初始化拥塞窗口 cwnd 的值为 1 个最大报文段 MSS 长度，初始化慢开始门限 ssthresh 的值为接收方窗口大小，这里假定为 16 个最大报文段 MSS 长度。

（2）TCP 以慢开始算法开始传输数据，每经过一轮传输，拥塞窗口 cwnd 的值就加倍，cwnd 呈现指数增大，发送窗口 swnd 也随之按式（7 - 3）不断更新，直到 cwnd≥ssthresh。

（3）当 cwnd≥ssthresh 时，改用拥塞避免算法，cwnd 的值从 ssthresh 开始，每经过一轮传输，cwnd 就增大 1，呈现加法增大趋势，同样，发送窗口 swnd 仍然按式（7 - 3）不断更新，直到出现拥塞。

（4）无论是在慢开始阶段还是在拥塞避免阶段，只要发送方判断网络出现拥塞（其根据就是出现超时重传），就令 ssthresh＝max(swnd/2,2)，如图中 ssthresh 从 16 减小到 12，同时将拥塞窗口 cwnd 重置为 1，然后再次执行慢开始算法。

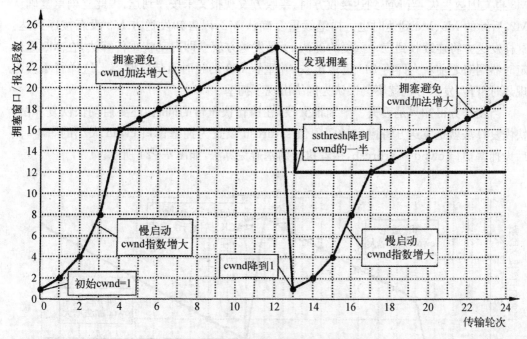

图 7-19 慢开始与拥塞避免算法原理

从以上的描述中可以理解到慢开始的"慢"是指发送方 TCP 将初始 cwnd 设置为 1 个最大报文段长度,使得发送方从最低发送速率开始启动数据传输,因此,慢开始其实就是低启动,而不是 cwnd 增长速度慢。

(二) 快重传与快恢复

由于有时个别报文段的丢失并不一定是因为拥塞造成的,如果发送方错误地认为网络出现拥塞而将拥塞窗口 cwnd 重置为 1,则会大幅降低网络的传输效率。

快重传算法可以让发送方尽早知道发生了个别报文段的丢失。快重传要求接收方在收到个别失序的报文段后就立即发出重复确认,其目的是让发送方及早知道有报文段没有正确地到达,而不要等到自己发送数据时捎带确认。快重传算法规定,发送方只要一连收到三个重复的确认就应当立即重传对方尚未收到的报文段,而不必继续等待设置的超时重传定时器到时。

如图 7-20 所示,发送方依次连续发送了多个报文,接收方收到 M1 和 M2 报文后都及时进行了确认,但

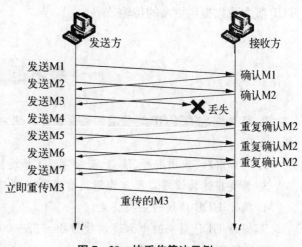

图 7-20 快重传算法示例

M3 报文因故丢失,当 M4 到达接收方时,接收方发现报文未按序到达,因此立刻重复确认 M2,后续的 M5、M6 到达时也一样继续重复确认 M2,以告知发送方 M3 没有按序到达。这样发送方将连续收到三个重复的确认,于是发送方就立即启动快重传算法,在 M3 重传定时器到时之前就立即将 M3 重传出去,并重置 M3 的超时重传定时器。这样就不会出现超时重传,发送方也就不会误认为网络出现了拥塞。

当发送方得知只是丢失了个别报文段,在执行快重传的同时,还要启动快恢复算法,快恢复算法就是发送方将慢启动门限值 ssthresh 设置为拥塞窗口 cwnd 大小的一半,然后设拥塞窗口 cwnd＝ssthresh,接着执行拥塞避免算法,如图 7-21 所示。

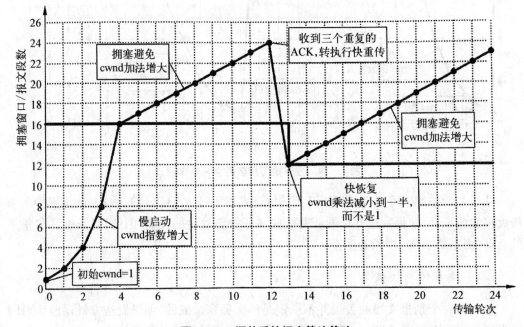

图 7-21 调整后的拥塞算法策略

与只使用慢开始与拥塞避免的拥塞控制算法相比,采用了快重传与快恢复算法的 TCP 版本可以提供更高的传输效率。

练习题

1. 简要描述 TCP/IP 运输层的主要任务。它主要包含哪两个协议? 它们的主要特点是什么?

2. 名词解释:应用进程、端口、套接字、TCP 连接。

3. 简要描述协议端口及其作用。有哪两类端口? 端口号范围是什么?

4. 简述 UDP 协议的主要特点。

5. 假设 UDP 报头的十六进制数为 06-32-00-35-00-1C-E2-17。求:

(1) 源端口号与目的端口号。

(2) 用户数据长度。

(3) 这个报文是客户端发出,还是服务器端发出?

(4) 访问哪种服务器?

6. 简述 TCP 协议的主要特点。

7. 已知 TCP 头部用十六进制数表示为 05320017 - 00000001 - 00000055 - 500207FF - 00000000。请回答以下问题:

(1) 源端口号是多少?

(2) 目的端口号是多少?

(3) 序号是多少?

(4) 确认号是多少?

(5) 头部长度是多少?

(6) 报文段的类型是什么?

(7) 窗口值是多少?

8. 简述 TCP 建立连接的三次握手过程,为什么要采用第三次握手的机制?

9. 简述 TCP 释放连接的四次挥手的过程。

10. 请说明什么情况下会重置 TCP 连接。

11. 什么是停止等待协议?停止等待协议采取什么措施来保障可靠传输的实现?

12. 简述累积确认的工作原理及其优缺点。

13. 简述 TCP 的滑动窗口机制和超时重传机制。

14. 主机 A 与主机 B 的 TCP 连接的 MSS＝1 000。主机 A 当前的拥塞窗口为 4 000B,主机 A 连续发送了两个最大报文段后,主机 B 返回了对第 1 个报文的确认,确认段中通知的接收窗口大小为 2 000B。那么,这时主机 A 最多还能够发送多少个字节?

15. 主机 A 连续向主机 B 发送了有效载荷长度分别为 300B、400B 与 500B 的三个报文段。第 3 个报文段的序号为 900。如果主机 B 正确地接收了第 1 和第 3 个报文段,那么,主机 B 向主机 A 发出的确认序号为多少?

16. 什么是 TCP 流量控制?简要描述 TCP 流量控制的基本思路。

17. 什么情况下需要采用 Nagle 算法?简述 Nagle 算法的工作原理。

18. 简述糊涂窗口综合征所指的网络现象,并说明糊涂窗口综合征解决的办法。

19. 什么是 TCP 拥塞控制?简要描述产生拥塞的原因和实现拥塞控制的基本原理。

20. TCP 流量控制和 TCP 拥塞控制有什么区别?

21. 解释拥塞窗口和慢启动门限值。TCP 拥塞控制主要采用哪几种技术?简要解释这些技术特点。

22. 简要描述快重传和快恢复技术拥塞控制机制。

23. 设 TCP 门限窗口初始值为 8 个报文段。当拥塞窗口上升到 10 时网络发生了超时,TCP 采用慢启动、加速递减和拥塞避免,求出第 1～10 次传输的各拥塞窗口大小。

第八章 应用层

应用层是五层网络体系结构的最高层,在它之上是用户,在它之下是运输层。这意味着应用层从运输层接收服务,并向用户提供服务。应用层允许人们利用各种应用程序来使用 Internet,并解决在工作、生活和学习中遇到的各种问题。

Internet 应用技术发展到现在经历过三个阶段。在应用层,有三个一般性问题与该层有关,分别是:客户/服务器模型、地址解析和服务类型。Internet 中的应用层程序大多基于客户/服务器模型。

本章主要介绍典型的应用层协议。

本章重点

(1) Internet 应用的发展和应用层协议的分类。

(2) 客户/服务器模式与 P2P 模式的特点。

(3) 域名系统 DNS。

(4) 电子邮件、文件传输和 WWW 等常见网络应用。

(5) 动态主机配置协议 DHCP。

(6) 网络搜索等应用。

第一节 互联网应用与应用层协议

一、互联网应用技术发展的三个阶段

Internet 从出现到现在,已经有 30 多年的历史了。随着网络技术的迅猛发展,Internet 上的应用也越来越多。Internet 应用的发展可以分为三个阶段,如图 8-1 所示。

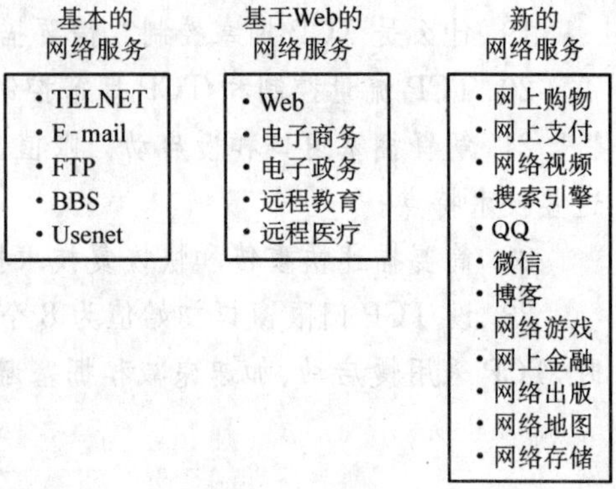

(一) 第一阶段:Internet 早期应用

Internet 早期应用的主要特征是:提供远程登录、电子邮件、文件传输、电子公告牌与网

基本的网络服务	基于Web的网络服务	新的网络服务
• TELNET • E-mail • FTP • BBS • Usenet	• Web • 电子商务 • 电子政务 • 远程教育 • 远程医疗	• 网上购物 • 网上支付 • 网络视频 • 搜索引擎 • QQ • 微信 • 博客 • 网络游戏 • 网上金融 • 网络出版 • 网络地图 • 网络存储

图 8-1 Internet 应用的发展趋势

络新闻组等基本的网络服务功能。

(1) 远程登录(TELNET)服务实现终端远程登录服务功能。

(2) 电子邮件(E-mail)服务实现电子邮件服务功能。

(3) 文件传输(FTP)服务实现交互式文件传输服务功能。

(4) 电子公告牌(BBS)服务实现网络人与人之间交流信息的服务功能。

(5) 网络新闻组(Usenet)服务实现人们对所关心的问题开展专题讨论的服务功能。

(二) 第二阶段:以 Web 为基础的应用

以 Web 为基础的应用的主要特征是:Web 技术的出现,以及基于 Web 技术的电子政务、电子商务、远程医疗与远程教育应用,搜索引擎技术的发展。

(三) 第三阶段:各类新型应用的出现

各类新型 Internet 的应用的主要特征是:P2P 网络应用扩大了信息共享的模式,无线网络应用扩大了网络应用的灵活性,物联网扩大了网络技术的应用领域。

二、互联网应用模式比较

前面介绍 Internet 通信方式的时候讲过,互联网通信方式分客户/服务器模式(Client/Server,C/S)和对等模式(也就是 P2P)。按照通信方式,互联网网络应用同样可以分为两类:客户/服务器模式与对等模式。

(一) 客户/服务器模式的基本概念

1. 客户/服务器结构的特点

从网络应用程序工作模型的角度,网络应用程序分为:客户程序与服务器程序。以电子邮件程序为例,E-mail 应用程序分为服务器端的邮局程序与客户端的邮箱程序。用户在自己的计算机中安装并运行客户端的邮箱程序,如 FoxMail,成为电子邮件系统的客户,能够发送和接收电子邮件。而安装邮局应用程序的计算机就成为电子邮件服务器,它为客户提供接收、存储、转发电子邮件与用户管理的服务功能。

2. 采用客户/服务器模式的原因

Internet 应用系统采用客户/服务器模式的主要原因是网络资源分布的不均匀性。网络资源分布的不均匀性表现在硬件、软件和数据三个方面。

(1) 网络中计算机系统的类型、硬件结构、功能都存在着很大的差异。它可以是一台大型计算机、服务器、服务器集群,或者是云计算平台,也可以是一台个人计算机,甚至是一个 PDA、智能手机、移动数字终端或家用电器。它们在运算能力、存储能力和服务功能等方面存在着很大差异。

(2) 从软件的角度来看,很多大型应用软件都是安装在一台专用的服务器中,用户需要通过 Internet 去访问服务器,成为合法用户之后才能够使用网络的软件资源。

(3) 从信息资源的角度来看,某一类型的数据、文本、图像、视频或音乐资源存放在一台或几台大型服务器中,合法的用户可以通过 Internet 访问这些信息资源。这样做对保证信息资源使用的合法性与安全性,以及保证数据的完整性与一致性是非常必要的。

网络资源分布的不均匀性是网络应用系统设计者的设计思想的体现。网络组建的目的就是要实现资源的共享,"资源共享"表现出网络中节点在硬件配置、运算能力、存储能力,以及数据分布等方面存在差异与分布的不均匀性。能力强、资源丰富的计算机充当服务器,能力弱或需要某种资源的计算机作为客户,客户使用服务器的服务,服务器向客户提供网络服务。因此,客户/服务器模式反映了这种网络服务提供者与网络服务使用者的关系,在客户/服务器模式中,客户与服务器在网络服务中的地位不平等,服务器在网络服务中处于中心地位。在这种情况下,"客户"(Client)可以理解为"客户端计算机","服务器"(Server)可以理解为"服务器端计算机"。云计算是个典型的"瘦"客户与"胖"服务器模式的代表。在云计算环境中,客户可以使用个人计算机、PDA、智能手机、移动数字终端或家用电器端等"瘦"端系统的设备,随时、随地去访问能够提供巨大计算和存储能力的"云服务器",而不需要知道这些服务器放在什么地方,是什么型号的计算机,使用的是什么样的操作系统和 CPU。

(二)对等网络的基本概念

P2P 是网络节点之间采取对等的方式,通过直接交换信息达到共享计算机资源和服务的工作模式。人们也将这种技术称为"对等计算"技术,将能提供对等通信功能的网络称为"P2P 网络"。目前,P2P 技术已广泛应用于实时通信、协同工作、内容分发与分布式计算等领域。统计数据表明,目前的 Internet 流量中 P2P 流量超过 60%,已经成为 Internet 应用的新的重要形式,也是当前网络技术研究的热点问题之一。P2P 已经成为网络技术中一个基本的术语。研究 P2P 涉及三方面内容:P2P 通信模式、P2P 网络与 P2P 实现技术。

(1) P2P 通信模式是指 P2P 网络中对等节点之间直接通信的能力。

(2) P2P 网络是指在 Internet 中由对等节点组成的一种动态的逻辑网络。

(3) P2P 实现技术是指为实现对等节点之间直接通信的功能和特定的应用所涉及的协议与软件。

因此,术语 P2P 泛指 P2P 网络与实现 P2P 网络的技术。

(三)P2P 与 C/S 工作模式的区别

图 8 - 2 形象地表示出了 P2P 与 C/S 工作模式的区别。

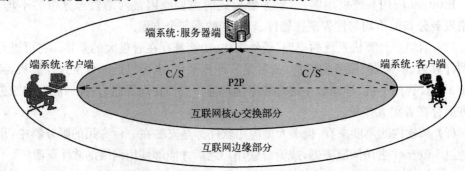

图 8 - 2　P2P 与 C/S 工作模式的区别

C/S工作模式与P2P工作模式的区别主要表现在以下几个方面。

1. C/S工作模式中信息资源的共享是以服务器为中心

以Web服务器为例,Web服务器是运行Web服务器程序、计算能力与存储能力强的计算机,所有Web页信息都存储在Web服务器中。服务器可以为很多Web浏览器客户提供服务。但是,Web浏览器之间不能直接通信。显然,在传统C/S工作模式的信息资源共享关系中,服务提供者与服务使用者之间的界限是清晰的。

2. P2P工作模式淡化服务提供者与服务使用者的界限

P2P工作模式中,所有节点同时身兼服务提供者与服务使用者的双重身份,以达到"进一步扩大网络资源共享范围和深度,使信息共享达到最大化"的目的。在P2P网络环境中,成千上万台计算机之间处于一种对等的地位,整个网络通常不依赖于专用的服务器。P2P网络中的每台计算机既可以作为网络服务的使用者,也可以向其他提出服务请求的客户提供资源和服务。这些资源可以是数据资源、存储资源、计算资源与通信资源。

3. C/S与P2P模式的差别主要在应用层

从网络体系结构的角度来看,C/S与P2P模式的区别表现在:两者在传输层及以下各层的协议结构相同,差别主要表现在应用层。传统客户/服务器工作模式的应用层协议主要包括DNS、SMTP、FTP、Web等。P2P网络应用层协议主要包括支持文件共享类Napster与Bit Torrent服务的协议、支持多媒体传输类Skype服务的协议等。

4. P2P网络是在IP网络上构建的一种逻辑的覆盖网

P2P网络并不是一个新的网络结构,而是一种新的网络应用模式。构成P2P网络的节点通常已是Internet的节点,它们不依赖于网络服务器,在P2P应用软件的支持下以对等方式共享资源与服务,在IP网络上形成一个逻辑的网络。

三、互联网应用层协议

(一)应用层协议的基本概念

网络应用与应用层协议是两个重要的概念。E-mail、FTP、TELNET、Web、IM、IPTV、VoIP,以及基于网络的金融应用系统、电子政务、电子商务、远程医疗、远程数据存储都是不同类型的网络应用。应用层协议规定了应用程序进程之间通信所遵循的通信规则,包括如何构造进程通信的报文,报文应该包括哪些字段,每个字段的意义与交互的过程等问题。

以Web服务为例,Web网络应用程序包括Web服务器程序、Web浏览器程序。Web应用层协议HTTP(超文本传输协议)定义了Web浏览器与Web服务器之间传输的报文格式、会话过程与交互顺序。

对于电子邮件应用系统来说,电子邮件应用程序包括邮件服务器程序与邮件客户端程序。电子邮件应用层协议SMTP定义了服务器与服务器之间、服务器与邮件客户端程序之间传送报文的格式、会话过程与交互顺序。

（二）应用程序体系结构的概念

在实际开展一项 Internet 应用系统设计与研发任务时，设计者面对的不会只是单一的广域网或局域网环境，而是多个由路由器互联起来的局域网、城域网与广域网构成的、复杂的 Internet 环境。作为 Internet 的用户，可能是坐在不同的地方合作完成一个项目开发任务。在设计这种基于 Internet 的分布式计算软件系统时，设计者关心的是协同计算的功能是如何实现的，而不是每一条指令或数据具体是以长度为多少个字节的分组，以及通过哪一条路径传送到对方的。

面对被抽象为边缘部分与核心交换部分的 Internet，网络应用系统设计工程师在设计一种新的网络应用时，只需要考虑如何利用核心交换部分所能够提供的服务，而不必涉及核心交换部分的路由器、交换机等低层设备或通信协议软件的编程问题。他的注意力可以集中到运行在多个端系统之上的网络应用系统功能、工作模型的设计与应用软件编程上，这就使得网络应用系统的设计开发过程变得更加容易和规范。这一点也正体现了网络分层结构的基本思想，也反映出网络技术的成熟。因此，将网络应用程序功能、工作模型与协议结构定义为应用程序体系结构（Application Architecture）。图 8－3 给出了应用层与应用程序体系结构关系的示意图。

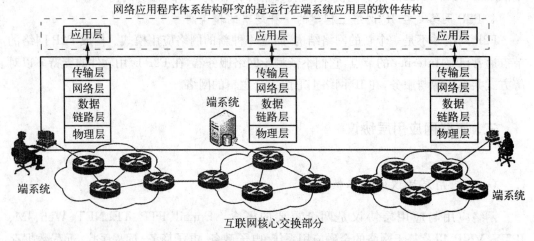

图 8－3 应用层协议与应用程序体系结构

（三）应用层协议的基本内容

应用层协议定义了运行在不同端系统上应用程序进程交换的报文格式与交互过程，主要包括：

（1）交换报文的类型，如请求报文与应答报文。

（2）各种报文格式与包含的字段类型。

（3）对每个字段意义的描述。

（4）进程在什么时间、如何发送报文，以及如何响应。

（四）应用层协议的分类

根据应用层协议在 Internet 中的作用和提供的服务功能，应用层协议可以分为三种基本类型：基础设施类、网络应用类与网络管理类。图 8-4 给出了主要应用层协议分类的示意图。

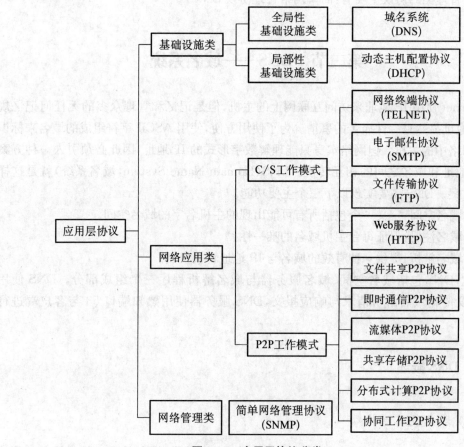

图 8-4 应用层协议分类

（1）基础设施类。

属于基础设施类的应用层协议主要有以下两种：

① 支持 Internet 运行的全局基础设施类应用层协议——域名服务 DNS 协议。

② 支持各个网络系统运行的局部基础设施类应用层协议——动态主机配置协议 DHCP。

（2）网络应用类。

网络应用类的协议可以分为两类：基于 C/S 工作模式的应用层协议与基于 P2P 工作模式的应用层协议。

① 基于 C/S 工作模式的应用层协议。

基于 C/S 工作模式的应用层协议主要包括网络终端协议 TELNET、电子邮件服务的简单报文传输协议 SMTP、文件传输服务协议 FTP、Web 服务的 HTTP 协议等。

② 基于 P2P 工作模式的应用层协议。

目前很多 P2P 协议都属于专用应用层协议。P2P 协议基本上分为：文件共享 P2P 协议、即时通信 P2P 协议、流媒体 P2P 协议、共享存储 P2P 协议、协同工作 P2P 协议。

（3）网络管理类。

网络管理类的协议主要有：简单网络管理协议 SNMP。

第二节　DNS——域名系统

Internet 使用 IP 地址来访问互联网上的主机，但是记忆和管理众多的无任何记忆规律的 IP 地址显然是一件痛苦的事情。为了使用方便，使用 ASCII 字符组成的域名来标识和访问网络中的主机。但网络本身只能理解数字形式的 IP 地址，因此必须引入一种方案实现 IP 地址和域名之间的相互转换。DNS(Domain Name System，域名系统)就是这样的解决方案。DNS 需要实现以下三个主要功能。

（1）域名空间：定义一个包括所有可能出现的主机名字的域名空间。

（2）域名注册：保证每台主机域名的唯一性。

（3）域名解析：提供一种有效的域名与 IP 地址转换机制。

因此，DNS 包括域名空间、域名服务器与域名解析程序三个组成部分。DNS 使用 UDP 协议传输域名解析请求与响应报文，DNS 服务器使用熟知端口 53 与客户端进行通信。

一、DNS 概述

（一）域名及其结构

Internet 域名是 Internet 上每台主机的名字，在全世界，域名是唯一的。域名的形式是由两个或两个以上的部分组成，各部分之间用英文的句号"."分隔，一个完整的域名，即完全合格域名的形式如下所示：

主机名.三级域名.二级域名.顶级域名

例如，www.cctv.com.cn 就是一个完整的域名，其中，www 为主机名，表示为网页服务器；cctv 表示组织机构名称；com 代表该机构的属性；cn 则表示该机构网络所在的国度或地区。类似的还有 ftp.cctv.com.cn；mail.cctv.com.cn，分别表示 cctv 下不同的应用主机。

每一级域名均由英文字符和阿拉伯数字组成，长度不超过 63 个字符，不区分大小写。各级域名自左向右级别越来越高，顶级域名(Top Level Domain，TLD)在最右边。一个完整的域名总字符数不能超过 255，域名系统没有规定一个域名必须包含多少级别。

ICANN 定义了域名的命名采用层次结构的方法。每个域都有不同的组织来管理，而这些组织又可将其子域分给下级组织来管理。这样,整个 Internet 层次结构的名字空间就构成一棵命名树,其中根是无名的,用点"."来表示,根的下面就是顶级域,如图 8-5 所示。

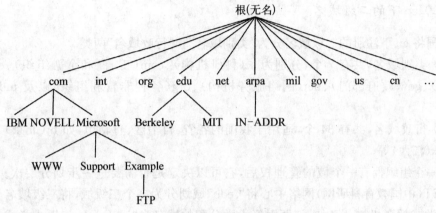

图 8-5 DNS 域名树

(二) 顶级域名

现在的顶级域名有如下三类。

1. 国家顶级域名

国家顶级域名,如 cn(中国)、uk(英国)、us(美国)等,共 247 个。国家顶级域名下注册的二级域名均由该国家自行确定。

2. 通用顶级域名

通用顶级域名早期有 7 个,后来由于 Internet 的用户量及应用急剧增多,又新增了 11 个通用顶级域名。通用顶级域名如表 8-1 所示。其中左侧为早期的 7 个通用顶级域名,右侧 11 个为新增的顶级域名。

表 8-1 通用顶级域名

标 识	描 述	标 识	描 述
com	商业机构	pro	有证书的专业人员
net	网络支持中心	museum	博物馆和其他非营利性组织
org	非营利性组织	aero	航空航天公司
int	国际性的组织	mobi	移动产品与服务的用户和提供者
edu	教育机构,美国专用	name	个人
gov	政府部门,美国专用	coop	合作团体
mil	军事部门,美国专用	travel	旅游业
biz	商业或者公司,与 com 类似	jobs	人力资源管理
info	网络信息服务提供商	cat	加泰隆人的语言和文化团体

3. 基础结构域名

目前只有一个基础结构域名,即 arpa。用于反向域名解析,用来实现将 IP 地址解析为域名,故又称为反向域名。

(三) cn 下的二级域名

我国将 cn 下注册的二级域名分为"类别域名"和"行政域名"两类。

(1) 类别域名,共有 7 个,分别为 ac(科研机构)、com(工、商和金融组织)、edu(教育机构)、gov(政府部门)、net(网络服务机构)、org(各种非营利组织)以及 mil(国防部门)。

(2) 行政域名,共有 34 个,适用于我国的各省、自治区、直辖市,如 bj(北京)、sh(上海)和 jx(江西)等。

当一个组织拥有一个域的管理权后,它可以决定是否需要进一步划分层次。例如,CERNET(中国教育科研网)网络中心将".edu"域划分为多个三级域,将三级域名分配给各个大学或教育机构。又如,江西财经大学分配的域名为"jxufe.edu.cn",大学或教育机构可以在自己的三级域下进一步划分多个四级域,并将四级域分配给各个下属部门,如江西财经大学网站域名为"www.jxufe.edu.cn";现代经济管理学院的域名为"xjg.jxufe.edu.cn"。

二、域名服务器

域名体系是抽象的概念,但具体实现域名系统则是使用分布在各地的域名服务器。从理论上讲,可以让每一级的域名都有一个相对应的域名服务器,使所有的域名服务器构成"域名服务器树"的结构。但这样做会使域名服务器的数量太多,使得域名系统的运行效率降低。因此 DNS 就采用划分区的办法来解决这个问题。

一个服务器所负责管辖的(或有权限的)范围叫作区(Zone)。各单位根据具体情况来划分自己管辖范围的区。但在一个区中的所有节点必须是能够连通的。总之,DNS 服务器的管辖范围不是以"域"为单位,而是以"区"为单位。区是 DNS 服务器实际管辖的范围,区可能等于或小于域,但一定不能大于域。图 8-6 示例了区和域的关系。

mynet.com 域根据需要,划分了人力资源部 HRD 和财务部 FMD 两个区,当 mynet.com 域没有划分区时,mynet.com 的区与域就是同一件事。

一般情况下,一个区有一台主域名服务器,以及一台或多台辅助域名服务器。主域名服务器也称为授权域名服务器(Authoritative Name Server,ANS),用来保存该区中的所有主机的域名到 IP 地址的映射。它存储了在本区内创建、维护和更新的区域文件。辅助域名服务器则从主

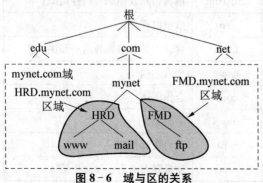

图 8-6　域与区的关系

域名服务器中获得信息,它是主域名服务器数据的冗余备份,自身并不创建也不更新区域文件。主域名服务器和辅助域名服务器均可以对区内的主机进行域名解析。

按照域名的层次,有以下几种特殊的域名服务器:

(1) 本地域名服务器(Local Name Server,LNS)。对于每个区内的所有主机来说,该区内的授权域名服务器就是本地域名服务器,也是默认域名服务器,该区域内的所有主机都知其 IP 地址。

(2) 顶级域名服务器(TLD Name Server,TNS)。每一个顶级域都有一个自己的域名服务器,该域名服务器就是顶级域名服务器。这些域名服务器负责管理在该顶级域名服务器注册的所有二级域名。当收到 DNS 查询请求时,就给出相应的回答。

(3) 根域名服务器(Root Name sever,RNS)。根域名服务器用于管理顶级域名服务器。目前有 13 个根域名服务器,域名分别为 a. rootserver. net ～ m. rootserver. net,由 ICANN 统一管理。其中,a.rootserver.net 为主根服务器,放置在美国弗吉尼亚州的杜勒斯,其余 12 个为辅助根服务器,其中有 9 个放置在美国;欧洲有 2 个,分别位于英国和瑞典;亚洲有一个,位于日本。

另外,13 个根域名服务器还拥有一百多台镜像服务器,镜像服务器就是原根服务器的克隆服务器。这些镜像服务器分布在世界各地,从而实现就近地址解析,其中我国有三个镜像服务器,分别位于北京和香港等地,如图 8-7 所示。

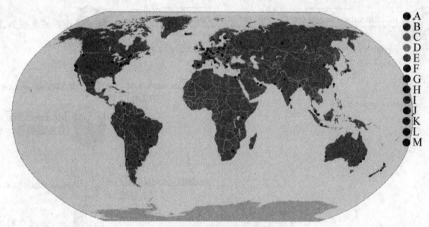

图 8-7 根域名服务器分布图

从图中可以看出,目前根域名服务器的分布仍然是很不均衡的。例如,在北美,平均每 3 万个网民就可以分摊到一个根域名服务器,而在亚洲,平均超过 2 000 万个网民才分摊到一个根域名服务器,这样就会使亚洲的网民上网速度明显低于北美网民。

需要注意的是,在许多情况下,根域名服务器并不直接把待查询的域名直接转换成地址(根域名服务器也没有存放这种信息),而是告诉本地域名服务器下一步应当找哪一个顶级域名服务器进行查询。

由于根域名服务器在 DNS 中的地位特殊,因此根域名服务器互联网是重要的网络资源。如果跟域名服务器不能工作,会严重影响互联网的正常使用。

三、域名解析

将域名转换为对应的 IP 地址的过程称为域名解析,完成该功能的软件称为域名解析器。在个人计算机 Windows 操作系统中打开"控制面板",选择"网络连接",进入之后再选择 TCP/IP 与"属性"之后,所看到的 DNS 地址就是自动获取的本地域名服务器地址。每个本地域名服务器配置一个域名软件。

客户在进行域名解析时,会向本地域名服务器发出一个 DNS 请求(DNS Request)报文,以获取计算机域名所对应的 IP 地址。

在本地域名服务器实现域名查询时,可以有以下两种方法:迭代查询和递归查询。

(一)递归查询

客户端向某个 DNS 服务器发出查询请求后,该 DNS 服务器就要承担此后的全部工作,直到解析成功或解析失败。当该 DNS 服务器自身不能解析该请求时,则由该服务器自己充当客户端,向其他 DNS 服务器提交解析请求直到解析成功或返回一个错误。其解析过程如图 8-8 所示。

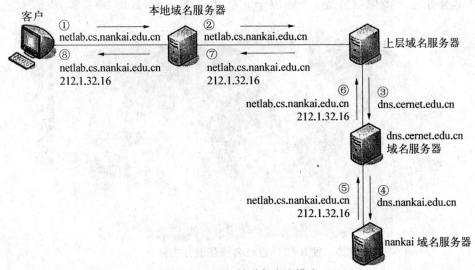

图 8-8 DNS 的递归查询模式

(二)迭代查询

客户端向某个 DNS 服务器发出查询请求,如果该服务器不能解析该请求,则只能返回它认为可以解析的域名服务器的 IP 地址,通常是它的上一级域名服务器,客户端解析程序就向该域名服务器发出解析请求,直至最终获得需要的解析结果。需要注意的是:为了减轻客户在反复解析过程中的工作负担,实际在软件编程中,采用在客户向本地域名服务器提出解析请求之后,仍然由本地域名服务器完成反复解析的任务,最后再将最终解析结果返回给客户。图 8-9 给出了过程示意图。

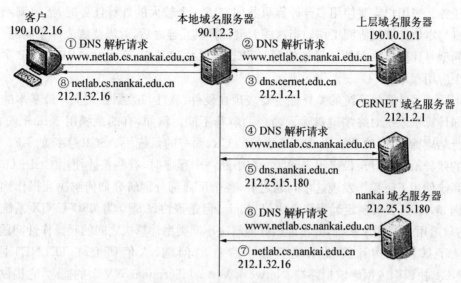

图 8-9　DNS 的迭代查询模式

四、域名缓存

为了提高 DNS 查询效率,并减轻根域名服务器的负荷和减少 Internet 上的 DNS 查询报文数量,在域名服务器以及主机中广泛使用高速缓存机制。高速缓存用于存放最近查询过的域名以及从何处获得域名映射信息的记录。当同一客户端或其他客户端请求同一映射时,它会首先检查本地高速缓存并解析这一请求。为了标识这一解析结果来自高速缓存,服务器会将这一解析结果标识为"非权威的"(Unauthoritative)。

另外,高速缓存还为缓存中的映射记录设置了一个生存期,当生存期到时后,高速缓存就会清除该过期的记录。

有了域名缓存后,主机在进行域名解析时,先使用自己的域名缓存进行解析,如果不能解析时,才会请求本地域名服务器。本地域名服务器也会首先在自己的高速缓存中查找记录,如果没有再向上一级域名服务器发出请求。这样大大提高了 DNS 查询效率。

第三节　TELNET——远程登录协议

一、TELNET 概述

TELNET 协议出现在 20 世纪 60 年代后期,那时个人计算机 PC 还没有出现。当时使用的是大型计算机,大型计算机的使用必须通过直接连接到主机的某一个终端设备,在输入用户名与密码登录成为合法用户之后,才能将软件与数据输入到主机中,完成科学计算的任务。当用户需要使用多台计算机共同完成一个较大的计算任务时,需要调用远程计算机与本地计算机协同工作。当这些大型计算机互连之后,就需要解决一个问题,那就是不同型号计算机之间的差异性问题。TELNET 协议是 1969 年在 ARPANET 演示的第一个应用程序。

不同型号计算机系统的差异性主要表现在硬件、软件与数据格式上。最基本的问题是不同计算机系统对终端键盘输入命令的解释不同。例如,有的系统用 return 或 enter 作为行结束标志,有的系统用 ASCII 字符的 CR,而有的系统用 ASCII 字符的 LF。键盘定义的差异给远程登录带来很多问题。在中断一个程序时,有些系统使用 Ctrl+C,而另一些系统使用 Esc 键。发现这个问题之后,各个厂商都分别研究如何解决互操作性的方法。例如,SUN 公司制定远程登录协议 rlogin,但是该协议是专为 BSD UNIX 系统开发的,它只适用于 UNIX 系统,并不能很好地解决不同类型计算机之间的互操作性问题。

为了解决异构计算机系统互连中存在的问题,人们研究了 TELNET 协议。TELNET 协议引入网络虚拟终端(Network Virtual Terminal,NVT)的概念,它提供一种专门的键盘定义,用来屏蔽不同计算机系统对键盘输入的差异性,同时定义客户与远程服务器之间的交互过程。TELNET 协议的优点就是能解决不同类型的计算机系统之间的互操作问题。

远程登录服务是指用户使用 TELNET 命令,使自己的计算机成为远程计算机的一个仿真终端的过程。一旦用户成功地实现远程登录,用户计算机就可以像一台与远程计算机直接相连的本地终端一样工作。因此,TELNET 协议又被称为网络虚拟终端协议、终端仿真协议或者远程终端协议。

目前,由于 TELNET 命令采用的是命令行方式,而常用的 Windows 系统是图形用户界面,因此在 Windows 个人操作系统中,使用远程桌面连接来替代 TELNET 命令,在 Windows 服务器操作系统中,采用的是远程终端服务。

二、TELNET 工作原理

远程登录服务采用典型的客户/服务器模式。图 8-10 给出了 TELNET 协议的工作原理示意图。用户的实终端(Real Terminal)采用用户终端的格式与本地 TELNET 客户通信;远程计算机采用主机系统格式与 TELNET 服务器通信。在 TELNET 客户进程与 TELNET 服务器进程之间,通过网络虚拟终端(NVT)标准来进行通信。NVT 是一种统一的数据表示方式,以保证不同硬件、软件与数据格式的终端与主机之间通信的兼容性。

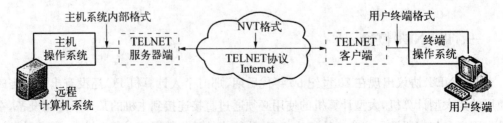

图 8-10　TELNET 协议的工作原理

TELNET 客户端进程将用户终端发出的本地数据格式转换成标准的 NVT 格式,再通过网络传输到 TELNET 服务器端。TELNET 服务器将接收到的 NVT 格式数据转换成主机内部数据格式,再传输给主机。Internet 上传输的数据都是标准的 NVT 格式。引入网络虚拟终端概念之后,不同的用户终端与服务器进程将与各种不同的本地终端格式无关。TELNET 客户与服务器进程完成用户终端格式、主机系统内部格式与标准 NVT 格式之间的转换。

TELNET 已经成为 TCP/P 协议集中一个最基本的协议。即使用户从来没有直接调用 TELNET 协议,但是 E-mail FTP 与 Web 服务都是建立在 TELNET NVT 的基础上的。目前,TELNET 命令还有一种用途,就是用来登录早期的电子公告牌系统 BBS(相当于现在的百度贴吧),只是现在 BBS 系统已经很少了,只有一些大学还在运行,如水木清华 BBS(bbs. tsinghua. edu. cn)、北大未名 BBS(bbs. pku. edu. cn)。用户可以使用命令"telnet bbs. tsinghua. edu. cn"登录该 BBS 系统。

第四节　FTP——文件传输协议

FTP(File Transfer Protocol,文件传输协议)是 Internet 上很早使用,且使用的最广的文件传送协议。

在使用 FTP 传送文件时,经常遇到"下载"(Download)和"上传"(Upload)两个概念。"下载"文件就是从远程主机复制文件至自己的计算机上。"上传"文件就是将文件从自己的计算机复制到远程主机上。

一、FTP 概述

FTP 使用 C/S 模式,但它比较复杂。FTP 在客户端与服务器之间建立两条 TCP 连接,其中一条 TCP 连接为数据连接,用于传输数据;另一条为控制连接,用于传输控制信息(命令和响应)。数据与控制信息分开传输可以使 FTP 的效率更高。控制连接使用非常简单的通信规则,每次只需要传输一行命令或者一行响应。数据连接由于传输数据的多样性,所以需要更复杂的规则。

FTP 使用 TCP 服务,FTP 服务器使用两个熟知 TCP 端口进行通信,其中,21 端口用于控制连接,20 端口用于数据连接。

如图 8-11 所示为 FTP 的基本模型,客户端由用户界面、控制进程和数据传输进程三个部分组成。服务器端由控制进程和数据传输进程两个部分组成。控制连接作用于控制进程之间,而数据连接作用于数据传输进程之间。

控制连接在整个 FTP 交互式会话期间始终保持连接状态。数据连接在每个文件传输开始时开启,文件传输结束时关闭。在控制连接处于开启状态期间,如果需要传输 N 个文件,则需要开启和关闭数据连接 N 次。

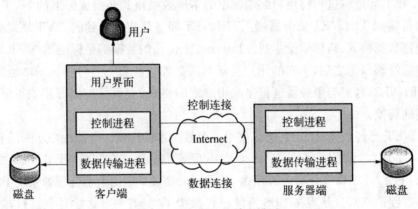

图 8－11　FTP 的基本模型

二、FTP 工作原理

FTP 的控制连接通信通过使用 ASCII 字符集的命令和响应完成,每次只发送一个命令或响应,每个命令或响应只是一个短的 ASCII 字符串行,因此不需要担心文件格式或者文件结构,每一行结束于一个双字符的行结束标记(回车或换行)。

数据连接通信比控制连接通信要复杂得多,在通过数据连接发送文件之前,需要由控制连接完成传输准备工作,包括定义传输文件的类型、数据结构和传输模式。

(一) 文件类型

FTP 能够通过数据连接传输以下类型的文件:

(1) ASCII 文件。这是传输文本文件的默认格式,发送方将要传输的文件转换成 ASCII 字符,接收方则将接收到的 ASCI1 字符转换成原来的文件格式。

(2) EBCDIC 文件。EBCDIC 文件是 IBM 计算机使用的编码方式。通信双方有一方文件使用该格式时,就可以使用这种编码方式通信。

(3) 二进制文件。这是二进制文件传输的默认格式。文件以连续的字节流发送,而不需要任何译码和编码操作。编译的程序,或者编码为 0 或 1 的图像文件均用这种格式。

(二) 数据结构

FTP 通过数据连接传输文件,可以使用以下有关数据结构之一:

(1) 文件结构(默认)。这种文件没有结构,是连续的字节流。

(2) 记录结构。这种文件被划分成记录,只能用于文本文件。

(3) 页结构。这种文件被划分成页,每一页都有一个页号和页头,页可以随机或顺序地进行存储或访问。

(三) 传输模式

(1) 流模式。这是默认模式,FTP 以连续字节流的模式将数据传递给 TCP。TCP 负责将数据切割成合适大小的数据段。

（2）块模式。数据可以以数据块的形式由 FTP 传递给 TCP。在这种情况下，每一个数据块会附加一个 3B 的数据块头，用于描述该数据块，包括块的大小。

（3）压缩模式。如果文件很大，就可以对数据进行压缩。通常使用的压缩方法为行程编码。

三、FTP 应用程序

大多数操作系统均提供了访问 FTP 服务的用户界面，如 Windows 操作系统的 CMD 命令行。用户输入一行 ASCII 字符命令，CMD 命令行就会读取这一命令行，并将其转换成相应的 FTP 命令。

对于客户端应用程序，Windows 环境下常用的有 FlashFXP、FileZilla Client 和 CuteFTP 等。服务器端的 FTP 应用程序主要有 Serv-u、FileZilla Server 和 IIS 中的 FTP 组件等。常用的迅雷下载也是基于 FTP 协议的应用软件。

第五节　E-mail——电子邮件

一、E-mail 概述

对于人类来说，在 Internet 上创建一个生活中很熟悉的系统是很自然的事。在日常生活中人们都需要通过邮政系统去收发信件，因此自然也会想在网络上建立一个电子邮件系统。世界上第一个电子邮件系统是在早期大型计算机多用户系统上开发的。在这种系统中，操作人员可以在同一台大型计算机上的多个终端设备相互之间交换邮件信息。当 ARPANET 上电子邮件应用一出现，立即受到用户的欢迎，成为最重要的网络应用之一。我国接入 Internet 网的第一个操作就是发送了一封电子邮件，主题就是：跨越长城，走向世界。

Internet 邮件服务最大的优势在于：不管用户使用任何一种计算机、操作系统、邮件客户端软件或网络硬件，用户之间都可以方便地实现电子邮件的交换。目前，电子邮件仍然是 Internet 上最为广泛的网络应用之一。Internet 电子邮件系统已经包含附件、超链接、文本与图片。在多数情况下，电子邮件是以文本为主，同时也能够传输语音与视频。

二、电子邮件的工作过程

电子邮件系统分为两个部分：邮件服务器端与邮件客户端。在邮件服务器端，包括用来发送邮件的 SMTP 服务器，用来接收邮件的 POP3 服务器或 IMAP 服务器，以及用来存储电子邮件的电子邮箱；在邮件客户端，包括用来发送邮件的 SMTP 代理，用来接收邮件的 POP3 代理，以及为用户提供管理界面的用户接口程序。图 8-12 给出了电子邮件工作原理。

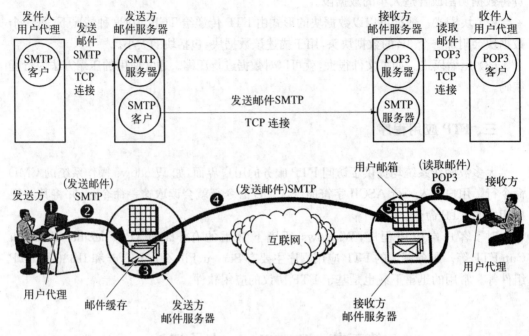

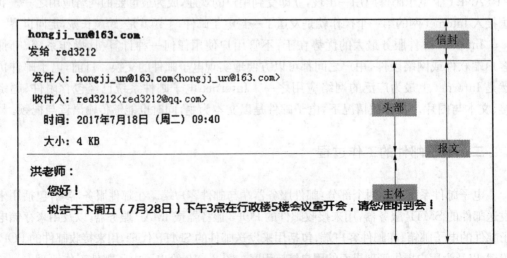

图 8-12　电子邮件系统的组成构件

　　邮件客户端使用简单邮件传输协议(Simple Mail Transfer Protocol,SMTP)向邮件服务器发送邮件;邮件客户端使用邮局协议(Post Office Protocol,POP)的第 3 版 POP3 协议或交互式邮件存取协议(Interactive Mail Access Protocol,IMAP),从邮件服务器中接收邮件。至于使用哪种协议接收邮件,取决于邮件服务器与邮件客户端支持的协议类型,一般的邮件服务器与客户端应用程序都支持 POP3 协议。

　　SMTP 协议可以将邮件报文封装在邮件对象中。SMTP 协议的邮件对象是由信封和内容两个部分组成的。信封实际上是一种 SMTP 命令,邮件报文是封装在信封中的邮件内容。图 8-13 给出了邮件报文结构。

图 8-13　电子邮件的报文结构

信封包含发件人的地址和收件人的地址。报文包含头部和主体两部分,其中,头部定义了发件人、收件人、时间及邮件大小等信息。报文的主体部分就是邮件的实际内容,由用户自由撰写。

要发送电子邮件,必须首先注册一个邮箱地址,邮箱地址由账户名称和域名两部分组成,中间用符号"@"连接,表示"at",邮箱地址形式为 username@domainname,意为在域 domainname 中存在一个名为 username 的用户账号。

电子邮件系统会定期检查邮箱。如果某个用户有邮件,该系统会通知用户。收件箱会列出所有收到的邮件列表,每行为一封邮件的简要信息,通常包括发件人的邮件地址、主题、邮件发送和接收的时间。用户可以打开和阅读任何一封邮件。

为了便于人们接收、发送和管理邮件,开发出了称为用户代理(User Agent,UA)的应用程序,用户代理可以帮助人们创建、发送、接收、阅读、回复和转发邮件,以及管理邮箱和联系人等。常用的用户代理应用程序有 Outlook 和 Foxmail 等。

三、SMTP 协议、POP3 协议和 IMAP 协议

(一) SMTP 协议

SMTP(Simple Mail Transfer Protocol,简单邮件传输协议)是一个基于 TCP 支持的提供可靠电子邮件传输的应用层协议,主要用于传输系统之间的邮件信息传送。

SMTP 监听邮件服务器的 25 号端口,接收客户端的 TCP 连接请求,并将邮件消息复制到正确的邮箱中。如果一个消息不能够被投递,则向消息的发送方返回一个错误报告。

SMTP 是一个简单的 ASCII 协议。在与 SMTP 服务器的 25 号端口建立起 TCP 连接之后,客户端就等待 SMTP 服务器端的通知。SMTP 服务器首先发送一行文本,在这行文本中它给出了自己的标识,并且告诉客户端它是否已准备好接收邮件。如果 SMTP 服务器还没有准备好,则客户端将释放连接,然后再重试。

如果 SMTP 服务器已经准备好接收邮件,则客户端通过身份验证后,就声明这封电子邮件来自谁以及将要交给谁。如果目的邮件地址存在,则 SMTP 服务器指示客户端发送数据。然后客户端发送数据,SMTP 服务器确认数据。由于 TCP 提供了可靠的字节流传输,所以这里不需要校验和。如果还有更多的邮件需要发送,则可以继续发送,否则就要释放连接。

(二) POP3 协议

通常用户访问邮箱并接收邮件都使用 POP(Post Office Protocol,邮局协议),POP 是 TCP/IP 协议族中的一员,它建立在 TCP 连接之上,使用 C/S 模式,向用户提供对邮件服务器的远程访问服务,目前常用的版本是 POP3。

POP3 客户端与 POP3 服务器的 110 端口建立 TCP 连接,然后向 POP3 服务器发送命令并等待响应,POP3 命令与 SMTP 命令一样,也是用 ASCII 码表示。

POP3 协议支持"离线"邮件处理。其具体过程是:邮件发送到邮件服务器上,用户需要的时候就通过用户代理,即邮件客户端程序连接到邮件服务器,下载所有未阅读的电子邮件,这种离线访问模式是一种存储转发服务,最终将邮件从邮件服务器传送到个人计算机上。

POP3 协议有认证状态、处理状态和更新状态三种状态。当 TCP 建立起来时,POP3 进入认证状态,客户端需要使用 USER/PASS 进行身份验证。通过验证后,POP3 进入处理状态,客户端可以发送 LIST 和 RETR 等命令来查询和获取邮件。当客户在处理状态时对邮件做出诸如删除等标记后,发送 UPDATE 命令后就转入更新状态,完成对邮件的最终处理,最后断开与服务器的连接。

(三)IMAP 协议

IMAP(Internet Mail Access Protocol,Internet 邮件访问协议)运行在 TCP/IP 之上,使用的端口是 143。其主要作用是支持邮件客户端从邮件服务器上收取邮件。

与 POP3 协议类似,IMAP 也是提供面向用户的邮件收取服务。常用的版本是 IMAP4,IMAP4 改进了 POP3 的不足,用户可以通过浏览信件头来决定是否收取、删除和检索邮件的特定部分,还可以在服务器上创建或更改文件夹或邮箱,它除了支持 POP3 协议的离线操作模式外,还支持联机操作和断连接操作。它为用户提供了有选择地从邮件服务器接收邮件的功能、基于服务器的信息处理功能和共享信箱功能。

IMAP4 与 POP3 协议的主要区别是用户可以不用把所有的邮件全部下载下来,IMAP 可以通过客户端直接对服务器上的邮件进行操作,如删除邮件和标记已读等。

四、基于 Web 的电子邮件

20 世纪 90 年代中期,Hotmail 开发了基于 Web 的电子邮件系统。目前几乎每个门户网站与大学、公司网站都提供基于 Web 的电子邮件,越来越多的用户使用 Web 浏览器来收发电子邮件。在基于 Web 的电子邮件应用中,客户代理就是 Web 浏览器,客户与远程邮箱之间的通信使用的是 HTTP,而不是 POP3 或 IMAP。邮件服务器之间的通信仍然使用 SMTP。

第六节　Web——网页

一、Web 概述

万维网(World Wide Web)常简称为 WWW 或 Web,WWW 是 Internet 发展中的一个重要里程碑,是目前 Internet 最主要的应用。其最显著的作用就是将原本相当复杂的 Internet 应用变成极其简单的图形界面方式。正是因为 WWW 的出现,Internet 才得到了广泛的应用,改变了人们的生活方式,真正实现了"科技改变生活"。

WWW 并不等同于 Internet,也不是某一类型的计算机网络,它只是 Internet 所提供的服务之一,其实质是 Internet 中的一个大规模的提供海量信息存储和交互式超媒体信息服务的分布式应用系统。

WWW 采用 C/S 模式,客户端应用程序(常为浏览器 Browser)向 WWW 服务器发出信息浏览请求,服务器向客户端应用程序返回客户所要的 WWW 文档,并显示在浏览器中。目前。常用的浏览器有微软的 Internet Explorer、谷歌的 Chrome 和 Firefox 火狐浏览器等。

在 WWW 中,每个 WWW 文档均称为"资源",为标识这些资源,WWW 使用了统一资源定位符(Uniform Resource Locator,URL),使得每一个资源在 Internet 范围内都具有唯一的标识。这些资源之间通过称为"超链接"的指针相互连接在一起,用户通过单击超链接,就可以实现从一个资源跳转到另一个资源。

为了使 WWW 文档能在 Internet 上传送,实现各种超链接,WWW 使用超文本传输协议(Hyper Text Transfer Protocol,HTTP),客户端和服务器端程序之间的交互遵循 HTTP。

WWW 文档的基础编程语言是超文本标记语言(Hyper Text Markup Language, HTML),现在又扩充了各种编程语言,如 Java 等。

为了在 WWW 的信息海洋中快速找到所需要的信息,可以利用称为搜索引擎的工具实现网络信息资源的搜索。常用的搜索引擎有 Google、Yahoo 和百度等。

二、统一资源定位符

统一资源定位符(Uniform Resource Locator,URL)是对 Internet 资源的位置和访问方法的一种简洁的表示,是 Internet 上资源的标准地址。Internet 上的每个资源都有一个唯一的 URL,它指明了资源的位置以及浏览器应该怎么处理。

URL 由两部分组成,第一部分为模式(或称协议),第二部分包含资源所在服务器的域名(或 IP 地址)、路径和资源名称,两部分之间用":∥"隔开。形式如下,其中,[ ]中的内容是可选的。

协议:∥[用户名:密码@]服务器域名或 IP 地址[:端口号]/路径/文件名

例如:http://www.mynet.com/news/0720/nn101010.aspx

URL 的第一部分,即模式(或协议)指明浏览器该如何访问这个资源。最常用的协议是 HTTP,其他协议如表 8-2 所示。

URL 的第二部分中,服务器的域名或 IP 地址后面是到达这个资源的路径和资源本身的名称,服务器的域名或 IP 地址后面有时还跟一个冒号和一个端口号。有时还可以包含访问该服务器所需要的用户名和密码。路径部分包含等级结构的路径定义,一般来说不同部分之间以斜线"/"分隔。

表 8-2 URL 支持的常用访问协议

协 议	说 明
http	超文本传输协议
https	用安全套接字层传送的超文本传输协议
ftp	文件传输协议
mailto	电子邮件地址
ldap	轻量级目录访问协议
file	本地计算机或局域网分享的文件
news	Usenet 新闻组
gopher	Gopher 协议
telnet	TELNET 协议

有时候,URL 以斜杠"/"结尾,而没有给出文件名,在这种情况下,URL 引用路径中最后一个目录中的默认文件(通常对应于主页),这个文件的文件名通常为 index、default 或 admin 等,扩展名则可能为 htm、html、asp、aspx.sp、php、shtml 等。

三、超文本传输协议

超文本传输协议(HTTP)是互联网上应用最为广泛的一个网络协议,主要用于访问 WWW 上的数据,该协议可以传输普通文本、超文本、图像、音频和视频等格式数据。之所以称为超文本协议,是因为在应用环境中,它可以快速地在文档之间跳转。

HTTP 是 TCP/P 协议族中的一个应用层协议,它依靠传输层的 TCP(服务器端端口默认为 80)实现可靠传输,但 HTTP 本身是无连接的,也就是说在交换 HTTP 报文前不需要建立 HTTP 连接。HTTP 与平台无关,在任何平台上都可以使用 HTTP 访 Internet 上的文档。

HTTP 本身是一个无状态协议,客户端向服务器发送请求报文来初始化事务,服务端则发送响应报文进行回复。也就是说同一个客户第二次访问同一个服务器上的资源时,服务器的响应与第一次被访问时的响应相同,服务器并不记得该客户曾经访问过该资源。

(一)请求报文

请求报文由请求行和头部构成,有时还包括主体,其结构如图 8-14(a)所示。在 HTTP 请求报文的请求行中定义了请求类型、URL 和 HTTP 版本。

目前 HTTP 的最新版本为 1.1,在该版本中定义了几种请求类型。请求类型将请求报文分类为如表 8-3 所示的几种方法,方法就是对所请求的资源进行的操作,这些方法实际上也就是一些命令。

(a) 请求报文   (b) 响应报文

图 8-14 HTTP 的请求报文和响应报文

表 8-3 HTTP 常用的请求方法

方　法	说　明
GET	请求读取由 URL 所标志的信息
HEAD	请求读取由 URL 所标志的信息的头部
POST	向服务器提供信息,如向服务器提交输入的账号和口令信息
PUT	在服务器上存储一个文档,存储位置由 URL 指定,文档包含在主体中
COPY	将文件复制到另一位置,源位置由 URL 指定,目的位置在实体头部指出
MOVE	将文件移动到另一位置,源位置由 URL 指定,目的位置在实体头部指出
DELETE	删除指明的 URL 所标志的资源
LINK	创建从一文档到其他位置的一个或多个链接
UNLINK	删除 LINK 创建的链接
OPTION	请求一些选项的信息

（二）响应报文

响应报文与请求报文的结构类似,如图 8-14(b)所示。状态行由 HTTP 版本、空格、状态代码、空格和状态语句构成。状态代码与 SMTP 中的状态代码相似,也是由三位数字组成。状态语句以文本格式解释状态代码的含义。

（三）持续与非持续连接

HTTP 的主要版本是 HTTP/1.0 和 HTTP/1.1。其中,HTTP/1.0 采取非持续连接,而 HTP/L.1 采用持续连接,在非持续连接中,每一次请求/响应都要建立 TCP 连接,下面是实现这一策略的步骤:

（1）客户端开启 TCP 连接,发送请求。

（2）服务器端发送响应并关闭连接。

（3）客户端读取数据,直到遇到文件结束标志,客户端随后关闭连接。

在这种策略中,对于同一个 Web 文档中的 N 个不同的图像文件,就必须建立 N 个 TCP 连接,这显然增加了服务器的开销,也导致通信效率低下。

HTTP/1.1 中的持续连接解决了这个问题。服务器在发送响应以后会将 TCP 连接保留一段时间,以等待更多的请求。如果客户端请求关闭或者超时,服务器才会关闭连接。

(四)代理服务器

HTTP 支持代理服务器(Proxy Server),代理服务器将最近请求的响应保留下来,并为下一次相同的请求服务。在有代理服务器存在的情况下,HTTP 客户端会向代理服务器发送请求,代理服务器首先检查本机的高速缓存,如果高速缓存中存在该请求的响应副本,则直接用该副本响应该请求,否则代理服务器代替客户端向相应 HTTP 服务器发送请求,HTTP 服务器返回的响应会发送到代理服务器。代理服务器在向客户端返回响应的同时将该响应的副本存储一份。

代理服务器降低了原 HTTP 服务器的负载,减少了网络通信量,并降低了延迟,使用代理服务器后,客户端所得到的响应并不一定是最新的。

(五)Cookie

由于 HTTP 是无状态的,这将导致服务器不能识别出一个用户曾经是否访问过该服务器上的资源,这一特性在当前的实际应用中很不方便。例如,一个用户在网上购物时,当他需要将一件件商品放入购物车时,服务器必须能够识别并记住该用户,以便将所有商品都放在同一个用户的购物车内,否则该用户就无法一次性结账。有时某些网站也可能需要限制某些用户的访问。

为了实现以上功能,HTTP 使用了 Cookie 技术。Cookie 的原意是"小甜饼",在这里表示 HTTP 服务器和客户端之间传递的状态信息,现在大多数网站都已使用 Cookie 技术。

当用户首次在一台计算机上浏览某个使用了 Cookie 的网站时,该网站的服务器就会为该用户产生一个唯一的识别码,并以此为索引在服务器的后台数据库中产生一个项目,同时再给该用户的 HTTP 响应报文中添加一个名为 Set-Cookie 的头部行,其值就是该用户的识别码。例如:

Set-cookie:aeb91881668addb5ca2ab796ee1520a23aec392a

这样,网站就可以根据这个 Cookie 识别码来跟踪该用户在该网站的活动,包括什么时间访问了什么页面,当然服务器也可以根据该 Cookie 识别码将多件商品添加到同一个购物车中,最后用户就可以一起结账,但服务器并不清楚该用户的真实姓名、性别和联系方式等信息。当该用户在该网站登记了这些个人信息并成功购物,该网站将会把这些个人信息保存下来,下次用户使用相同的计算机再来该网站购物时,用户甚至不用输入账号密码就可以登录到该网站,网站也会根据用户上次的购物喜好向用户推荐商品,在结算时,网站还会自动列出上次购物时使用的地址、联系方式和付款方式。

显然,Cookie 给用户在体验 Internet 时带来了很大的方便,虽然 Cookie 只是一个文本文件,由于它包含诸如用户喜好、姓名、住址和联系方式,甚至金融信息等个人隐私信息,因此存在重大隐患,如现在有一些网站和个人专门非法收集和贩卖个人隐私信息。

可以在 IE 浏览器中设置使用 Cookie 的条件，具体方法是在 IE 浏览器中，依次单击"工具"→"Internet 选项"，在打开的对话框中，打开"隐私"选项卡，在如图8-15所示的窗口中设置 Cookie 的使用条件。

四、Web 文档

在 WWW 中，Web 文档可以分为静态文档、动态文档和活动文档三种。

（一）静态文档与 HTML

静态文档的内容是固定的，这种文档的内容在创建时就已经确定了。当用户访问这种文档时，服务器会将文档的副本作为响应发送给用户端浏览器，浏览器在屏幕上显示该文档的内容。

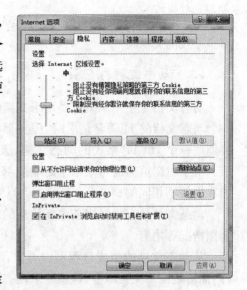

图 8-15　IE 浏览器中设置使用 Cookie 的条件

HTML（Hypertext Markup Language，超文本标记语言）是制作 Web 文档的标准语言，是浏览器使用的一种语言，它消除了不同计算机之间信息交流的障碍。官方的 HTML 标准由 WWW 联盟 W3C 负责制定，从 1993 年问世以来，就不断进行更新，现在最新版本为 HTML 5.0。

HTM1 通过定义一些标签来格式化文档内容在浏览器中的排版，例如，<B>这对标签之间的文字要加粗！</B>。

两个标签<B>和</B>的作用是告诉浏览器，这两个标签中间的文本要加粗显示，标签通常成对出现，格式化这一对标签中间的文本格式。

Web 页面的 HTML 代码由头部和主体两部分组成，头部由标签对<head><head>定义，它包含浏览器标题和浏览器用到的其他参数，主体由标签对<body></body>定义，它包含文档的内容及这些内容的格式标签。图 8-16 是一个简单的 HTML 文档示例。

使用浏览器打开该网页文件可以看到如图 8-17 所示的效果。

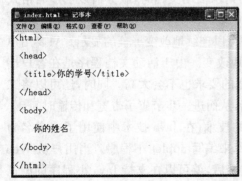

图 8-16　一个简单的 HTML 文档示例

图 8-17　网页效果

除了 HTML 标记语言外,还有 XML 和 XHTMI 等标记语言,具体语法和开发技术请参考其他文献。

（二）动态文档与 CGI

动态文档是在用户浏览器请求文档时才由 Web 服务器创建的。当 Web 服务器收到一个动态文档的 HTTP 请求时,服务器将启动一个应用程序来处理该 HTTP 请求并最终创建一个 HTTP 格式的动态文档,服务器会将该应用程序的输出作为对浏览器的响应。由于对浏览器的每次请求的响应都是临时生成的,因此用户通过动态文档所看到的内容也是不相同的。

动态文档具有报告当前最新信息的能力,因此可用于报告股市行情、天气预报或民航售票情况等内容。

从动态文档的生成过程可以看出,动态文档的关键技术在于生成动态文档的应用程序,而不是编写文档本身,这就要求动态文档的开发人员必须会编程。

CGI(Common Gateway Interface,公共网关接口)是较早的创建和处理动态文档的一种典型技术。CGI 是一组标准,它定义了如何编写动态文档,输入数据如何提供给应用程序以及如何使用输出结果。

CGI 不是一种新的编程语言,但它允许程序员使用多种编程语言,如 C、C++、PHP、Bourne shell 或者 Perl 等。CGI 只是定义了一组程序员应该遵循的规则和术语。

CGI 中的"公共"是指该标准定义的规则集对任何语言或者平台都是公用的。"网关"表示 CGI 程序是一个网关,它可用来访问其他资源,如数据库和图形分组。"接口"则说明 CGI 有一组预先定义的术语、变量、调用等,可以用于任何 CGI 程序。

CGI 还有一些替换技术用于生成动态文档,它们能处理表单。能够与服务器上的数据库进行交互,也可以接收来自表单的信息,在数据库中查找信息,然后利用这些信息生成动态的 HTML 页面。常用的替换技术包括 PHP、JSP、ASP 和 ASP.NET 等。

（三）活动文档与 Java

由于动态文档一旦创建,它所包含的信息内容就固定下来而无法及时刷新屏幕,另外,动态文档也无法提供像动画之类的显示效果,以及与用户之间的交互。

活动文档可以有效解决这种问题。当浏览器请求活动文档时,服务器以字节码格式发送创建活动文档的程序副本给客户端,然后客户端的浏览器运行该程序并显示活动文档内容,这时用户可与活动文档程序进行交互,并可以连续地改变屏幕的显示。只要用户运行活动文档程序,活动文档的内容就可以连续地改变。由于活动文档程序是在客户端执行,不需要服务器的连续更新传送,对网络带宽的要求也不会太高。同时,还可以将二进制形式的活动文档程序压缩后再传输给客户端,从而进一步节省了带宽和传输时间。

Java 是一种用于创建和运行活动文档程序的技术,在 Java 技术中使用了一个名为applet(小应用程序)的名词,程序员利用 Java 类库来编写 applet 小程序。当用户从 Web 服务器获得一个嵌入了 Java 小程序的 HTML 文档后,就可以在支持 Java 小程序的浏览器中运行这个程序,然后就可以看到动画效果,或者与用户实现交互。

五、Web 浏览器

Web 浏览器(browser)的功能是实现客户进程与指定 URL 的服务器进程的连接,发出请求报文。接收需要浏览的文档,向用户显示网页的内容。

Web 浏览器由一组客户、一组解释单元与一个管理它们的控制器组成。控制器是浏览器的核心部件,它负责解释鼠标点击与键盘输入,并调用其他组件来执行用户指定的操作。例如,当用户输入一个 URL 或点击一个超级链接时,控制器接收并分析该命令,调用一个 HTTP 解释器来解释该页面,并将解释后的结果显示在用户屏幕上。

Web 浏览器除了能够浏览网页之外,还能够访问 FTP、Gopher 等服务器的资源,因此每个浏览器必须包含一个 HTML 解释器,以便能够显示 HTML 格式的网页。另外,Web 浏览器还必须包括其他可选的解释器,如 FTP 解释器,用来获取 FTP 文件传输服务。有些浏览器包含一个电子邮件客户程序,使浏览器能够收发电子邮件信息。

从用户使用的角度来看,用户通常会频繁地浏览其他网站的网页,并且同时重复访问一个网站的可能性比较小。为了提高文档查询效率,Web 浏览器需要使用缓存。浏览器将用户查看的每个文档或图像保存在本地磁盘中。当用户需要访问某个文档时,Web 浏览器首先会检查缓存中的内容,然后向 Web 服务器请求访问文档。这样,既可以缩短用户查询等待时间,又可以减少网络中的通信量。很多 Web 浏览器允许用户自行调整缓存策略。用户可以设置缓存的时间限制,Web 浏览器在时间限制到期后,将会删除缓存中的一些文档。Web 浏览器通常在特定会话中保持缓存。如果用户在会话期间不想在缓存中保留文档,则可以请求缓存时间置零,在这种情况下,当用户终止会话时,Web 浏览器将会删除缓存,这也就是无痕迹浏览。

第七节　DHCP——动态主机配置协议

一、DHCP 概述

连接到互联网上的主机需要配置以下信息:
(1) IP 地址;
(2) 子网掩码;
(3) 默认网关;
(4) DNS 服务器地址。

如果采用人工配置和管理这些信息,对于较大规模的网络来说将是一项烦琐且极易出错的事情,特别是当主机还经常改变位置的情况下。错误的配置将导致主机无法连接到互联网,还可能影响其他主机。

DHCP(Dynamic Host Configuration Protocol,动态主机配置协议)就提供了这样一

种机制,能为连到网络的主机自动配置上述信息,而且保证任何 IP 地址在同一时刻只能由一台 DHCP 客户端所使用。

DHCP 采用 C/S 工作模式,需要 IP 地址的主机称为 DHCP 客户端,它在启动的时候就向 DHCP 服务器广播发送 IP 申请请求,当 DHCP 服务器接收到来自网络主机申请 IP 地址的信息时,会向网络主机发送相关的地址配置信息。

由于路由器并不转发 DHCP 客户端广播的 DHCP 请求数据包,为了能让 DHCP 服务器为多个子网提供服务,通常采用 DHCP 中继代理服务,中继代理服务器通常是一台路由器,它能够实现在两个子网之间转发 DHCP 数据包。

二、DHCP 工作原理

DHCP 采用 UDP 作为传输协议,DHCP 客户端发送请求消息到 DHCP 服务器的 67 号端口,DHCP 服务器回应应答消息给主机的 68 号端口。详细的交互过程如图 8-18 所示。具体步骤简要描述如下:

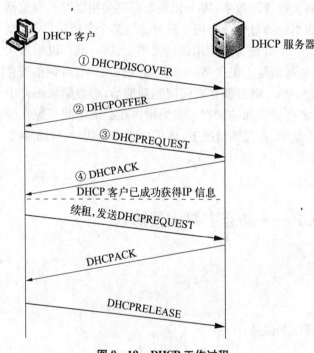

图 8-18 DHCP 工作过程

(1) 需要动态获得 IP 地址的网络主机启动时,就以广播的方式发送 DHCPDISCOVER 报文,该报文的目的 IP 地址为 255.255.255.255,这是由于它现在并不知道 DHCP 服务器的 IP 地址。源 IP 地址为 0.0.0.0,这是由于它现在还没有 IP 地址。

(2) 网络中的所有主机都能收到 DHCPDISCOVER 广播包,但只有 DHCP 服务器会对该广播包进行响应,DHCP 服务器首先在其数据库中查找是否有该主机的配置信息,若有则返回找到的信息。若没有,则向 DHCP 客户端发送一个 DHCPOFFER 报文,表示它能提供报文中的 IP 地址等配置信息。为了区分网络上可能的多个 DHCP 服务器,DHCP 服务器会将自己的 IP 地址放在 Option 选项字段中,同时 DHCP 服务器在发出此报文后会产生一个预分配 IP 地址的记录。

(3) DHCP 客户端从多个 DHCP 服务器(如果有的话)中选择其中一个的 DHCPOFFER。一般的原则是 DHCP 客户端处理最先收到的 DHCPOFFER 报文。然后发出一个 DHCPREQUEST 广播报文(此处广播是想让其他响应了 DHCPOFFER 报文的 DHCP 服务器收到,以便释放它们预分配的 IP 地址),该报文中包含选中的 DHCP 服务器的 IP 地址和自己需要的 IP 地址。

（4）DHCP 服务器收到 DHCPREQUEST 报文后,判断 Option 选项字段中的 IP 地址是否与自己的地址相同。如果不相同,DHCP 服务器就清除第(2)步中产生的 IP 地址预分配记录,否则,DHCP 服务器就向 DHCP 客户端响应一个 DHCPACK 报文,并在 Option 选项字段中设置 IP 地址的使用租期信息。

（5）DHCP 客户端接收到 DHCPACK 报文后,检查 DHCP 服务器分配的 IP 地址是否可以使用。如果可以,则 DHCP 客户成功获得 IP 地址,否则 DHCP 客户向 DHCP 服务器发出 DHCPDECLINE 报文,通知 DHCP 服务器禁用这个 IP 地址,然后 DHCP 客户端重新开始新的申请过程。

在任何时候,DHCP 客户端都可以向 DHCP 服务器发送 DHCPRELEASE 报文释放这个 IP 地址,然后使用 DHCPRENEW 报文重新获取 IP 地址。

第八节 新兴网络应用

一、网络搜索

万维网包含海量的信息资源,如果知道信息资源存放位置的 URL,则只要通过该 URL 地址就可以访问该信息资源,但问题是大多数用户需要的信息资源的位置是不清楚的,且不易记忆。因此,用户必须通过某种途径从 Internet 中找出自己想要的信息。网络搜索引擎是专门帮助用户查询信息的站点,它具有强大的信息查找能力。

搜索引擎按其工作方式主要可分为三种,分别是全文搜索引擎(Full Text Search Engine)、目录索引搜索引擎(Search Index/Directory)和元搜索引擎(Meta Search Engine)。

（一）全文搜索引擎

全文搜索引擎是名副其实的搜索引擎,国外具代表性的有 Google、Bing 和 All The Web 等,国内著名的有百度、搜狗和 360 搜索等,它们都是通过从 Internet 上提取各个网站的信息(以网页文字为主)而建立的数据库中检索与用户查询条件相匹配的记录,然后按一定的排列顺序将结果返回给用户,因此它们是真正的搜索引擎。

从搜索结果来源的角度,全文搜索引擎又可细分为两种,一种是拥有自己的检索程序(Indexer),俗称"蜘蛛"(Spider)程序或"机器人"(Robot)程序,并自建网页数据库,搜索结果直接从自身的数据库中调用,如 Google、百度等搜索引擎;另一种则是租用其他搜索引擎的数据库,并按自定的格式排列搜索结果,如 Lycos 引擎。

（二）目录索引搜索引擎

目录索引虽然有搜索功能,但在严格意义上算不上是真正的搜索引擎,仅仅是按目录分类的网站链接列表而已,用户完全可以不用关键词(Keywords)查询,仅靠分类目录就可找到需要的信息,目录索引中最具代表性的莫过于大名鼎鼎的 Yahoo!,国内的搜狐、新浪、网易也都属于这一类。

（三）元搜索引擎

元搜索引擎(META Search Engine)在接受用户查询请求时,同时在其他多个引擎上进行搜索,并将结果返回给用户,著名的元搜索引擎有 InfoSpace、Dogpile、Vivisimo 等,中文元搜索引擎中具代表性的有搜星搜索引擎。在搜索结果排列方面,有的直接按来源引擎排列搜索结果,如 Dogpile;有的则按自定的规则将结果重新排列组合,如 Vivisimo。

二、即时聊天

即时聊天是指通过特定软件来和网络上的亲朋好友就某些共同感兴趣的话题进行讨论。现在的即时聊天软件功能非常丰富,支持文字、语音和视频聊天,还具备文件传输等辅助功能。常用的即时聊天软件主要有以下几类:

(1) MSN Messenger。是由软件巨头微软所开发,目前在企业内部使用得较为广泛。

(2) ICQ。最早的网络即时通信工具,ICQ 改变了整个互联网的交流方式。

(3) QQ。国内最常用的即时通信工具。

(4) 微信(WeChat)。腾讯公司推出的一个为智能终端提供即时通信服务的免费应用程序。

(5) 百度 Hi。百度公司推出的一款集文字消息、音视频通话、文件传输等功能的即时通信软件。

(6) 阿里旺旺。淘宝网和阿里巴巴为买卖双方度身定做的免费网上商务沟通软件。

(7) 生意通。批发网为国内中小企业推出的会员制网上贸易服务。

(8) Skype。网络即时语音沟通工具。具有视频聊天、多人语音会议、多人聊天、传送文件、文字聊天等功能。还可以拨打国内国际电话,无论是固定电话还是手机均可直接拨打,并且还具有呼叫转移、短信发送等功能。

三、博客与微博

博客(Blogger,部落格)是 Web Log 的混合词,它的正式名称为网络日记,是一种通常由个人管理、不定期张贴新的文章的网站。博客上的文章通常根据张贴时间,以倒序方式由新到旧排列。许多博客专注在特定的主题上提供评论或新闻,其他则被作为个人日记,一个典型的博客结合了文字、图像、其他博客或网站的链接及其他与主题相关的媒体,通常允许访客以互动的方式留下意见、建议和评论。大部分的博客内容以文字为主,也有一些博客专注在艺术、摄影、视频、音乐、播客等各种主题。博客是社会媒体网络的一部分,比较著名的提供博客服务的网站有新浪和网易等。

微博(Weibo),即微型博客(Microblog)的简称,也是博客的一种,是一种通过关注机制分享简短实时信息的广播式的社交网络平台。

微博是一个基于用户关系信息分享、传播以及获取的平台。用户可以通过 Web、WAP 等各种客户端组建个人社区，以 140 字（包括标点符号）的文字更新信息，并实现即时分享。微博的关注机制分为单向和双向两种。

微博作为一种分享和交流平台，它更注重时效性和随意性。微博更能表达出每时每刻的思想和最新动态，而博客则更偏重于梳理自己在一段时间内的所见、所闻、所感。

四、社交网络

社交网站（Social Networking Site，SNS）是近年来发展非常迅速的一种网站，其具有博客、共享相册、上传视频、网页游戏、创建社团、刊登广告等功能。早前的 BBS 和博客可以认为是社交网站的前身。目前国外流行的社交网站主要有 Facebook、YouTube、Twitter 和 LinkedIn 等，国内的优酷、土豆、新浪微博、腾讯微博等都属于社交网站。

脸书（Facebook）是美国的一个在线社交网络服务网站，是世界排名领先的照片分享点，目前单日用户数已突破 10 亿。Facebook 的名字来源于新学年开始的学生花名。Facebook 于 2004 年 2 月由马克·扎克伯格与他的哈佛大学室友爱德华·萨维林、安意鲁·麦科勒姆等一起创建。起初，Facebook 只限于哈佛学生注册，但很快就扩大到波士顿地区、常青藤联盟、斯坦福大学等高校，Facebook 规定满 13 周岁的人才能注册成为会员。

推特（Twitter）是美国一个在线社交网络服务和微博服务的网站，用户可以经由 SMS（Short Message Service，短信服务）、实时通信、电子邮件、Twitter 网站或 Twitter 第三方应用发布更新，输入最多 140 字的更新，允许用户将自己的最新动态和想法以短信息的形式发送给手机和个性化网站群，推特对所有人都是开放的。

五、音频/视频服务

早期 Internet 上音频/视频服务需要把多媒体音频和视频文件先下载到本地计算机的硬盘中，等下载完毕后再去播放。设想一下，如果需要欣赏网上某个视频或音频节目，事先必须要花好几个小时（具体时间还无法确定）来下载它，等下载完后再来播放，显然这是很不方便的。

目前互联网音频/视频服务实现了"边传输边播放"技术，也就是流式媒体播放。具体分为三种类型。

（1）流式（Streaming）存储音/视频。

这种类型是先把已压缩的录制好的音频视频文件（如音乐、电影等）存储在服务器上。用户通过互联网下载这样的文件。注意，用户并不是把文件全部下载完毕后再播放，因为这往往需要很长时间，而用户一般也不大愿意等待太长的时间。流式存储音频视频文件的特点是能够边下载边播放，即在文件下载后不久（如一般在缓存中存放最多几十秒）就开始连续播放。注意，普通光盘中的 DVD 电影文件不是流式视频文件。如果我们打算下载一部光盘中的普通的 DVD 电影，那么只能花费很长的时间把整个电影文件全部下载完毕后才能播放。注意，flow 的译名也是"流"（或流量），但意思和 streaming 完全不同。

（2）流式实况音频/视频。

这种类型和无线电台或电视台的实况广播相似，不同之处是音频/视频节目的广播是通过互联网来传送的。流式实况音频/视频是一对多（而不是一对）的通信。它的特点是：音频/视频节目不是事先录制好和存储在服务器中的，而是在发送方边录制边发送（不是录制完毕后再发送）。在接收时也要求能够连续播放。接收方收到节目的时间和节目中事件的发生时间可以认为是同时的（相差仅仅是电磁波的传播时间和很短的信号处理时间）。流式实况音频/视频按理说应当采用多播技术才能提高网络资源的利用率，但目前实际上还是使用多个独立的单播。

（3）交互式音频视频。

这种类型是用户使用互联网和其他人进行实时交互式通信。现在的互联网电话或互联网电视会议就属于这种类型。

六、电子商务

所谓电子商务（Electronic Commerce）就是利用计算机技术、网络技术和远程通信技术，实现整个商务（买卖）过程中的电子化、数字化和网络化。电子商务的出现使得人们不再需要面对面的、看着实实在在的货物、靠纸介质单据（包括现金）进行买卖交易；而是利用计算机网络，通过网上琳琅满目的商品信息、完善的物流配送系统和方便安全的资金结算系统进行交易。

练习题

1. 简要描述 Internet 应用技术发展的三个阶段。

2. 什么是 C/S 模式？什么是 B/S 模式？两者有什么关系？

3. 什么是 P2P 模式？简要描述 P2P 模式与 C/S 模式的区别。

4. 简述网络应用应用层协议的概念，并请举例说明。

5. 什么是应用层程序体系结构？

6. 简述应用层协议的主要内容，根据功能划分，应用层协议具体分为哪几类？请举例说明。

7. 什么是域名？什么是域名系统？域名系统使用的端口号是什么？简要描述 Internet 的域名结构。

8. 域名系统的主要功能是什么？域名系统中的本地域名服务器、根域名服务器、顶级域名服务器以及权限域名服务器有何区别？

9. 简述域名解析方式与解析步骤。

10. 假设域名为 m.a.com 的主机，由于重启动的原因两次向本地 DNS 服务器 dns.a.com 查询域名为 www.abe.net 的 IP 地址，请说明域名转换的过程。

11. 简述域名缓存的作用。

12. 简述 Telnet 的工作原理,为何要采用网络虚拟终端(NVT)标准来进行通信?

13. 什么是 FTP? 它有哪两种连接? 各连接的主要工作分别是什么?

14. 在电子邮件系统中,传送邮件采用什么协议? 接收邮件又采用什么协议? 各协议的工作端口分别是什么?

15. 电子邮件地址的形式如何? 简要描述电子邮件的工作过程。

16. 电子邮件系统使用 TCP 协议传送邮件。为什么有时我们会遇到邮件发送失败的情况? 为什么有时对方会收不到我们发送的邮件?

17. 万维网是一种网络吗? 它采用什么样的工作模式? 使用什么传输协议? 通过什么实现 Web 文档之间的跳转?

18. 什么是统一资源定位符? 请分别用 HTTP 协议和 FTP 协议举例说明。

19. HTTP 报文使用运输层的什么协议进行封装和传输? 工作端口是什么?

20. 什么是持续连接和非持续连接? 各有什么特点?

21. 考虑一个电子商务网站需要保留每一个客户的购买记录,描述如何使用 Cookie 机制来完成该功能。

22. 静态文档、动态文档和活动文档分别是什么? 各有什么特点? 各用什么技术实现?

23. 连接到互联网上的主机需要配置哪些信息? 如何设置主机的这些信息?

24. 简述 DHCP 的工作原理与过程。

25. 写出以下专用英文缩写的英文全拼和对应汉语意思,并简要叙述其功能。

DNS FTP E-mail MIME POP3 SMTP HTTP URL DHCP

26. 什么是搜索引擎? 有哪几类的搜索引擎? 各举例说明。

27. 网络里的流媒体服务与传统网络媒体有什么区别? 网络里提供的流媒体有哪些类型? 各举例说明。

第九章　计算机网络安全

本章重点

（1）计算机网络面临的安全威胁、网络安全的目标和基本的安全技术。

（2）两类密码体制的特点、基本概念和基本算法。

（3）认证技术、数字签名和数字证书的基本概念和基本原理。

（4）常用互联网安全协议基本概念和特点。

（5）入侵检测技术和防火墙的相关概念和特点。

计算机网络的发展与应用给人们的社会生活带来了前所未有的便利，但由于网络的开放性与匿名性，导致网络存在着严重的安全隐患。当前，无论是个人隐私数据还是金融业、政府和国家机密数据，在存储、传输和使用过程中都面临着日益严重的网络安全威胁，网络安全事件层出不穷。因此，在当前的信息化社会中，网络安全技术日益受到高度关注。

本章将对计算机网络安全问题的基本概念和基本原理进行简要介绍。

第一节　计算机网络安全的基本概念

从本质上讲，网络安全是指网络上存在的安全问题及解决方案，属于信息安全的一部分。它是指网络系统的硬件、软件和系统中的数据受到保护，不因偶然的或恶意的攻击而遭到破坏、更改和泄漏，系统连续可靠、正常运行，网络服务不中断。

广义上讲，凡是涉及网络上信息保密性、完整性、可用性、可控性、不可否认性和真实性等相关技术和理论都是网络安全所要研究的领域。

一、计算机网络安全威胁

引发计算机网络安全威胁的因素可以分为以下几个方面：

（1）开放的网络环境。

互联网的美妙之处在于你和每个人都能互相连接，互联网的可怕之处也在于每个人都能和你互相连接。

（2）协议本身的缺陷。

网络传输离不开通信协议，而 TCP/IP 协议族中有不少协议本身就存在先天的安全性问题，很多网络攻击都是针对这些缺陷进行的。

（3）操作系统的漏洞。

主要是指操作系统本身程序存在 Bug 和操作系统服务程序的错误配置。

"三分技术,七分管理",网络系统的安全性在很大程度上取决于对网络系统的管理策略,而不是单纯地靠哪一种或几种技术。

因此,网络用户面临安全威胁是时刻存在的,要完全杜绝网络威胁是不可能的,只能加强防范,减少网络攻击发生的概率。

二、计算机网络面临的安全威胁

计算机网络面临的安全威胁主要分为以下三个方面:

（1）信息泄漏。

指敏感信息在有意或无意中被泄漏或丢失,如商业或军事机密窃密或泄密。

（2）信息破坏。

指以非法手段窃得对数据的使用权后,删除、修改、插入或重放某些重要信息,以取得有益于攻击者的响应;恶意添加、修改数据,以干扰用户的正常使用。

（3）拒绝服务。

拒绝服务(Denial of Service,DoS)攻击指不断对网络服务系统进行干扰,改变其正常的作业流程,执行无关程序使系统响应减慢甚至瘫痪,影响正常用户的使用,甚至使合法用户被排斥而不能进入网络系统或不能得到相应的服务。这类攻击中最具威胁攻击的是DDoS(Distributed Denial of Service,分布式拒绝服务),它借助于客户/服务器技术,将成千上万台计算机联合起来作为攻击平台,对一个或多个目标发动 DDoS 攻击,从而成倍地提高拒绝服务攻击的威力。

通常将可造成信息泄漏、信息破坏和拒绝服务的网络行为称为网络攻击。网络攻击可以分为被动攻击与主动攻击两大类,如图 9-1 所示。

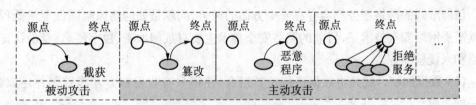

图 9-1 网络攻击的分类

被动攻击是指攻击者通过监控网络或者搭线窃听等手段截取他人的通信数据包,然后通过分析数据包而获得某些秘密,通常将这类攻击称为截获。这种攻击通常不会影响用户的正常通信,因而最难被检测得到,对付这种攻击的重点是预防,主要手段为数据加密。

主动攻击是指攻击者试图突破网络的安全防线,这种攻击涉及数据流的修改或者创建错误的数据流,因而会对用户的正常通信带来危害。主要的攻击形式有假冒、重放、篡改、恶意程序和拒绝服务等。主动攻击很难预防,但容易检测,因此,对付主动攻击的重点是检测，主要手段有数据加密、认证、防火墙和入侵检测等。

三、安全的计算机网络

人们一直希望能设计出一种安全的计算机网络，但不幸的是，网络的安全性是不可判定的，绝对安全的计算机网络是不存在的。一个安全的计算机网络应设法达到以下四个目标：

（1）保密性。

保密性就是只有信息的发送方和接收方才能懂得所发送信息的内容，而信息的截获者则看不懂所截获的信息。为了使网络具有保密性，需要使用各种密码技术。

（2）端点鉴别。

安全的计算机网络必须能够鉴别信息的发送方和接收方的真实身份。

（3）信息的完整性。

即使能够确认发送方的身份是真实的，并且所发送的信息都是经过加密的，依然不能认为网络是安全的。还必须确认所收到的信息都是完整的，也就是信息的内容没有被人篡改过。信息的完整性和保密性是两个不同的概念。例如，商家向公众发布的商品广告当然不需要保密，但如果广告在发送时被人恶意删除或添加了一些内容，那么就可能对商家造成很大的损失。

（4）运行的安全性。

计算机网络中的恶意程序和拒绝服务的攻击，可以使计算机网络不能正常运行，甚至完全瘫痪。因此，确保计算机系统运行的安全性，也是非常重要的工作。对于一些要害部门和行业，这点尤为重要。

四、网络安全的基本技术

任何形式的网络服务都会存在安全方面的风险，问题是如何将风险降低至最低程度。这就需要网络安全技术了，目前的网络安全技术主要有数据加密、数字签名、身份认证、防火墙和入侵检测等。

（1）数据加密。就是将数据进行重新组合，使得只有收发双方才能解码并还原数据的一种手段。

（2）数字签名。用来证明消息确实是由发送者签发的，而且还可以用来验证数据的完整性。

（3）身份认证。用于验证一个用户的合法性的技术，常用的口令认证、指纹识别和智能认证均为具体的身份认证实例。

（4）防火墙。防火墙是用来隔离内部网络与外部网络的一种隔离设施，它能按照系统管理员预先定义好的规则控制数据包的进出。

（5）内容与行为检查。就是对进出网络和计算机系统的数据、文件和程序的内容，以及访问网络与计算机系统的行为等进行检查，如反病毒和入侵检测系统。

第二节 数据加密技术

密码技术是信息安全的核心技术,是其他安全技术的基础。密码技术已经发展成为一门学科,即密码学。它可以分为密码编码学与密码分析学。密码编码学(Cryptography)是密码体制的设计学,而密码分析学(Cryptanalysis)则是在未知密钥的情况下,根据密文推出明文或密钥的技术。

一、数据加密模型

一般的数据加密模型如图 9-2 所示。用户 A 向 B 发送明文 X,明文 X 通过加密算法 E 运算后,得出密文 Y。密文 Y 在不安全的互联网中传输并最终到达接收方。在接收方,用户 B 通过解密算法对密文 Y 进行 D 运算后恢复出明文 X。在数据加密模型中,最重要的就是密钥,知道了密钥就能破解密文。

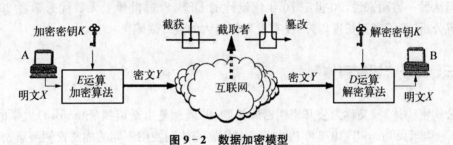

图 9-2 数据加密模型

如果不论截取者获得了多少密文,但在密文中都没有足够的信息来唯一地确定出对应的明文,则这一密码体制称为无条件安全的,或称为理论上是不可破的。但是,在无任何限制的条件下,目前几乎所有实用的密码体制均是可破的。1949 年,信息论创始人香农(C.E. Shannon)发表著名文章,论证了一般经典加密方法得到的密文几乎都是可破的。密码学的研究曾面临着严重的危机。但从 20 世纪 60 年代起,随着电子技术、计算技术的迅速发展以及结构代数、可计算性和计算复杂性理论等学科的研究,密码学又进入了一个新的发展时期。在 20 世纪 70 年代后期,美国的数据加密标准 DES(Data Encryption Standard)和公钥密码体制(Public Key Crypto-system,又称为公开密钥密码体制)的出现,成为近代密码学发展史上的两个重要里程碑。

二、对称密码体制

所谓对称密钥密码体制,即加密密钥与解密密钥使用相同的密码体制。如图 9-2 所示的情况,通信的双方使用的就是对称密钥。

数据加密标准 DES 属于对称密钥密码体制。它由 IBM 公司研制出,于 1977 年被美国定为联邦信息标准后,在国际上引起了极大的重视。ISO 曾将 DES 作为数据加密标准。

DES 是一种分组密码。在加密前,先对整个的明文进行分组。每一个组为 64 位长的二进制数据。然后对每一个 64 位二进制数据进行加密处理,产生一组 64 位密文数据。最后将各组密文串接起来,即得出整个的密文。使用的密钥占有 64 位(实际密钥长度为 56 位,外加 8 位用于奇偶校验)。

DES 的保密性仅取决于对密钥的保密,而算法是公开的。DES 的问题是它的密钥长度。56 位长的密钥意味着共有 2^{56} 种可能的密钥,也就是说,共有约 7.6×10^{16} 种密钥。假设一台计算机 1 μs 可执行一次 DES 加密,同时假定平均只需搜索密钥空间的一半即可找到密钥,那么破译 DES 要超过 1 000 年。

但现在已经设计出来搜索 DES 密钥的专用芯片。例如,在 1999 年有一批在互联网上合作的人借助于一台不到 25 万美元的专用计算机,用 22 小时多一点的时间就破译了 56 位密钥的 DES。若用价格为 100 万美元或 1 000 万美元的机器,则预期的搜索时间分别为 35 小时或 21 分钟。现在对于 56 位 DES 密钥的搜索已成常态,56 位 DES 已不再被认为是安全的,比较可靠的普遍采用 128 位密钥。但是密钥长度太长的话,在加密和解密过程中也会消耗过多资源,影响数据传输效率。

但从另一方面来说,20 世纪 70 年代设计的 DES,经过世界上无数优秀学者 20 多年的密码分析,除了密钥长度以外,没有发现任何大的设计缺陷。

三、公开密钥密码体制

公钥密码体制(又称为公开密钥密码体制)的概念是由斯坦福(Stanford)大学的研究人员 Die 与 Hellman 于 1976 年提出的。公钥密码体制使用不同的加密密钥与解密密钥。

所谓的公开密钥密码体制就是使用不同的加密密钥与解密密钥,是一种"由已知加密密钥推导出解密密钥在计算上是不可行的"密码体制。

公钥密码体制的产生主要有两个方面的原因,一是由于对称密钥密码体制的密钥分配问题,二是由于对数字签名的需求。

在对称密钥密码体制中,加解密的双方使用的是相同的密钥。但怎样才能做到这一点? 一种是事先约定密钥,另一种是用信使来传送密钥。在高度自动化的大型计算机网络中,用信使来传送密钥显然是不合适的。如果事先约定密钥,就会给密钥的管理和更换带来极大的不便。若使用高度安全的密钥分配中心 KDC(Key Distribution Center),也会使得网络成本增加。

对数字签名的强烈需要也是产生公钥密码体制的一个原因。在许多应用中,人们需要对纯数字的电子信息进行签名,表明该信息确实是某个特定的人产生的。

公钥密码体制提出不久,人们就找到了三种公钥密码体制。目前最著名的是由美国三位科学家 Rivest、Shamir 和 Adleman 于 1976 年提出并在 1978 年正式发表的 RSA 体制,它是一种基于数论中的大数分解问题的体制。

在公开密钥密码体制中,加密密钥(即公开密钥)PK 是公开信息,而解密密钥(即秘密密钥)SK 是需要保密的。加密算法 E 和解密算法 D 也都是公开的。虽然解密密钥

SK 是由公开密钥 PK 决定的,但是不能根据 PK 计算出 SK。

公钥密码体制的加密和解密过程有如下特点:

(1) 密钥对产生器产生出接收者 B 的一对密钥:加密密钥 PK_B 和解密密钥 SK_B,发送者 A 所用的加密密钥 PK_B 就是接收者 B 的公钥,它向公众公开。而 B 所用的解密密钥 SK 就是接收者 B 的私钥,对其他人都保密。

(2) 发送者 A 用 B 的公钥 PK_B 通过 E 运算对明文 X 加密,得出密文 Y,发送给 B。

$$Y = E_{PK_B}(X) \tag{9-1}$$

B 用自己的私钥 SK_B 通过 D 运算进行解密,恢复出明文,即:

$$D_{SK_B}(Y) = D_{SK_B}(E_{PK_B}(X)) = X \tag{9-2}$$

(3) 虽然在计算机上可以容易地产生成对的 PK_B 和 SK_B,但从已知的 PK_B 实际上不可能推导出 SK_B,即从 PK_B 到 SK_B 是"计算上不可能的"。

(4) 虽然公钥可用来加密,但却不能用来解密。

(5) 先后对 X 进行 D 运算和 E 运算或进行 E 运算和 D 运算,结果都是一样的。

$$E_{PK_B}(D_{SK_B}(X)) = D_{SK_B}(E_{PK_B}(X)) = X \tag{9-3}$$

注意,通常都是先加密然后再解密。但仅从运算的角度看,D 运算和 E 运算的先后顺序则可以是任意的。对某个报文进行 D 运算,并不表明是要对其解密。图 9-3 给出了用公钥密码体制进行加密的过程。

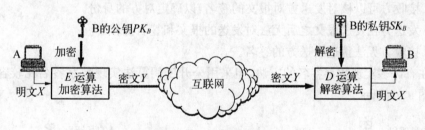

图 9-3　公钥密码体制

公开密钥与对称密钥在使用通信信道方面有很大的不同。在使用对称密钥时,由于双方使用同样的密钥,因此在通信信道上可以进行一对一的双向保密通信,每一方既可用此密钥加密明文,并发送给对方,也可接收密文,用同一密钥对密文解密。这种保密通信仅限于持有此密钥的双方(如再有第三方就不保密了)。但在使用公开密钥时,在通信信道上可以是多对一的单向保密通信。例如,在图 9-3 中,可以有很多人同时持有 B 的公钥,并各自用此公钥对自己的报文加密后发送给 B。只有 B 才能够用其私钥对收到的多个密文一一进行解密。但使用这对密钥进行反方向的保密通信则是不行的。在现实生活中,这种多对一的单向保密通信是很常用的。例如,在网购时,很多顾客都向同一个网站发送各自的信用卡信息,此时这些顾客就可以用购物网站的公钥来加密自己的信用卡信息,这样只有购物网站可以用私钥来解密这些顾客的信息,而其他人是无法解密的。这就保证了顾客信息的安全性。

这里还需要注意,任何加密方法的安全性取决于密钥的长度,以及攻破密文所需的计算量,而不是简单地取决于加密的体制(公钥密码体制或传统加密体制)。还要指出,公钥密码体制并没有使传统密码体制被弃用,因为目前公钥加密算法的开销较大,在可见的将来还不会放弃传统加密方法。

第三节 数字签名、认证技术与数字证书

一、数字签名

数据加密可以防止信息在传输过程中被截获,但是如何确定发送人的身份问题就需要使用数字签名技术来解决。

亲笔签名是用来保证文件或资料真实性的一种方法。在网络环境中,通常使用数字签名技术来模拟日常生活中的亲笔签名。数字签名将信息发送人的身份与信息传送结合起来,可以保证信息在传输过程中的完整性,并提供信息发送者的身份认证,以防止信息发送者抵赖行为的发生。目前各国已制定了相应的法律和法规,把数字签名作为执法的依据。

数字签名需要实现以下三项主要的功能:

(1) 接收方可以核对发送方对报文的签名,以确定对方的身份。

(2) 发送方在发送报文之后无法对发送的报文和签名抵赖。

(3) 接收方无法伪造发送方的签名。

现在有许多实现数字签名的方法,但采用公开密钥算法实现数字签名比较容易。其原理如图 9-4 所示。

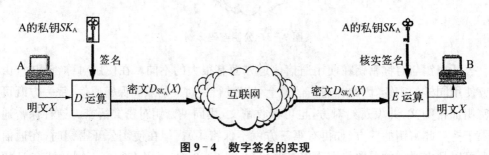

图 9-4 数字签名的实现

从图中可以看出,基于公钥的数字签名利用私钥加密,公钥解密,这与前面介绍的数据加密刚好是相反的。如果用户 A 否认了这次通信,用户 B 只要拿出接收到的密文,并用众所周知的用户 A 的公钥成功解密出报文就能证明该报文就是 A 发送的。反过来,如果用户 B 篡改了报文,则用户 A 可以要求用户 B 出示密文,因用户 B 没有用户 A 的私钥,因此,用户 B 肯定无法出示。这就实现了数字签名。

从上图可以看出,这种基于公钥的数字签名只是对报文进行了签名,对报文本身并没

有加密,因为用户 A 的公钥可以众所周知,攻击者截获到经签名后的密文后就可以利用 A 的公钥进行解密,从而获得报文的内容。对此,提出了改进的具备保密的公钥数字签名方法,其原理如图 9-5 所示。

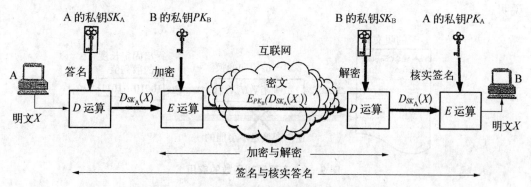

图 9-5　具有保密性的数字签名

从图 9-5 可以看到,报文首先使用用户 B 的公钥加密,再用 A 的私钥签名,最后形成密文在网络上传输。到达接收端后,用户 B 先用 A 的公钥来核实签名,若证实是用户 A 的签名,则再用自己的私钥解密报文。在这个过程中,即使攻击者截获了密文,由于没有用户 B 的私钥,因此他无法看到报文的内容。这样就实现了具有保密性的数字签名。

二、认证技术

在网络的应用中,认证(Authentication)是网络安全中一个很重要的问题。认证和加密是不相同的概念。认证是要验证通信的对方的确是自己所要通信的对象,而不是其他的冒充者,并且所传送的报文是完整的,没有被他人篡改过。

认证分为两种。一种是消息认证,也叫报文鉴别,即鉴别所收到的报文的确是报文的发送者所发送的,而不是其他人伪造的或篡改的。另一种则是实体认证,即仅仅鉴别发送报文的实体。实体可以是一个人,也可以是一个进程(客户或服务器)。

(一) 消息认证

很明显,使用数字签名就能够实现对报文的鉴别。然而这种方法有一个很大的缺点,就是对较长的报文(这是很常见的)进行数字签名会使计算机增加非常大的负担,因为这需要进行较多的时间来进行运算。进行数字签名的 D 运算和 E 运算都需要花费非常多的计算机的 CPU 时间。因此,需要找出一种相对简单的方法对消息进行认证。这种方法就是使用密码散列函数(Cryptographic Hash Function)。

散列函数具有以下两个特点:

(1) 散列函数的输入长度可以很长,但其输出长度则是固定的,并且较短。散列函数的输出叫作散列值,或更简单些,称为散列。

(2) 不同的散列值肯定对应于不同的输入,但不同的输入却可能得出相同的散列值。这就是说,散列函数的输入和输出并非一一对应的,而是多对一的。

在密码学中使用的散列函数称为密码散列函数,其最重要的特点就是:要找到两个不同的报文,它们具有同样的密码散列函数输出,在计算上是不可行的。也就是说,密码散列函数实际上是一种单向函数(One-way Function)。上述的重要概念可用图 9 - 6 来说明。

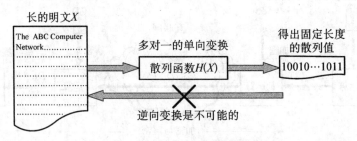

图 9 - 6 密码散列函数的应用

这就是说,如果固定长度的散列 $H(X)$ 被网络入侵者截获了,那么截获者也无法伪造出另一个明文 Y,使得 $H(Y) = H(X)$。换言之,散列 $H(X)$ 可用来保护明文 X 的完整性,因为如果 $(X, H(X))$ 是发送方所创建的明文和从该明文导出的散列,那么入侵者无法根据截获的散列 $H(X)$ 伪造出另一个明文 Y,使得 Y 的散列 $H(Y)$ 与明文 X 的散列 $H(X)$ 相同。

通过许多学者的不断努力,已经设计出一些实用的密码散列函数(或称为散列算法),其中最出名的就是 MD5 和 SHA - 1。MD 就是 Message Digest 的缩写,意思是报文摘要。MD5 是报文摘要的第 5 个版本,公布于 1991 年,并获得了非常广泛的应用。

（二）实体认证

实体认证也称为实体鉴别。前面介绍的消息认证对每一个收到的报文都要认证报文的发送者,并检查报文的完整性,主要目的是防止报文被篡改。

实体认证是在系统接入的全部持续时间内,对和自己通信的对方实体只需要验证一次,目的是识别对方的身份,防止假冒。

实体认证可以分为基于共享密钥的实体认证和基于公钥的实体认证两大类。

三、数字证书

数字证书就是一段包含用户身份信息、用户公钥信息以及身份验证机构数字签名的一串数据,提供了一种在 Internet 上验证通信实体身份的方式,数字证书不是数字身份证,而是身份认证机构盖在数字身份证上的一个章或印(或者说加在数字身份证上的一个签名)。

数字证书是由一个称为证书授权(Certificate Authority,CA)中心(也称为认证中心)的权威机构颁发和签署的,并由 CA 或用户将其放在目录服务器的公共目录中,以供其他用户访问,目录服务器本身并不负责为用户创建数字证书,其作用仅仅是为用户访问数字证书提供方便。

认证中心 CA 作为权威的、可信赖的、公正的第三方机构，专门负责为各种认证需求提供数字证书服务，包括颁发证书、废除证书、更新证书和管理密钥等。

数字证书采用公钥体制，即利用一对互相匹配的密钥进行加密、解密。每个用户自己设定一个特定的仅为本人所知的私有密钥（私钥），用它进行解密和签名；同时设定一个公开密钥（公钥）并由本人公开，为一组用户所共享，用于加密和验证签名。当要发送一份保密文件时，发送方使用接收方的公钥对数据加密，而接收方则使用自己的私钥解密，这样信息就可以安全无误地到达目的地了。

数字证书可用于发送安全电子邮件、访问安全站点、网上证券交易、网上招标采购、网上办公、网上保险、网上税务、网上签约和网上银行等安全电子事务处理和安全电子交易活动。

数字证书是数字签名的一种应用。

在 Windows 中，打开 IE 浏览器，依次单击菜单"工具"—"Internet 选项"—"内容"—"证书"，在打开的对话框中可以查看到计算机上安装的数字证书，如图 9-7 所示。

当用户需要申请数字证书时，通常需要携带有关证件到各地的证书注册中心（Registration Authority，RA）填写申请表并进行身份审核，审核通过后缴纳一定费用就以得到装有证书的相关介质（磁盘、C 卡或者 USB 电子钥匙等）和一个写有口令的密码信封。

用户在进行需要使用证书的网上操作时（如网上银行转账），必须准备好装有证书的存储介质。如果用户是在自己的计算机上进行操作，操作前必须先安装 CA 根证书。一般访问的

图 9-7 查看计算机上安装的证书

系统会自动弹出提示框要求安装根证书，用户直接选择确认即可。操作时，一般系统会自动提示用户出示数字证书或者插入证书介质（IC 卡或 USB 电子钥匙等），用户插入证书介质后系统将要求用户输入口令，即申请证书时获得的密码信封中的口令，口令验证正确后系统将自动调用数字证书进行相关操作。

第四节　互联网使用的安全协议

网络安全协议设计的要求是实现协议执行过程中的认证性、机密性、完整性与不可否认性，这与网络安全服务的基本原则是一致的。网络安全协议的研究与标准的制定设计网络层、运输层与应用层。

一、网络层安全协议

在讨论虚拟专用网 VPN 时,提到在 VPN 中传送的信息都是经过加密的。现在介绍的就是提供这种加密服务的 IPsec 协议。

IPsec 并不是一个单一协议,而是能够在 IP 层提供互联网通信安全的协议族。IPsec 就是"IP 安全(Security)"的缩写。

IPsec 协议族中的协议可划分为三个部分。

(1) IP 安全数据报格式的两个协议:鉴别首部 AH(Authentication Header)协议和封装安全有效载荷 ESP(Encapsulation Security Payload)协议。

(2) 有关加密算法的三个协议。

(3) 互联网密钥交换 IKE(Internet Key Exchange)协议。

使用 ESP 或 AH 协议的 IP 数据报称为 IP 安全数据报(或 IPsec 数据报),它可以在两台主机之间、两个路由器之间或一台主机和一个路由器之间发送。

IP 安全数据报有以下两种不同的工作方式:

第一种工作方式是运输方式(Transport Mode)。运输方式是在整个运输层报文段的前后分别添加若干控制信息,再加上首部,构成 IP 安全数据报。

第二种工作方式是隧道方式(Tunnel Mode)。隧道方式是在原始的 IP 数据报的前后分别添加若干控制信息,再加上新的 IP 首部,构成一个 IP 安全数据报。

要注意的是:无论使用哪种方式,最后得出的 IP 安全数据报的 IP 首部都是不加密的。只有使用不加密的 IP 首部,互联网中的各个路由器才能识别 IP 首部中的有关信息,把 IP 安全数据报在不安全的互联网中进行转发,从源点安全地转发到终点。所谓"安全数据报"是指数据报的数据部分是经过加密的,并能够被鉴别的。通常把数据报的数据部分称为数据报的有效载荷(Payload)。目前使用最多的就是隧道方式。

在发送 IP 安全数据报之前,在源实体和目的实体之间必须创建一条网络层的逻辑连接,即安全关联 SA(Security Association)。这样,传统的互联网中无连接的网络层就变成了具有逻辑连接的一个层。安全关联是从源点到终点的单向连接,它能够提供安全服务。如要进行双向安全通信,则两个方向都需要建立安全关联。图 9-8 是安全关联 SA 的示意图。

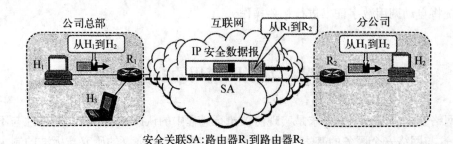

安全关联SA:路由器R₁到路由器R₂

图 9-8 安全关联 SA 示意图

建立安全关联 SA 的路由器或主机,必须维护这条 SA 的状态信息。发送 IP 安全数据报的实体可能要用到很多条安全关联 SA,那么这些 SA 的相关信息存放在 IPsec 的一个重要构件中,叫作安全关联数据库 SAD(Security Association Database)。当主机要发送 IP 安全数据报时,就要在 SAD 中查找相应的 SA,以便获得必要的信息,来对该 IP 安全数据报实施安全保护。

但是,主机所发送的数据报并非都必须进行加密,很多信息使用普通的数据报用明文发送即可。因此,除了安全关联数据库 SAD,还需要另一个数据库,这就是安全策略数据库 SPD(Security Policy Database)。SPD 指明什么样的数据报需要进行 IPsec 处理。这取决于源地址、源端口、目的地址、目的端口,以及协议的类型等。因此,当一个 IP 数据报到达时,SPD 指出应当做什么(使用 IP 安全数据报还是不使用),而 SAD 则指出,如果需要使用 IP 安全数据报,应当怎样做(使用哪一个 SA)。

安全关联数据库 SAD 中存放的许多安全关联 SA 的信息,其采用自动生成的机制,即使用互联网密钥交换 IKE(Internet Key Exchange)协议。IKE 的用途就是为 IP 安全数据报创建安全关联 SA。

二、运输层安全协议

安全套接层(Secure Sockets Layer, SSL)协议是 Netscape 公司 1994 年提出的用于 Web 应用的运输层安全协议。SSL 协议使用非对称加密体制和数字证书技术,保护信息传输的秘密性和完整性。SSL 是国际上最早应用于电子商务的一种网络安全协议。

目前世界各国的网上支付系统广泛应用的是 SSLv3 协议。图 9-9 给出了 SSL 协议在网络协议体系中位置的示意图。

SSL 协议的主要特点有以下几点:

(1) SSL 协议尽管可以用于 HTTP、FTP、TELNET 等协议,但是目前主要应用于 HTTP 协议,为基于 Web 服务的各种网络应用中客户与服务器之间的用户身份认证与安全数据传输提供服务。

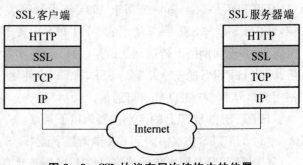

图 9-9 SSL 协议在层次结构中的位置

(2) SSL 协议处于端系统的应用层与传输层之间,在 TCP 协议之上建立一个加密的安全通道,为 TCP 协议之间传输的数据提供安全保障。

(3) 当 HTTP 协议使用 SSL 协议时,HTTP 的请求、应答报文格式与处理方法不变。不同之处是:应用进程所产生的报文将通过 SSL 协议加密之后,再通过 TCP 连接传送出去;在接收端 TCP 协议将加密的报文传送给 SSL 协议解密之后,再传送到应用层 HTTP 协议。

（4）当 Web 系统采用 SSL 协议时，Web 服务器的默认端口号从 80 变换为 443；Web 客户端使用 HTTPS 取代常用的 HTTP。

（5）SSL 协议包含两个协议：SSL 握手协议（SSL Handshake Protocol）与 SSL 记录协议（SSL Record Protocol）。SSL 握手协议实现双方加密算法的协商与密钥传递，SSL 记录协议定义 SSL 数据传输格式，实现对数据的加密与解密操作。

在 Windows 中，打开 IE 浏览器，依次单击菜单"工具"—"Internet 选项"—"高级"，在打开的对话框中可以查看到 IE 浏览器使用的运输层安全协议，如图 9-10 所示。

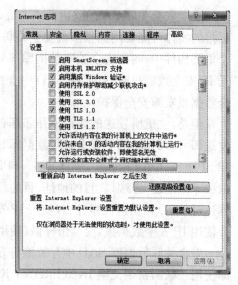

图 9-10　IE 浏览器使用的运输层安全协议

三、应用层安全协议

应用层的协议有很多种，针对不同的应用有相应的应用层协议。但很多应用层协议存在严重的安全漏洞，比如我们熟悉的 HTTP、FTP 和 TELNET 等，都是通过明文的方式传输用户数据。对此，人们提出了很多安全的应用层协议，比如 S-HTTP、HTTPS、SFTP、SH、S/MIME 和 PGP 等，在 Internet 中应用的最多的是 HTTPS，这里主要介绍它。

HTTPS（Hyper Text Transfer Protocol over Secure Socket Layer，基于 SSL 的 HTTP）是以安全为目标的 HTTP 通道，简单来讲就是 HTTP 的安全版。

HTTPS 是 Netscape 公司于 1994 年设计开发的，并应用于 Netscape 浏览器中，最初，HTTPS 是与 SSL 一起使用的。HTTPS 内置于浏览器中，用于对数据进行压缩和解压操作，并返回网络上传送回的结果。HTTPS 实际上是将 SSL 作为 HTTP 应用层的子层，因此 HTTPS 的安全基础是 SSL，HTTPS 使用 TCP 端口号 443，而不像 HTTP 那样使用端口号 80 来和 TCP 进行通信。

HTTPS 和 HTTP 的区别主要为以下 4 点：

（1）HTTPS 协议需要到 CA 申请数字证书。

（2）HTTP 是明文传输协议，HTTPS 则是具有安全性的 SSL 加密传输协议。

（3）HTTP 和 HTTPS 使用的是完全不同的连接方式，用的端口也不一样，前者是80，后者是 443。

（4）HTTP 的连接很简单，是无状态的；HTTPS 协议是由 SSL＋HTTP 协议构建的可进行加密传输和身份认证的网络协议。

在 Internet 中，当用户访问一些敏感网站时，浏览器会将 HTTP 协议自动转换成 HTTPS 协议，如访问百度网站或网上银行时，如图 9-11 所示。

图 9 - 11　百度网站使用的 HTTPS 安全协议

第五节　防火墙与入侵检测技术

一、防火墙

(一) 防火墙概述

保护网络安全的最主要手段之一是构筑防火墙。防火墙的概念起源于中世纪的城堡防卫系统,那时人们为了保护城堡的安全,在城堡的周围挖一条护城河,每一个进入城堡的人都要经过吊桥,并且还要接受城门守卫的检查。计算机网络借鉴了这种防护思想,设计了一种网络安全防护系统,这种系统称为"防火墙"。

防火墙(Firewall)是在网络之间执行控制策略的系统,它包括硬件和软件。在设计防火墙时,做了一个假设:防火墙保护的内部网络是"可信任的网络"(Trusted Network),而外部网络是"不可信任的网络"(Untrusted Network)。设置防火墙的目的是保护内部网络不被外部非授权用户使用,防止内部受到外部非法用户的攻击。因此,防火墙安装的位置一定是在内部网络与外部网络之间,其结构如图 9 - 12 所示。

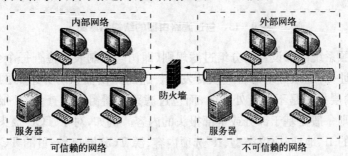

图 9 - 12　防火墙的位置与作用

防火墙的主要功能包括：

(1) 检查所有从外部网络进入内部网络的数据包。

(2) 检查所有从内部网络流出到外部网络的数据包。

(3) 执行安全策略，限制所有不符合安全策略要求的数据包通过。

(4) 具有防攻击能力，保证自身的安全性的能力。

网络的活动本质是分布式进程通信。进程通信是计算机之间通过相互间交换数据包的方式来实现的。从网络安全的角度来看，对网络资源的非法使用与对网络系统的破坏必然要以"合法"的网络用户身份，通过伪造正常的网络服务请求数据包的方式进行。如果没有防火墙隔离内部网络与外部网络，内部网络中的主机就会直接暴露给外部网络的所有主机，这样它就会很容易遭到外部非法用户的攻击。防火墙通过检查所有进出内部网络的数据包，检查数据包的合法性，判断是否会对网络安全构成威胁，为内部网络建立安全边界(Security Perimeter)。

构成防火墙系统的两个基本部件是包过滤路由器(Packet Filtering Router)和应用级网关(Application Gateway)。最简单的防火墙由一个包过滤路由器组成，而复杂的防火墙系统是由包过滤路由器和应用级网关组合而成的。由于组合方式有多种，因此防火墙系统的结构也有多种形式。

(二) 包过滤路由器

包过滤技术是基于路由器技术的，图 9-13 给出了包过滤路由器的结构示意图。

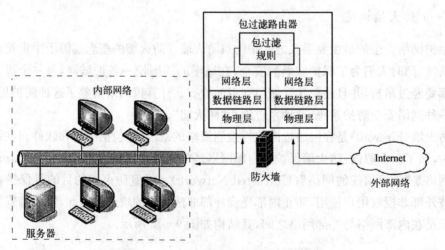

图 9-13 包过滤路由器的结构示意图

路由器按照系统内部设置的分组过滤规则(即访问控制表)，检查每个分组的源 IP 地址、目的 IP 地址，决定该分组是否应该转发。普通的路由器只对分组的网络层报头进行处理，但对传输层报头是不进行处理的，而包过滤路由器需要检查 TCP 报头的端口号字节。包过滤规则一般是基于部分或全部报头的内容。例如，对于 TCP 报头信息，可以是：源 IP 地址、目的 IP 地址、协议类型、IP 选项内容、源 TCP 端口号、目的 TCP 端口号、TCP ACK 标识。

实现包过滤的关键是制定包过滤规则,包过滤路由器将分析所接收的包,按照每一条包过滤的规则加以判断,凡是符合包转发规则的包被转,凡是不符合包转发规则的包被丢弃。包过滤的流程如图 9-14 所示。

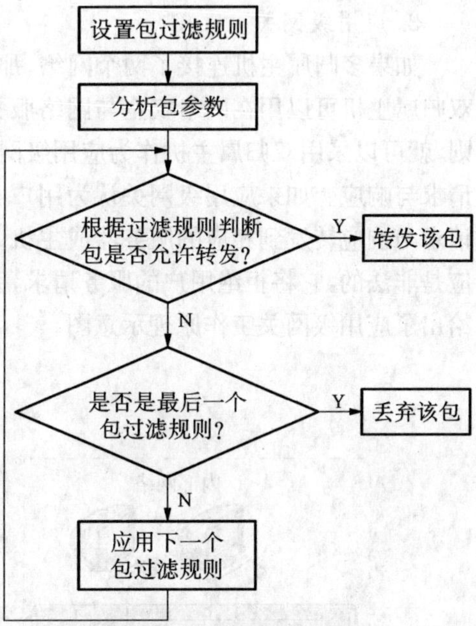

包过滤是实现防火墙功能的有效与基本的方法。包过滤方法的优点如下:

(1) 结构简单,便于管理,造价低。

(2) 由于包过滤在网络层、传输层进行操作,因此这种操作对于应用层来说是透明的,它不要求客户与服务器程序进行任何修改。

包过滤方法的缺点如下:

(1) 在路由器中配置包过滤规则比较困难。

(2) 由于包过滤只能工作在"假定内部主机是可靠的,外部主机是不可靠的"这种简单

图 9-14　包过滤的工作流程

的判断上,它只能控制到主机一级,不涉及包的内容与用户一级,因此有很大的局限性。

(三) 应用级网关的概念

1. 多归属主机

包过滤可以在网络层,传输层对进出内部网络的数据包进行监控,但是网络用户对网络资源和服务的访问是发生在应用层,因此必须在应用层上实现对用户身份认证和访问操作分类检查和过滤,这个功能是由应用级网关来完成的。

在讨论应用级网关具体实现方法时,首先需要讨论多归属主机(Multi-homed Host),多归属主机又称为多宿主主机,它是具有多个网络接口卡的主机,其结构如图 9-15 所示。

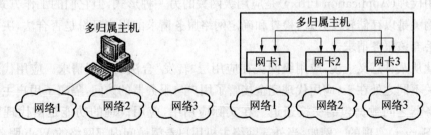

图 9-15　典型的多归属主机结构示意图

多归属主机具有两个或两个以上的网络接口,每个网络接口与一个网络连接。由于它可以具有在不同网络之间交换数据的"路由"能力,因此也把它称为"网关"(Gateway)。但是,如果将多归属主机用在应用层的用户身份认证与服务请求合法性检查上,那么这一类可以起到防火墙作用的多归属主机就称为"应用级网关"或"应用网关"。

2. 应用级网关

如果多归属主机连接了两个网络,那么它可以称为双归属主机(Dual-homed Host),双归属主机可以用在网络安全与网络服务的代理上,只要能够确定应用程序访问控制规则,就可以采用双归属主机作为应用级网关,在应用层过滤进出内部网络特定服务的用户请求与响应。如果应用级网关认为用户身份和服务请求与响应是合法的,它就会将服务请求与响应转发到相应的服务器或主机;如果应用级网关认为用户身份和服务请求与响应是非法的,它将拒绝用户的服务请求,丢弃相应的包,并且向网络管理员报警。图 9-16 给出了应用级网关工作原理示意图。

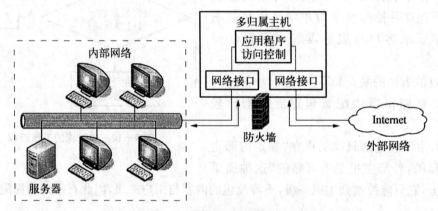

图 9-16 应用级网关工作原理示意图

对于应用级网关,如果内部网络的 FTP 服务器只能被内部用户访问,那么所有外部网络用户对内部 FTP 服务的访问都认为是非法的。应用级网关的应用程序访问控制软件在接收到外部用户对内部 FTP 服务的访问请求时都认为是非法的,丢弃该访问请求。同样,如果确定内部网络用户只能访问外部某几个确定的 Web 服务器,那么凡是不在允许范围内的访问请求一律被拒绝。

3. 应用代理

应用代理(Application Proxy)是应用级网关的另一种形式,但它们的工作方式不同。应用级网关是以存储转发方式,检查和确定网络服务请求的用户身份是否合法,决定是转发还是丢弃该服务请求。

因此从某种意义上说,应用级网关在应用层"转发"合法的应用请求。应用代理与应用级网关不同之处在于:应用代理完全接管了用户与服务器的访问,隔离了用户主机与被访问服务器之间数据包的交换通道。在实际应用中,应用代理的功能是由代理服务器(Proxy Server)实现的。例如,当外部网络主机用户希望访问内部网络的 Web 服务器时,应用代理截获用户的服务请求。如果检查后确定为合法用户,允许访问该服务器,那么应用代理将代替该用户与内部网络的 Web 服务器建立连接,完成用户所需要的操作,然后再将检索的结果回送给请求服务的用户。因此,对于外部网络的用户来说,好像是"直接"访问了该服务器,而实际访问服务器的是应用代理。应用代理应该是双向的,既可以作为外部网络主机用户访问内部网络服务器的代理,也可以作为内部网络主机用户访问外部网络服务器的代理,图 9-17 给出了应用代理的工作原理示意图。

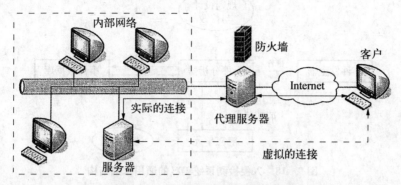

图 9-17 应用代理工作原理示意图

应用级网关与应用代理的优点是可以针对某一特定的网络服务,并能在应用层协议基础上分析与转发服务请求与响应。同时,它们一般都具有日志记录功能,日志中记录了网络上所发生的事件,管理员可以根据日志,监控可疑的行为并进行相应的处理。由于应用级网关与应用代理只使用一台计算机,因此易于建立和维护。如果要支持不同的网络服务,则需要配备不同的应用服务代理软件。

二、入侵检测技术

防火墙试图在入侵行为发生之前阻止所有可疑的通信。但事实是不可能阻止所有的入侵行为,有必要采取措施在入侵已经开始,但还没有造成危害或在造成更大危害前,及时检测入侵,以便尽快阻止入侵,把危害降低到最小。入侵检测系统 IDS 正是这样一种技术。入侵检测系统主要有以下基本功能:

(1) 监控、分析用户和系统的行为。

(2) 检查系统的配置和漏洞。

(3) 评估重要的系统和数据文件的完整性。

(4) 对异常行为的统计分析,识别攻击类型,并向网络管理人员报警。

(5) 对操作系统进行审计、跟踪管理,识别违反授权的用户活动。

IDS 对进入网络的分组执行深度分组检查,当观察到可疑分组时,向网络管理员发出告警或执行阻断操作(由于 IDS 的"误报率"通常较高,多数情况不执行自动阻断)。IDS 能用于检测多种网络攻击,包括网络映射、端口扫描、DoS 攻击、蠕虫和病毒、系统漏洞攻击等。

入侵检测方法一般可以分为基于特征的入侵检测和基于异常的入侵检测两种。

基于特征的 IDS 维护一个所有已知攻击标志性特征的数据库,每个特征是一个与某种入侵活动相关联的规则集,这些规则可能基于单个分组的首部字段值或数据中特定比特串,或者与一系列分组有关。当发现有与某种攻击特征匹配的分组或分组序列时,则认为可能检测到某种入侵行为。这些特征和规则通常由网络安全专家生成,机构的网络管理员定制并将其加入数据库中。其通用框架结构如图 9-18 所示。

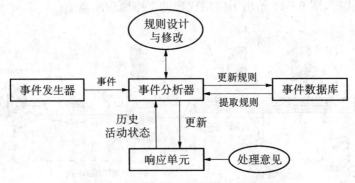

图 9 - 18 入侵检测系统 IDS 的通用框架结构

（1）事件发生器。

通用框架结构将入侵检测系统 IDS 需要分析的数据统称为"事件"（Event），它可以是网络中的数据包，也可以是从系统日志等其他途径得到的信息。事件发生器产生的事件可能是经过协议解析的数据包，或者是从日志文件中提取的相关部分。

（2）事件分析器。

事件分析器根据事件数据库的入侵特征描述、用户历史行为模型等，解析事件发生器产生的事件，得到格式化的描述，判断什么是合法的、什么是非法的。

（3）响应单元。

响应单元则是对分析结果做出反应的功能单元，它可以做出切断连接、改变文件属性或报警等响应。

（4）事件数据库。

事件数据库存放攻击类型数据或者检测规则，它可以是复杂的数据库，也可以是简单的文本文件。事件数据库储存有入侵特征描述、用户历史行为等模型和专家经验。

基于特征的 IDS 只能检测已知攻击，对于未知攻击则束手无策。基于异常的 IDS 通过正常运行的网络流量，学习正常流量的统计特性和规律，当检测到网络中流量的某种统计规律不符合正常情况时，或导致 ICMP ping 报文突然大量增加，与正常的统计规律有明显不同，但区分正常流和统计异常流是一个非常困难的事情。至今为止，大多数部署的 IDS 主要是基于特征的，尽管某些 IDS 包括了某些基于异常的特性。

不论采用什么检测技术都存在"漏报"和"误报"情况。如果"漏报"率比较高，则能检测到少量的入侵，给人以安全的假象。对于特定 IDS，可以通过调整某些阈值来降低"漏报率"，但同时会增大"误报率"。"误报率"太大会导致大量虚假警报，网络管理员要花费大量时间分析报警信息，甚至会因为虚假警报太多而对报警"视而不见"，使 IDS 形同虚设。

练习题

1. 计算机网络面临的安全威胁有哪些方面？网络面临的攻击可以分为哪几类？对于网络安全，其采取的主要安全技术有哪些？

2. 名词解释：数据加密、数字签名、身份认证、防火墙和入侵检测。

3. 具有保密性的计算机网络是不是就是安全的？试举例说明。

4. 请分别介绍密码编码学、密码分析学和密码学。它们都有哪些区别？

5. 密码学与电子技术、计算技术的迅速发展以及结构代数、可计算性和计算复杂性理论等学科结合后，实现了"在计算上是安全的密码体制"，什么是"在计算上是安全的密码体制"？请说出你的理解。

6. 对称密钥体制与公钥密码体制的特点各是什么？各有何优缺点？

7. 为什么密钥分配是一个非常重要但又十分复杂的问题？试举出一种密钥分配的方法。

8. 公钥密码体制下的加密和解密过程是怎样的？为什么公钥可以公开？如果不公开，是否可以提高安全性？

9. 数字签名要解决的问题是什么？它有什么特性？

10. 简要说明数字签名的原理与过程。

11. 为什么要进行报文鉴别？采用何种技术实现报文鉴别？报文鉴别和实体鉴别有什么区别？

12. 试分别举例说明以下情况：

(1) 既需要保密，也需要鉴别；

(2) 需要保密，但不需要鉴别；

(3) 不需要保密，但需要鉴别。

13. 用户 A 和用户 B 共同持有一个只有他们两人知道的密钥（使用对称密码）。用户 A 收到了用这个密钥加密的一份报文。A 能否出示此报文给第三方，使 B 不能否认发送了此报文？

14. 报文的保密性与完整性有何区别？什么是 MD5？

15. 网络层使用的安全协议是什么？其包含哪些主要协议？采用的工作方式有哪几种？

16. 什么是安全关联 SA？安全关联 SA 机制如何实现？

17. 运输层安全协议是什么？其主要特点有哪些？

18. 应用层安全协议有哪些？HTTPS 协议与 HTTP 协议有什么区别？请举例说明什么情况下会使用 HTTPS 协议。

19. 什么是防火墙？简述防火墙的工作原理和所提供的功能。

20. 简述包过滤防火墙与应用级网关的功能，并分析其不同之处。

参考文献

［1］ Comer, D., Internetworking with TCP/IP. Vol.1,5ed., Pearson Education,2006.中译本.北京：电子工业出版社,2006.

［2］ Comer, D., Computer Networks and Internets,6ed., Pearson Education,2015.中译本.北京：电子工业出版社,2015.

［3］ Andrew S Tanenbaum, David J Wetherall.Computer Networks［M］. 5th ed. New York：Prentice-Hall PTR,2011.

［4］ Hakima Chaouchi. The Internet of Things［M］. John Wiley & Sons, Inc, 2010.

［5］ Forouzan, B.A, TCP/IP Protocol Suite,4ed., McGraw-Hill,2010.中译本.北京：清华大学出版社,2011.

［6］ Kurose, J. F. and Ross, K. W, Computer Networking, A Top-Down Approach Featuring the Internet 6ed., Pearson Education.2013.中译本 4ed.陈鸣,译.北京：机械工业出版社.

［7］ Eric A Hall. Internet Core Protocols：The Definitive Guide［M］. O'Reilly & Associates Inc,2000.

［8］ Behrouz A Forouzan, Sophia Chung Fegan. TCP/IP Protocol Suite［M］. McGraw-Hill Inc,2000.

［9］ Eric A Hall. Internet Core Protocols：The Definitive Guide［M］. O'Reilly & Associates Inc,2000.

［10］ Larry L Peterson, Bruce S Davie. Computer Networks a system approach［M］. 5th ed. Elsevier Pte Inc,2012.

［11］ Elizabeth D Zwicky. Building Internet Firewalls［M］. 2nd ed. O'REILLY,2000.

［12］ Dna Moore. Peer to Peer［M］. McGraw-Hall,2002.

［13］ Matthew S Gast 802.11 Wireless Networks：The Definitive Guide［M］. O'REILLY, 2005.

［14］ 刘鹏.云计算［M］.第三版.北京：电子工业出版社,2015.

［15］ 谢希仁.计算机网络教程［M］.6 版.北京：电子工业出版社,2013.

［16］ 张建忠,等.计算机网络技术与应用［M］.北京：机械工业出版社,2010.

［17］ Charles E Spurgeon, Joann Zimmerman.以太网权威指南［M］.蔡仁君,译,2 版.北京：人民邮电出版社,2016.

［18］ Matthew S Gast. 802.11 无线网络权威指南［M］.2 版. Reilly Taiwan 公司,译.南京：东南大学出版社,2007.

［19］ 孙余强.OSPF 和 IS－IS 详解［M］.北京：人民邮电出版社,2014.

[20] 武奇生.计算机网络与通信[M].北京:清华大学出版社,2009.

[21] 洪家军,陈俊杰.计算机网络与通信——原理与实践[M].北京:清华大学出版社,2018.

[22] 吴功宜,吴英.计算机案例[M].4版.北京:清华大学出版社,2018.

[23] 沈鑫剡.计算机网络[M].北京:清华大学出版社,2008.

[24] 方信东,等.网络空间安全蓝皮书(2013—2014)[M].北京:中国工信出版集团,电子工业出版社,2015.

[25] 黄永峰,田晖,李星.计算机网络教程[M].北京:清华大学出版社,2018.